新世纪高职高专实用规划教材　机电系列

Mastercam 基础教程(第 3 版)

陈莛　黄爱华　主　编

曾维林　黄丽燕　周巍松　副主编

清华大学出版社
北京

内 容 简 介

本书详细介绍了 Mastercam X6 在零件设计与铣削加工刀具路径方面的功能和使用方法。全书分 6 章，主要内容包括绘图环境的介绍、二维图形的绘制及编辑、二维刀具路径、三维线型框架及曲面的绘制、实体的构建与编辑和曲面刀具路径等。本书详细介绍了 Mastercam X6 中文版的各项功能，同时配有大量的实例，通过详尽的操作步骤，让读者轻松掌握 Mastercam X6 的各项基本功能。同时每章都附有相应的练习题让读者进行单独训练，以检测该章的学习效果。

本书适合高、中职类学校的学生和初学者使用，也可以用作相关培训班的教材。

图书在版编目(CIP)数据

Mastercam 基础教程/陈莛，黄爱华主编. --3 版. --北京：清华大学出版社，2014（2023.2 重印）
(新世纪高职高专实用规划教材　机电系列)
ISBN 978-7-302-37352-0

Ⅰ. ①M… Ⅱ. ①陈… ②黄… Ⅲ. ①计算机辅助制造—应用软件—高等职业教育—教材 Ⅳ. ①TP391.73

中国版本图书馆 CIP 数据核字(2014)第 159491 号

责任编辑： 杨作梅
封面设计： 杨玉兰
责任校对： 王　晖
责任印制： 曹婉颖

出版发行： 清华大学出版社
　　　　　网　　　址：http://www.tup.com.cn, http://www.wqbook.com
　　　　　地　　　址：北京清华大学学研大厦 A 座　　邮　　编：100084
　　　　　社 总 机：010-83470000　　　　　　　　邮　　购：010-62786544
　　　　　投稿与读者服务：010-62776969, c-service@tup.tsinghua.edu.cn
　　　　　质量反馈：010-62772015, zhiliang@tup.tsinghua.edu.cn
　　　　　课件下载：http://www.tup.com.cn, 010-62791865
印 装 者： 三河市龙大印装有限公司
经　　销： 全国新华书店
开　　本： 185mm×260mm　　**印　张：** 21　　　**字　　数：** 511 千字
版　　次： 2004 年 8 月第 1 版　2014 年 8 月第 3 版　　**印　　次：** 2023 年 2 月第 7 次印刷
定　　价： 59.00 元

产品编号：056370-03

第 3 版前言

《Mastercam 基础教程》第 1 版自 2004 年 9 月第 1 次印刷到 2008 年 12 月第 12 次印刷，共计发行了 4 万册左右，《Mastercam 基础教程》(第 2 版)自 2009 年 6 月第 1 次印刷到 2013 年 6 月第 8 次印刷，共计发行了 2 万册左右，深得各高职高专院校师生以及广大读者的好评。随着 Mastercam 版本的升级，本着与时俱进、精益求精的精神，笔者组织编写了《Mastercam 基础教程》(第 3 版)。笔者一贯认为，作为应用类软件基础教材不应追求实例的高、精、尖，而在于用简单、实用的实例来完成软件的功能介绍，让初学者学习起来得心应手，所以此次改版的原则也是让本书更实用、更具有可操作性。

《Mastercam 基础教程》(第 3 版)使用的软件版本是 Mastercam X6，Mastercam X6 软件版本相对于以前的版本而言，功能更强大，这主要体现在软件设计更人性化，操作更为灵敏。Mastercam X6 充分考虑到了使用者在使用过程中会出现的情况，增加了许多可随时修改绘图的功能，使编程更为便捷，效率更高。

《Mastercam 基础教程》(第 3 版)仍然保留了前两版的编写风格和主要内容，本书特点如下。

(1) 本书在教学设计上，遵循"适度够用"和"由浅入深、循序渐进"的原则，所有范例、习题的图形都有具体的尺寸，而尺寸标注根据初学者学习进程的变化而变化，由二维尺寸标注到三维尺寸标注，再到最后以工程图来表达，从而让初学者的识图能力不断得到加强，以适应生产加工。

(2) 本书充分注重各知识点和实例之间的关联性与延续性。例如前面章节的造型实例作为后面章节的加工范例，每章还设置有相应的习题，便于初学者自学，也有助于初学者尽快学习和领悟教材中的知识结构，加强对所学知识的理解和综合应用能力。

(3) 本教材在多次印刷中根据需要做过多次修订，不断进行完善。特别是二维、曲面刀具路径部分实例从实践中提炼，贴近实际加工，其中的加工实例可以直接应用到数控实训中。

作为初学者的教材，本书并不涵盖 Mastercam 的所有内容，没有涉及的内容，读者可以在已学知识的基础上自学。

本书由江西工业工程职业技术学院的陈莛、黄爱华主编，曾维林、黄丽燕、周巍松副主编，井冈山大学的王强教授担任本书的主审。参与编写与审校的人员还有江西工业工程职业技术学院的林娟、夏源渊、孙贵爱等。

在本书的编写过程中发现《Mastercam 基础教程》(第 2 版)中有一些错误及疏漏，在此次编写的过程中对发现的问题已逐一进行修正，在此向广大读者致歉。当然在这次的再版过程中也难免会有错误和疏漏之处，希望广大读者批评、指正。

编　者

目　　录

第1章　绘图环境的介绍.........................1

  1.1　Mastercam 的启动及界面.........1

    1.1.1　Mastercam 的启动.........1

    1.1.2　Mastercam 的工作界面.........1

    1.1.3　快捷键.........5

  1.2　Mastercam 的系统设置.........6

  1.3　习题.........14

第2章　二维图形的绘制及编辑...........15

  2.1　二维图形的绘制.........15

    2.1.1　点的绘制与捕捉.........15

    2.1.2　直线的绘制.........16

    2.1.3　圆与圆弧的绘制.........18

    2.1.4　矩形及多边形的绘制.........21

    2.1.5　倒圆角.........24

    2.1.6　倒角.........27

    2.1.7　绘制曲线.........28

    2.1.8　文字.........30

    2.1.9　尺寸的标注.........34

    2.1.10　范例(一).........35

    2.1.11　习题.........44

  2.2　二维图形的编辑与转换.........46

    2.2.1　二维图形的编辑.........46

    2.2.2　二维图形的转换功能.........51

    2.2.3　范例(二).........64

    2.2.4　习题.........70

第3章　二维刀具路径.........74

  3.1　二维刀具路径基本参数的设定.........74

  3.2　外形铣削.........81

    3.2.1　刀具路径参数.........82

    3.2.2　范例(三).........93

  3.3　挖槽加工.........104

    3.3.1　挖槽加工外形的定义.........104

    3.3.2　挖槽加工参数设置.........105

    3.3.3　范例(四).........112

  3.4　钻孔加工.........131

    3.4.1　钻孔加工点的定义.........131

    3.4.2　钻孔加工参数.........133

    3.4.3　范例(五).........135

  3.5　习题.........154

第4章　三维线型框架及曲面的

    绘制.........158

  4.1　三维线型框架的绘制.........158

    4.1.1　三维线型框架构图的基本

      概念.........158

    4.1.2　范例(六).........162

    4.1.3　习题.........164

  4.2　曲面的绘制.........165

    4.2.1　曲面的基本概念.........165

    4.2.2　直纹/举升.........167

    4.2.3　范例(七).........169

    4.2.4　旋转曲面.........177

    4.2.5　范例(八).........178

    4.2.6　扫描曲面.........180

    4.2.7　范例(九).........181

    4.2.8　网状曲面.........187

    4.2.9　范例(十).........190

    4.2.10　牵引曲面.........195

    4.2.11　范例(十一).........196

    4.2.12　习题.........198

4.3 曲面的编辑 201
   4.3.1 曲面倒圆角 201
   4.3.2 范例(十二) 203
   4.3.3 曲面修整 211
   4.3.4 范例(十三) 215
   4.3.5 习题 218
4.4 曲面与曲线 220
   4.4.1 曲线与曲面 220
   4.4.2 范例(十四) 224
   4.4.3 习题 225

第5章 实体的构建与编辑 226
5.1 实体的构建 226
   5.1.1 基本实体 227
   5.1.2 挤出实体与举升实体 229
   5.1.3 范例(十五) 232
   5.1.4 旋转实体与扫描实体 235
   5.1.5 范例(十六) 237
   5.1.6 薄片实体 239
   5.1.7 习题 242
5.2 实体的编辑 244
   5.2.1 倒圆角、倒角和抽壳 244
   5.2.2 范例(十七) 247
   5.2.3 实体修剪与牵引实体 250
   5.2.4 布尔运算与实体管理员 253
   5.2.5 范例(十八) 255
   5.2.6 习题 268

第6章 曲面刀具路径 272
6.1 曲面粗加工刀具路径 272
   6.1.1 曲面粗加工刀具路径基本
      参数的设定 272
   6.1.2 平行铣削粗加工 274
   6.1.3 曲面流线粗加工 281
   6.1.4 曲面挖槽粗加工 286
   6.1.5 曲面等高外形粗加工 289
   6.1.6 曲面放射状粗加工 292
   6.1.7 曲面投影粗加工 294
   6.1.8 曲面残料粗加工 296
   6.1.9 曲面钻削式粗加工 297
   6.1.10 习题 299
6.2 曲面刀具路径精加工 301
   6.2.1 曲面平行铣削精加工 301
   6.2.2 曲面平行陡斜面精加工 304
   6.2.3 曲面放射状精加工 305
   6.2.4 曲面投影精加工 306
   6.2.5 曲面流线精加工 308
   6.2.6 曲面等高外形精加工 309
   6.2.7 曲面浅平面精加工 310
   6.2.8 曲面交线清角精加工 311
   6.2.9 曲面残料清角精加工 312
   6.2.10 曲面环绕等距精加工 313
   6.2.11 曲面熔接精加工 314
   6.2.12 曲面加工综合实例 316
   6.2.13 习题 328

参考文献 330

第 1 章 绘图环境的介绍

Mastercam 是美国 CNC 软件公司开发的 CAD/CAM 一体化软件，集二维绘图、三维实体、曲面设计、数控编程、刀具路径模拟及真实感模拟等功能于一身，且对系统运行环境的要求较低，可以使用户在产品设计、工程图绘制、2～5 坐标的镗铣加工、车削加工、2～4 坐标的切割加工以及钣金下料等加工操作中都能获得最佳的效果。Mastercam 自诞生以来，因其基于 PC 平台，支持中文环境，并且价位适中，所以被广泛应用于众多的企业中。

Mastercam X6(以下简称 Mastercam)，是目前功能最稳定、应用范围最广的版本，该版本比以前的版本增加或增强了许多功能。本章将简述 Mastercam 的启动及界面的操作、系统配置设定等功能。

1.1 Mastercam 的启动及界面

1.1.1 Mastercam 的启动

当计算机已装好 Mastercam 后，可以通过双击桌面上的 图标启动 Mastercam，也可以选择【开始】|【程序】|Mastercam X6|Mastercam X6 命令启动 Matercam。

1.1.2 Mastercam 的工作界面

启动 Mastercam 后，显示屏出现如图 1.1 所示的工作界面。该工作界面可分为标题栏、菜单栏、工具栏、坐标输入及捕捉栏、目标选取栏、操作栏、操作命令记录栏、绘图区、状态栏、刀具路径操作管理选项卡、实体操作管理选项卡等。

1. 标题栏

Mastercam 工作界面的顶部是"标题栏"，标题栏显示了软件的名称、当前所使用的模块、当前所打开文件的路径及文件名称；在标题栏的右侧是标准 Windows 应用程序的 3 个控制按钮："最小化窗口"按钮、"还原窗口"按钮和"关闭应用程序"按钮。

2. 菜单栏

紧接标题栏下面的是"菜单栏"，包含了 Mastercam 系统的所有菜单命令，依次为【文件】菜单、【编辑】菜单、【视图】菜单、【分析】菜单、【绘图】菜单、【实体】菜单、【转换】菜单、【机床类型】菜单、【刀具路径】菜单、【屏幕】菜单、【设置】菜单及【帮助】菜单，各菜单的详细使用方法将在后续章节逐一介绍。

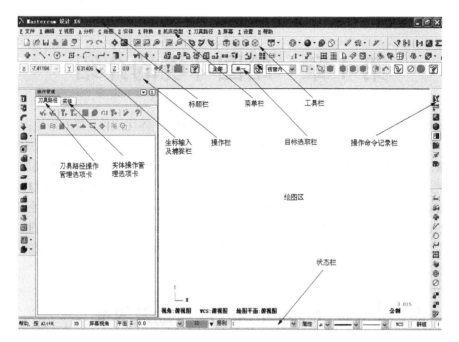

图 1.1　Mastercam 的工作界面

3. 工具栏

紧接菜单栏下面的是"工具栏"，如图 1.2 所示，工具栏将菜单栏中的命令以图标的方式来表达，只需把鼠标指针停留在工具栏的按钮上，即可出现相应的功能提示。

图 1.2　工具栏

用户可以通过执行【设置】|【用户自定义】|【工具栏】命令来增加或减少工具栏中的图标，如图 1.3 所示。

(a)【自定义】对话框

(b)【工具栏状态】对话框

图 1.3　自定义工具栏

4. 坐标输入及捕捉栏

紧接工具栏下面的是"坐标输入及捕捉栏"(系统默认位置)，它主要起坐标输入及绘图捕捉的功能，如图 1.4 所示。

图 1.4　坐标输入及捕捉栏

- X、Y、Z 输入栏：用于输入目标点的 x、y、z 坐标值，输入每一个坐标值后按 Enter 键确认即可。
- 【快速点】按钮：快速目标点坐标输入。单击【快速点】按钮，系统以图 1.5 所示的快速点坐标输入栏覆盖 3 个独立的 X、Y、Z 坐标输入栏，用户可以直接输入目标点的 x、y、z 坐标值，坐标值之间用半角的","分开，如"100,80,60"或"x100,y80,z60"；这样避免在坐标输入栏内移动光标的麻烦，输入目标点的坐标值后按 Enter 键确认即可。

图 1.5　快速目标点坐标输入栏

- 【配置】按钮：光标自动抓点设置。单击【配置】按钮，系统弹出如图 1.6 所示的【光标自动抓点设置】对话框，在设置时用户可以逐一选择需要的捕捉类型；也可以单击【全选】按钮，一次性选择所有的捕捉类型，或单击【全关】按钮，一次性取消选择所有的捕捉类型。
- 【手动捕捉】按钮：手动捕捉。除了自动捕捉功能外，系统还提供了手动捕捉功能，单击坐标输入及捕捉栏右侧的按钮，系统弹出如图 1.7 所示的手动捕捉下拉列表，用户可以根据实际捕捉需要选择相应的手动捕捉选项。

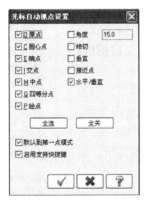

图 1.6　【光标自动抓点设置】对话框　　　图 1.7　【手动捕捉】下拉列表

5. 目标选取栏

"目标选取栏"位于坐标输入及自动捕捉栏的右侧，它主要有目标选取的功能，如

图 1.8 所示，详细的使用方法将在后面的章节中介绍。

图 1.8　目标选取栏

6. 操作栏

紧接目标选取栏下面的是"操作栏"，它是子命令选择、选项设置及人机对话的主要区域，在未选择任何命令时操作栏处于屏蔽状态，而选择后将显示该命令的所有选项，并做出相应的提示。

操作栏的显示内容根据所选择命令的不同而不同。图 1.9 所示为选择绘制线段时的操作栏显示状态，图 1.10 所示为选择绘制圆时的操作栏显示状态。

图 1.9　绘线操作栏

图 1.10　绘圆操作栏

7. 操作命令记录栏(最常使用的功能列表)

工作界面的右侧是"操作命令记录栏"，用户在操作过程中最近使用过的 10 个命令将逐一记录在此操作栏中，用户可以直接从操作命令记录栏中选择最近使用的命令，提高选择命令的效率。

8. 绘图区

在 Mastercam 工作界面中，最大的区域是绘图区。绘图区就像手工绘图时用的空白图纸，所有的绘图操作都将在上面完成；绘图区是没有边界的，可以把它想象成是一张无限大的空白图纸，因此无论多大的图形都可以绘制并显示出来。

绘图区的左下角显示了 Mastercam 系统当前的坐标系、当前所设置的视角、WCS(世界坐标系也就是基本坐标系)和绘图平面。在绘图区内右击，系统将弹出如图 1.11 所示的快捷菜单。

利用弹出的快捷菜单，用户可以快速进行一些视图显示、缩放等方面的操作。

	Z 视窗放大	F1
	U 缩小0.8倍	Alt+F2
	D 动态旋转	
	F 适度化	Alt+F1
	R 重画	F3
	T 顶视图	Alt+1
	F 前视图	Alt+2
	R 右视图	Alt+5
	I 等角视图	Alt+7
	自动抓点	
	C 清除颜色	

图 1.11　绘图区快捷菜单

9. 状态栏

在绘图区下方是"状态栏"，显示了当前所设置的颜色、点类型、线型、线宽、图层及 Z 坐标深度等的状态，选择状态栏中的选项可以进行相应的状态设置，如图 1.12 所示。

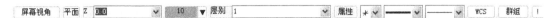

图 1.12 状态栏

10. 刀具路径操作管理选项卡/实体操作管理选项卡

Mastercam 系统将"刀具路径操作管理选项卡"和"实体操作管理选项卡"集中在一起，并显示在主界面上，充分体现了新版本对刀具路径操作和实体操作的高度重视，事实上这两者也是整个系统的核心所在。

刀具路径操作管理选项卡能对已经产生的刀具参数进行修改，如重新选择刀具的大小及形式、修改主轴转速及进给率等；实体操作管理选项卡能修改实体尺寸、属性及重排实体建构顺序等，这在实体设计广泛应用的今天显得尤为重要。

1.1.3 快捷键

在操作过程中，除了可以单击工具按钮外，还可以使用快捷键。表 1.1 为常用的 Alt+相关键的快捷键功能说明，表 1.2 为 Alt+F 功能键快捷键功能说明，表 1.3 为 F1～F10 键功能说明，表 1.4 为副键功能说明。

表 1.1　常用 Alt+相关键的快捷键功能说明

快捷键	功　能	快捷键	功　能
Alt+1	已设为俯视图功能	Alt+H	已设为帮助功能
Alt+2	已设为前视图功能	Alt+I	已设为打开设置菜单功能
Alt+3	已设为后视图功能	Alt+M	已设为打开机械类型菜单功能
Alt+4	已设为底视图功能	Alt+O	已设为操作管理切换功能
Alt+5	已设为右视图功能	Alt+P	已设为显示视角(切换)功能
Alt+6	已设为左视图功能	Alt+R	已设为打开屏幕菜单功能
Alt+7	已设为等角视图功能	Alt+S	已设为打开实体菜单功能
Alt+A	已设为自动保存功能	Alt+T	已设为打开刀具路径菜单功能
Alt+C	已设为执行 C-Hook 功能	Alt+U	已设为复原功能
Alt+D	已设为尺寸标注功能	Alt+V	已设为版本功能
Alt+E	已设为显示部分图素功能	Alt+X	已设为显示图素属性功能
Alt+G	已设为屏幕网格点功能	Alt+Z	已设为打开层别管理功能

表 1.2　Alt+F 功能键快捷键功能说明

快　捷　键	功　能	快　捷　键	功　能
Alt+F1	已设为适度化功能	Alt+F5	已设为删除功能
Alt+F2	已设为缩小 0.8 倍功能	Alt+F8	已设为打开系统配置功能
Alt+F4	已设为退出系统功能	Alt+F9	已设为显示坐标系功能

表 1.3　F1~F10 键功能说明

快捷键	功能	快捷键	功能
F1	已设为视窗放大功能	F4	已设为分析功能
F2	已设为缩小功能	F5	已设为删除功能
F3	已设为重画功能	F9	已设为显示坐标轴线功能

表 1.4　副键功能说明

快捷键	功能	快捷键	功能
PageUp	已设为绘图视窗放大功能	↑	已设为绘图视窗上移功能
PageDown	已设为绘图视窗缩小功能	↓	已设为绘图视窗下移功能
←	已设为绘图视窗左移功能	End	已设为三维旋转功能
→	已设为绘图视窗右移功能	Home	已设为停止三维旋转功能

1.2　Mastercam 的系统设置

　　Mastercam 安装完毕后，软件自身有一个内定的系统配置参数，用户可以根据自己的需要和实际情况来更改某些参数，以满足实际使用的需要。要设置系统参数，可执行【设置】|【系统配置】命令，系统弹出如图 1.13 所示的【系统配置】对话框后，再选择列表框中的选项进行相应的设置即可。

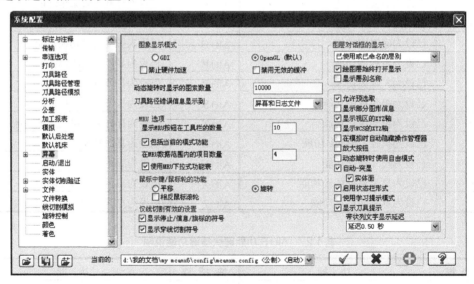

图 1.13　【系统配置】对话框

1. 启动/退出设置

　　选择列表框中的【启动/退出】选项，可设置系统启动/退出方面的参数，如图 1.14

所示。

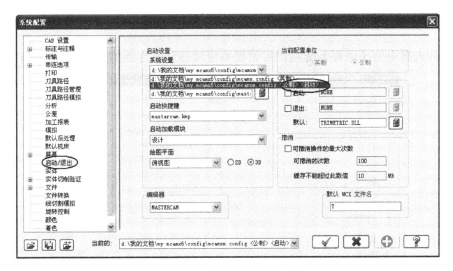

图 1.14　启动/退出参数设置

大部分参数设置保持系统默认即可，一般需要设置的参数为系统设置单位。用于设定系统启动时自动调入的单位有公制(Metric)和英制(English)两种，一般选择公制单位，这样系统每次启动时都将进入公制单位设计环境，如果安装软件时选择好了单位，就不需要再进行设置了。

2. 颜色设置

选择列表框中的【颜色】选项，可设置系统颜色方面的参数，如图 1.15 所示。

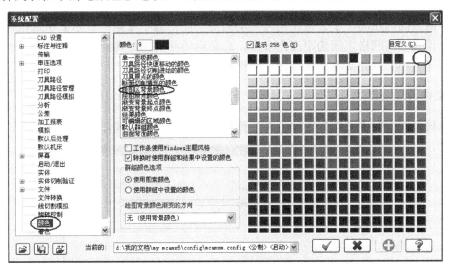

图 1.15　颜色参数设置

大部分颜色参数保持系统默认设置即可，对于有绘图区背景颜色喜好的用户可以设置绘图区背景颜色。

绘图区背景颜色：此选项用于设定系统绘图区背景颜色，用户可以在右侧的颜色选择区中选择喜欢的绘图区背景颜色，例如选择绘图区背景颜色为白色。

3. 屏幕显示设置

选择列表框中的【屏幕】选项，可设置系统屏幕显示方面的参数，如图 1.16 所示。

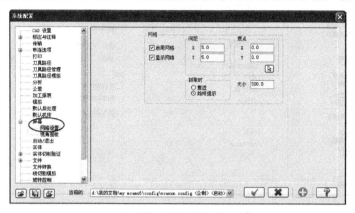

图 1.16　网格设置参数设置

大部分屏幕显示参数保持系统默认设置即可，对于习惯借助网格进行绘图的用户可以选择【屏幕】|【网格设置】选项，进行相应的修改。

- 【启用网格】：选中此复选框，系统启动网格捕捉功能。
- 【显示网格】：选中此复选框，系统显示网格。
- 【间距】：此选项组用来设置网格 X、Y 方向的间距。
- 【原点】：此选项组用来设置网格的原点坐标。
- 【抓取时】：此选项组用来设置捕捉选项，选中【靠近】单选按钮时，当光标与网格间的距离小于捕捉距离时启动捕捉功能；选中【始终提示】单选按钮时，无论光标与网格之间的距离为多少，总是启动网格捕捉功能。
- 【大小】：此文本框可以设定网格显示区域大小。

4. 文件管理设置

选择列表框中的【文件】选项，可设置文件管理方面的参数，如图 1.17 所示。

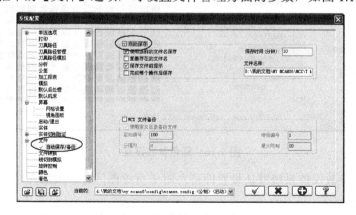

图 1.17　文件管理参数设置

大部分文件管理参数保持系统默认设置即可，建议用户设置【文件】|【自动保存/备份】参数。

- 【自动保存】：选中此复选框，启动系统自动保存功能。
- 【保存时间(分钟)】：此文本框用来设定系统自动保存文件的时间间隔，单位为分钟。
- 【使用当前的文件名保存】：选中此复选框，将使用当前文件名自动保存。
- 【覆盖存在的文件名】：选中此复选框，将覆盖已存在的文件名自动保存。
- 【保存文件前提示】：选中此复选框，在自动保存文件前会提示。
- 【完成每个操作后保存】：选中此复选框，在结束每个操作后自动保存文件。
- 【文件名称】：此文本框用于输入系统自动保存文件时的文件名。

5. 公差设置

选择列表框中的【公差】选项，可设置系统的公差参数，如图1.18所示。

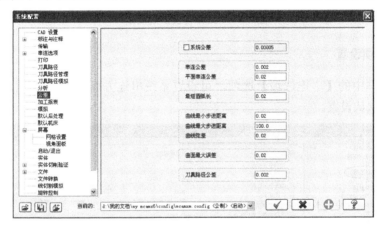

图1.18 公差参数设置

- 【系统公差】：用于设置系统的公差值，公差值越小，误差越小，但系统运行越慢。
- 【串连公差】：用于设定串连几何图形的公差值。
- 【平面串连公差】：用于设定平面串连几何图形的公差值。
- 【最短圆弧长】：用于设定所能创建的最小圆弧长度。
- 【曲线最小步进距离】：用于设定曲线的最小步长，步长越小，曲线越光滑，但占用系统资源也越多。
- 【曲线最大步进距离】：用于设定曲线的最大步长。
- 【曲线弦差】：用于设定曲线的弦差，弦差越小，曲线越光滑。
- 【曲面最大误差】：用于设定曲面的最大误差。
- 【刀具路径公差】：用于设置刀具路径的公差值。

6. 文件转换设置

选择列表框中的【文件转换】选项，可设置 Mastercam 与其他软件进行文件转换时的参数，如图 1.19 所示，建议保持系统默认设置。

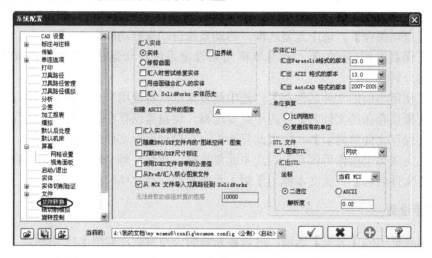

图 1.19　文件转换参数设置

7. 串连选项设置

选择列表框中的【串连选项】选项，可设置系统串连方面的参数，如图 1.20 所示，建议保持系统默认设置。

图 1.20　串连选项参数设置

8. 着色设置

选择列表框中的【着色】选项，可设置曲面和实体着色方面的参数，如图 1.21 所示。

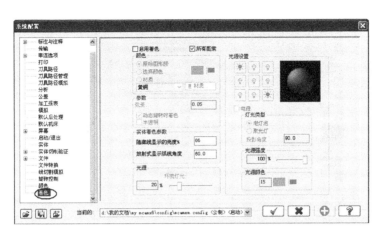

图 1.21　着色参数设置

- 【启用着色】：选中此复选框，系统启用着色功能。
- 【所有图素】：选中此复选框，将对所有曲面和实体进行着色，否则需要选择进行着色的曲面或实体。
- 【颜色】选项组：颜色选项。
  - ◆ 【原始图形颜色】：选中此单选按钮，曲面和实体着色的颜色与其本身的原颜色相同。
  - ◆ 【选择颜色】：选中此单选按钮，所有曲面和实体以单一的所选颜色进行着色显示。
  - ◆ 【材质】：选中此单选按钮，所有曲面和实体以单一的所选材质进行着色显示。
- 【参数】选项组：参数设定。
  - ◆ 【弦差】：此文本框用于设定曲面的弦差，此数值越小曲面着色时越光滑，耗时也越长。
  - ◆ 【动态旋转时着色】：选中此复选框，动态旋转图形时，曲面仍为着色模式。
  - ◆ 【半透明】：选中此复选框，曲面和实体为半透明着色模式。
- 【实体着色参数】选项组：实体参数设定。
  - ◆ 【隐藏线显示的亮度%】：此文本框用于输入实体隐藏线的显示亮度值。
  - ◆ 【放射式显示弧线角度】：此文本框用于输入实体径向显示线之间的夹角，角度越小实体径向显示线越多。
- 【光源】选项组：环境光参数设定。
  【环境灯光】：用于调整环境光的强度。
- 【光源设置】选项组：灯光设定。系统提供 9 盏灯供用户配置，选任意一盏灯后，用户可以对【灯光类型】、【光源强度】和【光源颜色】等参数进行调配。

9. 实体设置

选择列表框中的【实体】选项，可设置实体方面的参数，如图 1.22 所示，建议保持系统默认设置。

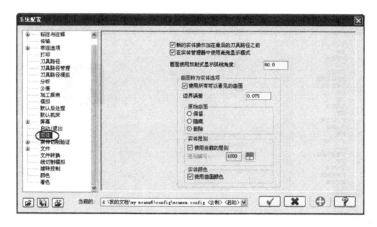

图 1.22　实体参数设置

10. 打印设置

选择列表框中的【打印】选项，可设置系统打印参数，如图 1.23 所示。

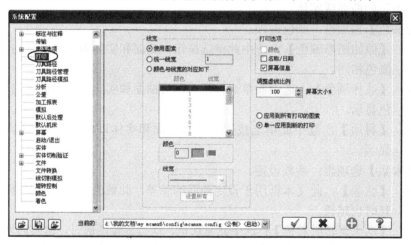

图 1.23　打印参数设置

- 【线宽】选项组：线宽选项。
  - ◆ 【使用图素】：选中此单选按钮，系统以几何图形本身的线宽进行打印。
  - ◆ 【统一线宽】：选中此单选按钮，用户可以在后面的文本框中输入所需的打印线宽度。
  - ◆ 【颜色与线宽的对应如下】：选中此单选按钮，可以在列表中对几何图形的颜色进行线宽设置，这样在打印时以颜色来区分线型的打印宽度。
- 【打印选项】选项组：打印选项。
  - ◆ 【颜色】：选中此复选框，系统可以进行彩色打印。
  - ◆ 【名称/日期】：选中此复选框，系统在打印时可以将文件名称和日期打印在图纸上。
  - ◆ 【屏幕信息】：选中此复选框，系统在打印时可以将屏幕信息打印在图纸上。

11. CAD 设置

选择列表框中的【CAD 设置】选项，可设置系统 CAD 方面的参数，如图 1.24 所示，建议保持系统默认设置。

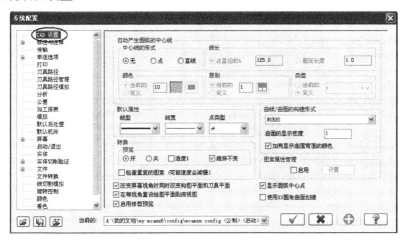

图 1.24　CAD 参数设置

12. 标注与注释设置

列表框中的【标注与注释】选项包括【尺寸属性】、【尺寸文字】、【注解文字】、【引导线/延伸线】和【尺寸标注】5 个子选项，如图 1.25 所示。各选项的详细内容将在第 2 章中介绍。

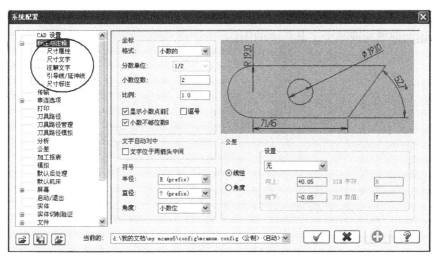

图 1.25　标注与注释参数设置

13. NC 加工参数设置

系统的 NC 加工参数设置包括列表框中的【刀具路径】、【刀具路径管理】、【刀具路径模拟】、【加工报表】、【模拟】、【默认后处理】、【默认机床】和【实体切削验证】等 8 个选项，如图 1.26 所示。各个选项的详细内容也将在后续章节中介绍。

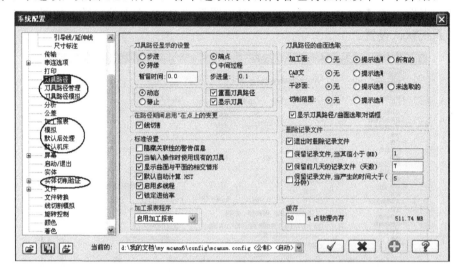

图 1.26　刀具路径参数设置

1.3　习　　题

1. 在计算机上安装 Mastercam X6 软件和进入 Mastercam X6 系统。
2. 简述如何修改 Mastercam X6 的系统配置。
3. 熟悉 Mastercam X6 工作界面工具条上各按钮的功能。
4. 简述如何增加或减少工具栏中的图标。

第2章　二维图形的绘制及编辑

Mastercam 的 CAM(辅助加工功能)是利用已有图形进行编程的，所以在产生数控程序之前应该将零件的图形绘制出来。本章主要介绍图形的绘制、编辑与转换指令，其中图形的绘制指令主要包括点、直线、圆弧、矩形、多边形、倒圆角、文字和尺寸等；图形的编辑与转换指令包括删除、修剪延伸、平移、旋转、镜像、补正、阵列等。二维图形的绘制、编辑与转换是学习绘制三维线型构架、曲面和实体的基础。

2.1　二维图形的绘制

Mastercam 有完整的二维绘图功能，用户可以执行【绘图】菜单下的命令，或单击工具栏中相应的按钮来绘制二维图形。下面将介绍 Mastercam 的二维绘图功能。

2.1.1　点的绘制与捕捉

点的创建通常用于在确定的位置绘制点，执行【绘图】|【绘点】命令，或单击工具栏中的【绘点】按钮➕，即可打开如图 2.1 所示的子菜单。常见的点的绘制方式有以下 6 种，具体如图 2.2 所示。

图 2.1　【绘制】子菜单

- 【绘点】：该命令是输入已知点的坐标或者用鼠标指定确定的位置来绘制点，如图 2.2(a)所示。
- 【动态绘点】：该命令是指在指定的直线或曲线上绘制点，如图 2.2(b)所示。
- 【曲线节点】：该命令可以在指定的曲线的节点处绘制点，如图 2.2(c)所示(注：曲线的节点不一定在曲线上)。
- 【绘制等分点】：该命令是在选定的直线或曲线上绘制等分点，如图 2.2(d)所示。
- 【端点】：该命令是指在直线、曲线等图素的端点处自动绘制点，如图 2.2(e)

所示。

- 【小圆心点】：该命令是指绘制所选圆/圆弧的中心点，如图 2.2(f)所示。

绘点	动态绘点	曲线节点
(a)	(b)	(c)
绘制等分点	端点	小圆心点
(d)	(e)	(f)

图 2.2　各种点的绘制示意图

另外在 Mastercam X6 菜单【绘图】|【绘点】命令中新增加了两个绘点功能，它们是【穿线点】和【切点】命令，在线切割加工中常用到。

- 【穿线点】：该命令是用来指示线切割钼丝的穿线点位置，穿丝孔需在线切割加工之前预先钻孔。
- 【切点】：该命令是用来指示线切割钼丝的切线点位置。

2.1.2　直线的绘制

执行【绘图】|【任意线】命令，或单击工具栏中的【直线】按钮旁的倒三角按钮(见图 2.3)，在展开的菜单中选择相应的命令即可绘制所需的直线。绘制的直线类型包括绘制任意线、绘制两图素间的近距线、绘制两直线夹角间的分角线、绘制垂直正交线、绘制平行线和创建切线通过点相切等。

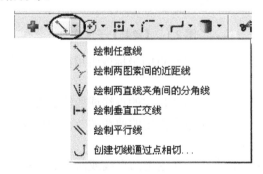

图 2.3　【直线】菜单

当执行【绘图】|【任意线】|【绘制任意线】命令，或者单击工具栏中【绘制任意线】按钮，即出现如图 2.4 所示的绘制直线工具条。各种直线画法示意如图 2.5 所示。

图 2.4　绘制直线工具条

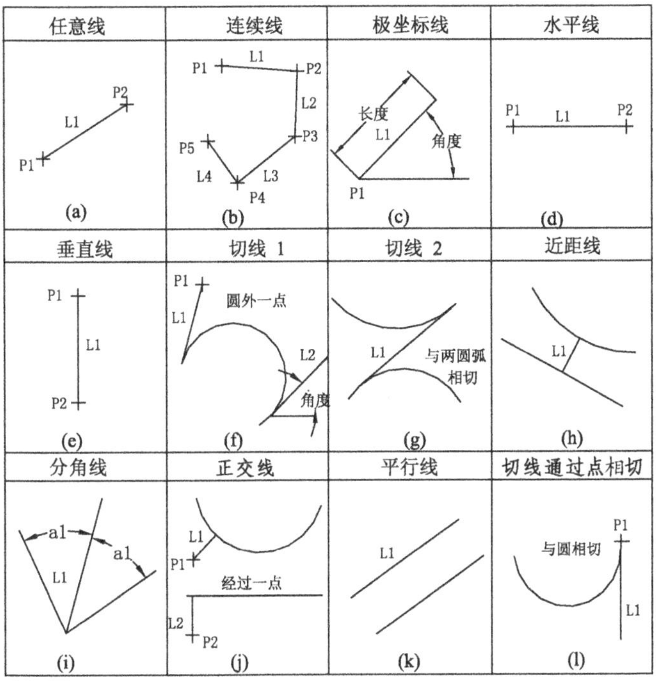

任意线	连续线	极坐标线	水平线
(a)	(b)	(c)	(d)
垂直线	切线 1	切线 2	近距线
(e)	(f)	(g)	(h)
分角线	正交线	平行线	切线通过点相切
(i)	(j)	(k)	(l)

图 2.5　各种直线画法示意图

- 【绘制任意线】：给出直线的两个端点来产生一条线段。如图 2.5(a)所示，只要给出线段的两个端点 P1、P2 就可以画出线段 L1。单击如图 2.4 所示的绘制直线工具条中的【编辑第一点】按钮，或者【编辑第 2 点】按钮，重新指定一点，则原直线的端点会自动清除，并且自动更新直线。

  - 【连续线】：给出一系列的线段端点来产生相连的多段线。在系统默认情况下，每次只能画一条直线段。单击【连续线】按钮就可以画出连续的多段线，如图 2.5(b)所示，给出一系列连续的点 P1、P2、P3、P4、P5，系统自动生成线段 L1、L2、L3、L4，按 Esc 键退出画线。

  - 【极坐标线】：通过给出角度、长度来产生一条线段。通常用它来绘制带有角度要求的任意直线段，有具体长度的特殊位置线段用它来绘制也比较快捷。如图 2.5(c)所示，在绘制线段 L1 时，先指定一位置点 P1，然后在长度下拉列表框 60.0 和角度下拉列表框 45.0 中输入相应的数值即可。

  - 【水平线】：产生一条水平线段。单击【水平线】按钮，通过选取两点和输入线段的 Y 坐标可绘制出水平线段，如图 2.5(d)所示。P1、P2 只确定水平线两端点的 X 轴坐标，Y 坐标由 30.0 输入的数值确定。

◆ 【垂直线】：产生一条垂直线段。单击【垂直线】按钮，通过选取两点和输入线段的 X 坐标可绘制出垂直线段，如图 2.5(e)所示。P1、P2 只确定垂直线两端点的 Y 轴坐标，X 坐标由 输入的数值确定。

◆ 【切线】：单击【切线】按钮，产生与圆弧、样条曲线或者两圆弧相切的一条线段。如图 2.5(f)所示，线段 L1 是经过圆外一点 P1 且与圆弧相切的一条切线，线段 L2 是具有固定角度且与圆相切的一条切线。如图 2.5(g)所示，线段 L1 是与两圆弧相切的一条切线。(在绘制切线时应注意，【配置】按钮光标自动抓点设置的捕捉类型设置很重要，一定要设置相切捕捉才容易实现切线绘制功能。)

● 【绘制两图素间的近距线】：产生两个图素之间的最短线。如图 2.5(h)所示，线段 L1 是圆弧与直线间距离最短的直线。

● 【绘制两直线夹角间的分角线】：产生一条相交直线的角平分线。如图 2.5(i)所示，线段 L1 为交直线的角平分线。

● 【绘制垂直正交线】：产生与圆弧或者线段相垂直的一条线段。如图 2.5(j)所示，线段 L1 是经过圆外一点且延长线通过圆心的一条法线；线段 L2 是经过直线外一点且与直线相垂直的一条法线。

● 【绘制平行线】：产生与一条参考线相平行的一条线段。如图 2.5(k)所示，线段 L1 是一条与已知直线平行的平行线。

● 【创建切线通过点相切】：产生过圆弧上一点且与圆弧相切的一条线段。如图 2.5(l)所示，线段 L1 经过圆弧上一点 P1 并且与已知圆弧相切。

下面以绘制平行线为例，讲解直线绘制的步骤。

首先，执行【绘图】|【任意线】|【绘制平行线】命令，或者单击工具栏中【绘制平行线】按钮，弹出如图 2.6 所示的工具条。其次，选择一条已知直线后，可以在距离下拉列表框 中输入一个数值，然后按照提示，指定补正方向，也可以用鼠标或【方向】按钮 来调节，即可生成平行于已知直线、间距确定的直线。

图 2.6　平行线工具条

2.1.3　圆与圆弧的绘制

执行【绘图】|【圆弧】命令，或单击工具栏中的【圆弧】按钮，如图 2.7 所示，即可绘制各种类型的圆和圆弧，包括给定圆心+点、极坐标圆弧、三点画圆、两点画弧、三点画弧、极坐标画弧和创建切弧等。

1. 圆的绘制

通过【圆心+点】和【三点画圆】的功能可以实现圆的绘制。各种圆的画法示意如图 2.8 所示。

图 2.7　【圆弧】菜单

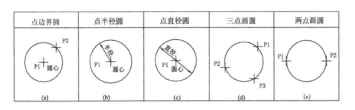

图 2.8　各种圆的画法示意图

- 【圆心+点】：该命令是最常用的画圆方法，用户指定圆心位置以及圆的半径来画一个圆。
    - 【点边界圆】：系统默认利用给定的圆心点和边界点来绘制圆，如图 2.8(a) 所示。
    - 【点半径圆】：单击【点半径圆】按钮⊙：利用给定的圆心点和半径值来绘制圆，如图 2.8(b)所示。
    - 【点直径圆】：单击【点直径圆】按钮⊙：利用给定的圆心点和直径值来绘制圆，如图 2.8(c)所示。
- 【三点画圆】：利用给定三个不共线的点来产生一个圆。
    - 【三点绘圆】：单击【三点绘圆】按钮◯，利用给定三点来绘制圆，如图 2.8(d) 所示。
    - 【两点画圆】：单击【两点画圆】按钮◯，利用给定直径的两个端点来绘制一个圆，如图 2.8(e)所示。

2. 圆弧的绘制

圆弧的绘制功能简要说明如下，各种圆弧的画法示意如图 2.9 所示。

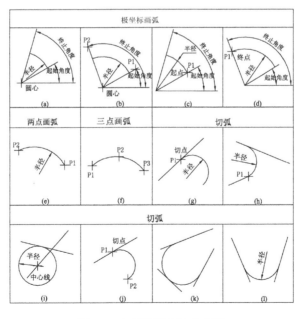

图 2.9　各种圆弧画法示意图

- 极坐标：用极坐标定义各点坐标来产生一个圆弧，它的绘制方法有两种，分别如下。

  ◆ 【极坐标圆弧】：单击【极坐标圆弧】按钮，弹出如图2.10所示的工具条，如图2.9(a)所示，指定圆心点，输入半径或直径、起始角度和终止角度即可产生一个圆弧；或输入半径或直径、起始点和终止点也可产生一个圆弧，如图2.9(b)所示。这两种方法比较常用。

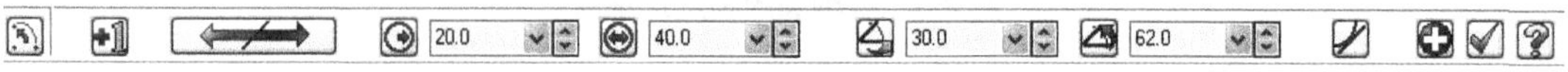

图 2.10   极坐标圆弧工具条

  ◆ 【极坐标画弧】：单击【极坐标画弧】按钮，弹出如图2.11所示的工具条，单击工具条中的【起始点极坐标圆弧绘制】按钮，通过给出圆弧起始点、圆弧半径、起始角度和终止角度即可产生一个圆弧，如图2.9(c)所示。或单击【终止点极坐标圆弧绘制】按钮：通过给出圆弧终止点、圆弧半径、起始角度和终止角度即可产生一个圆弧，如图2.9(d)所示。

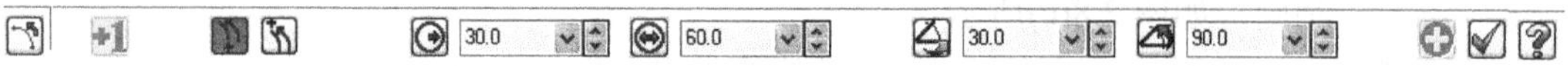

图 2.11   极坐标画弧工具条

- 【两点画弧】：给出两端点和圆弧半径产生一个圆弧，如图 2.9(e)所示。这种方法是绘制圆弧最常用的一种。
- 【三点画弧】：通过3个已知点来产生一个圆弧，如图2.9(f)所示。
- 【创建切弧】：与一个或是多个图素相切来产生一个圆弧。单击【创建切弧】按钮，弹出如图2.12所示的工具条，它的绘制方法有7种，分别如下。

图 2.12   创建切弧工具条

  ◆ 切一图素：产生一条180°圆弧与单一图素(直线、圆弧、样条曲线)相切于一点，如图2.9(g)所示。
  ◆ 切点：产生一个与图素相切并经过一个给定点的圆弧，如图2.9(h)所示。
  ◆ 切中心线：产生一个圆心在一指定直线上且与另一直线直切的圆，如图2.9(i)所示。
  ◆ 动态接触：产生一个与图素相切的圆弧且圆弧的形状由鼠标动态确定，如图2.9(j)所示。
  ◆ 切三物体圆弧：产生一个与三个图素(直线、圆弧、样条曲线)相切的圆弧，如图2.9(k)所示。
  ◆ 切二物体圆：产生一个与三个图素(直线、圆弧、样条曲线)相切的圆。
  ◆ 切两物体：产生一个与两个图素(直线、圆弧、样条曲线)相切的圆弧，如图2.9(l)所示。

2.1.4　矩形及多边形的绘制

1. 矩形

矩形是由 4 条相互垂直的具有一定长度的线段构成的。它的绘制方法非常灵活，在绘图过程中，往往利用矩形来构造辅助线，矩形功能利用得好，会给绘图带来很多的方便。执行【绘图】|【矩形】命令，或者单击工具栏中的【矩形】按钮 ⬚，即可出现如图 2.13 所示的工具条。

图 2.13　绘制矩形工具条

绘制矩形可以通过指定对角线的两个端点的位置确定；也可以通过指定矩形的宽度和高度，然后指定矩形的一个定点或中心点的位置来设置。

- 【编辑第一角点】按钮 ⬚1：用于重新确定已绘矩形的第一角点的位置。
- 【编辑第二角点】按钮 ⬚2：用于重新确定已绘矩形的第二角点的位置。
- 【宽度】下拉列表框 ⬚ 0.0 ：设置矩形的宽度。
- 【高度】下拉列表框 ⬚ 0.0 ：设置矩形的高度。
- 【中心点】按钮 ⬚：设置基准点为中心点。在绘图区指定一个点作为矩形的中心点。
- 【创建曲面】按钮 ⬚：生成的矩形是一个矩形曲面。

2. 矩形形状设置

选择【绘图】|【矩形形状设置】命令，或者单击工具栏中的【矩形形状设置】按钮 ⬚，就会弹出如图 2.14(a)所示【矩形选项】对话框。

【矩形选项】对话框各选项的含义如下。

- 【一点】单选按钮：采用基准点法绘制矩形。给定矩形的一个基准点、矩形的宽度、高度来绘制矩形，如图 2.14(b)所示。

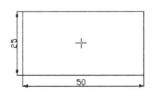

(a) 一点法【矩形选项】对话框　　　　(b) 一点法绘制的矩形

图 2.14　基准点法绘制矩形

● 【两点】单选按钮：通过指定两角点的方式来绘制矩形。当选中【两点】单选按钮时，【矩形选项】对话框提供的内容如图 2.15(a)所示。用户可以通过给定左上角点和右下角点来绘制，也可以通过给定左下角点和右上角点来绘制等 4 种方式。如图 2.15(b)所示。

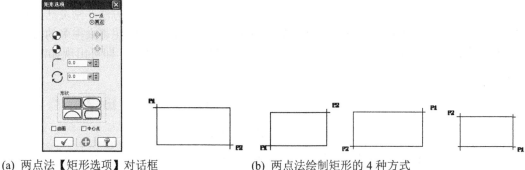

    (a) 两点法【矩形选项】对话框　　　　　　(b) 两点法绘制矩形的 4 种方式

图 2.15　两点法绘制矩形

● 【编辑定位基准点】：用于重新确定已绘矩形的定位基准点的位置。单击右侧的平移按钮，则可以重新指定矩形基准点位置。

● 【宽度】文本框：用于设置矩形宽度值。单击右侧的选取按钮，则可以重新选定位置来确定矩形的宽度。

● 【高度】文本框：用于设置矩形高度值。单击右侧的平移按钮，则可以重新选定位置来确定矩形的高度。

● 【圆角半径】文本框：用于设置矩形 4 个角的圆角半径值。

● 【旋转】文本框：用于设置矩形绕基准点旋转的角度值。

● 【形状】选项组：该选项组用于设置矩形的类型，共有 4 种方法可选择，可以绘制出长方形、圆角形、半径形、圆弧形 4 种形状。单击【形状】选项组中所需形状的按钮，即可生成相似形状的矩形。

● 【固定位置】选项组：该选项组用于设置矩形基准点的位置，Mastercam 提供了 9 种位置基准点选择，用户可以根据需要进行选择。

● 【曲面】复选框：选中此复选框，则可以生成矩形曲面。

● 【中心点】复选框：选中此复选框，则在生成矩形的同时产生一个中心点。

用一点法创建一个长为 40 mm、宽为 20 mm、圆角半径为 5 mm、旋转角度为 45°、基点在中心的矩形，并在绘图区显示中心点和曲面。其操作步骤如下。

(1) 执行【绘图】|【矩形形状设置】命令，或者单击工具栏中的【矩形形状设置】按钮，在【矩形选项】对话框中设置参数，如图 2.16(a)所示。

(2) 系统出现选取基准点的提示，在绘图区相应的位置处拾取一点 P1 定位，如图 2.16(b)所示。单击【确定】按钮完成矩形的创建，结果如图 2.16(c)所示。

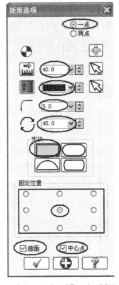

(a) 【矩形选项】对话框

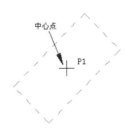

(b) 在绘图区拾取一点定位

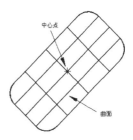

(c) 创建的矩形曲面

图 2.16 矩形的创建

3. 多边形

多边形是指由 3 条或 3 条以上等长的线段组成的封闭图形,【多边形】命令可以绘制 3～360 条边的正多边形。如图 2.17(a)所示单击工具栏的【画多边形】按钮◯,或执行【绘图】|【多边形】命令,系统会弹出如图 2.17(b)所示的【多边形选项】对话框。单击展开按钮█,则可以使该对话框显示更多的选项,如图 2.17(c)所示。在绘制多边形时,需对【多边形选项】对话框中的参数和中心点进行设定。参数说明如下。

(a) 【画多边形】按钮

(b)【多边形选项】对话框

(c) 展开的【多边形选项】对话框

图 2.17 多边形

- 【边数】 █ ⌷₆ 文本框:指定多边形的边数。
- 【半径】 █ ⌷₀.₀ 下拉列表框:指定多边形内切圆或外接圆的半径。
- 【内接圆】和【外切】单选按钮:该单选按钮用于设置半径选项中输入的半径是

多边形内接圆的半径还是外切圆的半径。当选中【内接圆】单选按钮时，是指多边形内接圆的半径，如图 2.18(a)所示，绘制的是内接圆半径为 10 的五边形；当选中【外切】单选按钮时，是指多边形外切圆的半径，如图 2.18(b)所示，绘制的为外切圆半径为 10，且旋转角度为 30°的五边形。

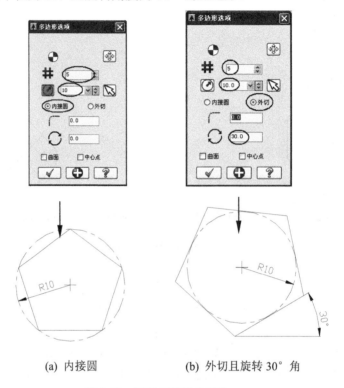

(a) 内接圆   (b) 外切且旋转 30°角

图 2.18   两种多边形的画法

- 【圆角半径】 文本框：用于设置多边形所有顶角的圆角半径值。
- 【旋转角度】 文本框：指定多边形的旋转角度值。
- 【曲面】复选框：选中此复选框，则可以生成多边形曲面。
- 【中心点】复选框：选中此复选框，则在生成多边形的同时产生一个中心点。

2.1.5 倒圆角

1. 倒圆角

倒圆角主要用于两个或者两个以上的图素之间产生圆角。单击工具栏中【倒圆角】按钮 ，或执行【绘图】|【倒圆角】命令，系统会弹出如图 2.19 所示的工具条。选取一图素，再选取另一图素，然后在工具条中输入倒圆角的半径，单击【确定】按钮 退出命令，即可倒出所需圆角。倒圆角需进行参数设置，下面简单介绍倒圆角参数。

图 2.19　倒圆角工具条

- 【半径】下拉列表框 ：在文本框中输入圆角的半径值，用来设定倒圆角的半径。
- 【类型】选项按钮：用于设置倒圆角的类型，在其下拉列表框中提供了【普通】、【反向】、【圆柱】、【间隙】4 种类型，如图 2.19 所示。
- 【修剪】按钮：若选中此按钮，则倒圆角时对图素进行修剪
- 【不修剪】按钮：若选中此按钮，则倒圆角时不对图素进行修剪。

2. 串连倒圆角

串连倒圆角用于对选取的一组图素链倒圆角，可以一次性对多组相连的图素倒圆角，单击工具栏中【串连倒圆角】按钮，或执行【绘图】|【串连倒圆角】命令，系统会弹出如图 2.20 所示的【串连选项】对话框。

选择图素的方法有 8 种，具体介绍如下。

- 【串连】按钮：通过选择线条链中的任意一个图素而构建串连。选择外形第一个图素的位置，决定外形的开始位置和串连方向。对于单一的封闭或开放图形，只要单击靠近端点的图素，则整个图形即被串连起来，串连方向开始于一个图素较近选择位置的端点指向另一个端点，如图 2.21(a)所示。如果该线条链的某一个交点是由 3 个或 3 个以上的线条相交而成，即所谓的分支点(见图 2.21(b))，选取图素于 P1 点处，串连在 P2 点处停止，需要选取直线 L1 或 L2 来完成串连。

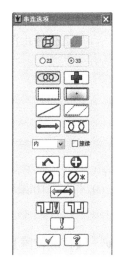

图 2.20　【串连选项】对话框

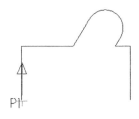

(a) 整个图形串连

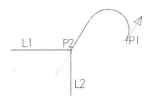

(b) 需要选择分歧图素

图 2.21　串连图素

- 【单点】按钮：用于选择点作为构成串连的图素。
- 【窗口】按钮：使用鼠标框选封闭范围内的图素构成串连图素，该方式一次可以选择多个串连。系统通过矩形窗口的第一个角点来设置串连方向，起点应靠

近图素的端点。

- 【区域】按钮⊡：在边界区域内单击一点，可以自动选取选取区域的边界内的图素作为串连图素。
- 【单体】按钮▱：用于选择单一图素作为串连图素。
- 【多边形】按钮▱：该方式与窗口选择串连方式类似，是用一个多边形来选择串连。
- 【向量】按钮⟶：使用该方式选取参照时与矢量围栏相交的图素将被选中，构成串连。
- 【部分串连】按钮⟡⟡：根据图形串连时的特点，可以将图形分为 3 类。第一类是单一的封闭图形，第一个和最后一个图素是相连接的，如图 2.22(a)所示；第二类是单一的开放图形，第一个和最后一个图素并不相连，且没有分歧点，如 2.22(b)所示；第三类是带有分歧点的图形，所谓分歧点是指三个以上图素相交于一点，如图 2.22(c)所示。当用户只需要选取封闭图形、开放图形一部分图素，或是选取带分歧点的图形时则可以使用部分串连方式，使用部分串连时应先选中起始图素，后选择终止图素，如中间有分歧时，需指明串连方向。

(a) 单一的封闭图形　　　　(b) 单一的开放图形　　　　(c) 带有分歧点的图形

图 2.22　图形的分类

- 【区域范围】下拉列表框⬚▾：用于设置窗口、多边形、区域选择范围，它有 5 种选项。
  - ◆ 【内】：表示选择窗口、多边形、区域内的所有图素。
  - ◆ 【内+相交】：表示选择窗口、多边形、区域内以及与它们边界相交的所有图素。
  - ◆ 【相交】：表示仅选择与窗口、多边形、区域边界相交的所有图素。
  - ◆ 【外+相交】：表示选择在窗口、多边形、区域以外以及与它们边界相交的所有图素。
  - ◆ 【外】：表示选择在窗口、多边形、区域以外的所有图素。
- 【接续】复选框：用于设置是否接续。
- 【上一次图素】按钮⌃：用于选择上一次命令操作时选取的串连图素。
- 【结束串连】按钮⊕：用于结束一个串连图素。
- 【撤销选取】按钮⊘：用于撤销当前的串连选择。
- 【撤销所有】按钮⊘*：用于撤销所有串连选择。
- 【反向】按钮⟷：用于更改串连方向。
- 【串连特征选项】按钮⎷⎷❗：用于设置串连特征选项参数。

- 【串连特征】按钮：用于定义串连特征。
- 【选项】按钮：用于设置串连图素的参数，如屏蔽选取图元、限定图层等设置。

设置不同的参数就会出现不同的倒圆角形式。

如图2.23(a)所示为串连倒圆角，它的操作过程如下：

单击【串连倒圆角】按钮，在【串连选项】对话框中选择【串连】按钮，在绘图区拾取图素于P1点，单击【串连选项】对话框中的按钮，在串连倒圆角工具条中设置圆角半径为5.0，圆角类型为【普通】，单击【修剪】按钮，再单击串连倒圆角工具条中的【确定】按钮即可。

如图2.23(b)所示为倒圆角，它的操作过程如下：

单击【倒圆角】按钮，设置倒圆角半径为5.0，圆角类型为【反向】，单击【不修剪】按钮，在绘图区拾取图素于P1点、P2点，再单击【确定】按钮即可。

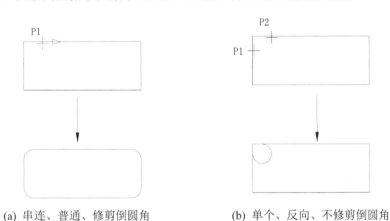

(a) 串连、普通、修剪倒圆角　　　(b) 单个、反向、不修剪倒圆角

图 2.23　设置不同参数的倒圆角

2.1.6　倒角

倒角主要用于两个或者两个以上的图素之间产生斜角。倒角与倒圆角方法相似，它也有两个命令：一个是倒角命令，另一个是串连倒角命令。前者是创建单个倒角，后者是同时创建多个倒角。

1. 倒角

单击工具栏中【倒角】按钮，或执行【绘图】|【倒角】命令，系统会弹出如图2.24所示的工具条，下面对倒角参数简单介绍一下。

图 2.24　倒角工具条

- 【距离1】下拉文本框 [图] ：用于设置倒角距离1的值。
- 【距离2】下拉文本框 [图] ：用于设置倒角距离2的值。
- 【角度】下拉文本框 [图] ：用于设置倒角角度值。
- 【类型】下拉列表框 [图] ：在下拉列表框中提供了4种倒角类型。它们分别如下。
  - ◆ 【距离1】(单一距离)：只能倒出45°的倒角，倒角的大小通过[图]控制，如图2.25(a)所示。
  - ◆ 【距离2】(不同距离)：可以通过[图]和[图]设置两边的距离来控制倒角形状与大小，如图2.25(b)所示。
  - ◆ 【距离/角度】：可以通过[图]设置倒角距离值，以及[图]设置夹角值控制倒角形状与大小，如图2.25(c)所示。
  - ◆ 【宽度】：只能倒出45°的倒角，倒角边的宽度由[图]中的值来控制。如图2.25(d)所示。

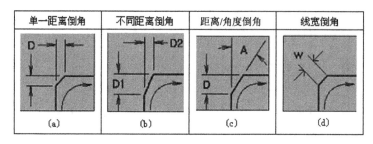

图 2.25　倒角类型

- 【修剪】[图]：若选中此按钮，则倒角时对图素进行修剪。
- 【不修剪】[图]：若选中此按钮，则倒角时不对图素进行修剪。

2. 串连倒角

串连倒角用于对选取的一组图素链倒角，可以一次性对多组相连的图素倒角，单击工具栏中【串连倒角】按钮[图]，或执行【绘图】|【串连倒角】命令，系统在弹出的【串连选项】对话框的同时也会打开如图2.26所示的【串连倒角】工具条。在串连倒角命令中只有两种倒角类型选项：一种是【距离1】，一种是【宽度】。也就是说，采用串连倒角只能倒出45°的斜角。

图 2.26　串连倒角工具条

2.1.7　绘制曲线

在 Mastercam 中绘制的曲线有 2 种形式，即参数式 Spline 曲线和 NURBS 曲线。NURBS

是 Non-Uniform Rational B-Spline 的缩写。一般 NURBS 曲线比参数式 Spline 曲线要光滑且易于编辑。

单击工具栏上的【曲线】按钮 旁的下拉按钮，打开如图 2.27(a)所示的【曲线】工具条，或执行【绘图】|【曲线】命令，打开如图 2.27(b)所示的菜单，选择相应的命令，即可绘制所需的曲线。Mastercam 提供了 4 种曲线生成方式。

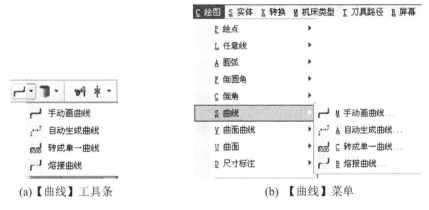

(a)【曲线】工具条　　　　　　　　　　　(b)【曲线】菜单

图 2.27　曲线绘制

1. 手动画曲线

执行【绘图】|【曲线】|【手动画曲线】命令，或者单击工具栏中的【手动画曲线】按钮 ；用鼠标在绘图区选取各个节点位置，在最后一点上双击，或者按 Enter 键即可；在单击工具条上的【确定】按钮 按钮之前，曲线的端点(起始点和终止点)切线方向可以进行编辑。如图 2.28 所示，系统提供了 5 种切线方向选择。

图 2.28　曲线端点选项

- 【3 点圆弧】：曲线的前 3 个点所构成的部分用圆弧线代替。曲线的起始点的切线方向即为圆弧的切线方向。
- 【法向】：系统默认的选项。
- 【至图素】：选取已经存在的图素，将其选取点的切线方向作为曲线指定端点处的切线方向。
- 【至端点】：选取某图素端点的切线方向作为曲线指定端点的切线方向。
- 【角度】：设置曲线端点的切线角度值。

2. 自动生成曲线

执行【绘图】|【曲线】|【自动生成曲线】命令，或者单击工具栏中的【自动生成曲线】按钮 ；用鼠标在绘图区选取第一个、第二个以及最后一个点，系统即自动将已经存在的所有点拟合成一条样条曲线。

3. 转成单一曲线

转成单一曲线能将一系列首尾相连的图素，如圆弧、直线、曲线等转换成单一样条曲线。

转成单一曲线的操作步骤如下。

(1) 执行【绘图】|【曲线】|【转成单一曲线】命令，或者单击工具栏中的【转成单一曲线】按钮 ；系统弹出【串连选项】对话框。

(2) 在绘图区内选择要转换的图素后，单击【确定】按钮 。

(3) 在如图 2.29 所示工具条的下拉列表框中输入误差值，并选择是否保留原曲线。

图 2.29 转成曲线工具条

(4) 单击【确定】按钮 ，则将现有图素转换为曲线，并退出任务。

通过该操作，可将其他类型的图素转换为曲线，操作完成后，可以执行【分析】|【分析图素属性】命令来查看。

4. 熔接曲线

【熔接曲线】命令可以绘制一条与两图素上选取点相切的曲线，选取的图素可以是直线、曲线或圆弧。操作步骤如下。

(1) 执行【绘图】|【曲线】|【熔接曲线】命令，或者单击工具栏中的【熔接曲线】按钮 。

(2) 选取已知曲线 1， 选取熔接点于 P1 位置处，如图 2.30(a)所示。

(3) 选取已知曲线 2，选取熔接点于 P2 位置处，如图 2.30(a)所示。

(4) 按系统默认设置，单击【确定】按钮 ，显示熔接的曲线如图 2.30(b)所示。

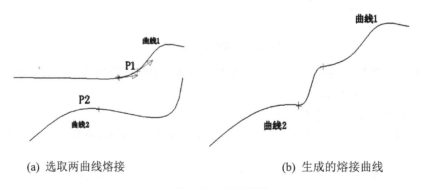

(a) 选取两曲线熔接　　　　　　　　　　　(b) 生成的熔接曲线

图 2.30 熔接曲线

2.1.8 文字

如果要在工件表面进行文字雕刻，则首先要绘制文字。用【绘制文字】命令生成的是由直线、圆弧、样条曲线等组成的文字，它可以生成刀具路径，用于加工。

执行【绘图】|【绘制文字】命令，或者单击工具栏中的【文字】按钮 **L**，系统将弹出【绘制文字】对话框。【绘制文字】对话框用于设置绘制文字时的相关参数，包括指定文字的字体、输入的文字、设置文字的大小和排列方式。其中，通过单击【真实字形】按钮，可以用真实字形来绘制文字，它可将操作系统中的所有字体转换成可加工的几何文字。

例 2.1　绘制如图 2.31 所示的文字。文字的具体参数如表 2.1 所示。

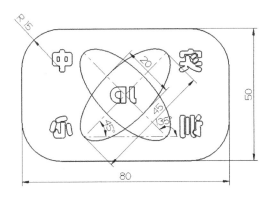

图 2.31　文字图形

表 2.1　文字参数设置

字　体	文　字	字　高	方　向	定　位
华文彩云	JD	7	水平	(−4.5，−3.5)
华文彩云	实	10	水平	(−30，10)
华文彩云	训	10	水平	(−30，−15)
华文彩云	中	10	水平	(20，10)
华文彩云	心	10	水平	(20，−15)

具体操作步骤如下。

1. 绘制矩形

(1) 执行【绘图】|【矩形形状设置】命令，或者单击工具栏中的【矩形形状设置】按钮 ⚙️。

(2) 系统弹出【矩形选项】对话框，其中的参数设置如图 2.32 所示，选择基准点的位置，单击工具栏的【原点】按钮 ⬆️，结果如图 2.33 所示。

2. 绘制两椭圆

(1) 执行【绘图】|【椭圆】命令，或者单击工具栏中的【椭圆】按钮 ⬭。

(2) 在【椭圆选项】对话框中单击顶部的【展开】按钮 ⬇️，在展开的对话框中设置参数如图 2.34(a)所示，长轴半径为 22.5，短轴半径为 10，旋转角度为 135°，单击工具栏的【原点】按钮 ⬆️选择原点为基准点，单击对话框中的【应用】按钮 ⊞；

(3) 同理，设置另一椭圆参数如图 2.34(b)所示，长轴半径为 22.5，短轴半径为 10，旋转角度为 45°，单击【原点】按钮 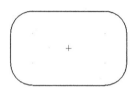，再单击对话框中的【确定】按钮 ，结果如图 2.35 所示。

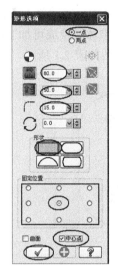

图 2.32　【矩形选项】对话框

图 2.33　矩形图形

(a) 第一个椭圆参数设置

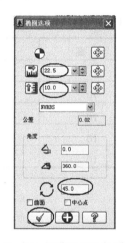

(b) 第二个椭圆参数设置

图 2.34　【椭圆选项】对话框参数设置

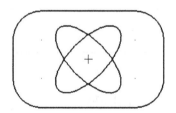

图 2.35　绘制两椭圆

3. 绘制文字

(1) 执行【绘图】|【绘制文字】命令，或者单击工具栏中的【文字】按钮 。

(2) 系统弹出【绘制文字】对话框，如图 2.36 所示，单击【真实字形】按钮，弹出【字体】对话框，在【字体】下拉列表框中选择【华文彩云】，【字形】为【常规】，字体【大小】为 10，如图 2.37 所示，单击【确定】按钮。

(3) 在【文字对齐方式】选项组中选中【水平】单选按钮，在【文字内容】文本框中输入"JD"。在【参数】选项组中设置【高度】为 7，具体设置如图 2.38 所示，单击【确定】按钮 。

图 2.36　【绘制文字】对话框

图 2.37　【字体】对话框

(4)　在工具栏中输入文字的起始位置点，设置 X、Y 的值为-4.5 和-3.5，按 Enter 键确认。

(5)　用同样的方法绘制文字"实"、"训"、"中"、"心"4 个文字，具体参数按照表 2.1 所示进行设置，结果如图 2.39 所示。

图 2.38　设置绘制文字参数

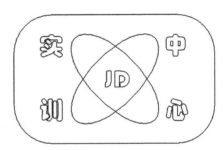

图 2.39　绘制文字

4. 文字镜像

(1)　执行【转换】|【镜像】命令，或者单击工具栏中的【镜像】按钮 。

(2)　选取镜像图素，通过窗口选择方式选取所有图素，按 Enter 键，在弹出的【镜像】对话框中设置参数如图 2.40(a)所示，结果如图 2.40(b)所示。

(a)　【镜像】对话框

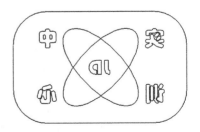

(b)　文字镜像处理

图 2.40　对文字进行镜像处理

2.1.9 尺寸的标注

尺寸标注是机械工程制图中不可缺少的一个环节，Mastercam 提供了完整的尺寸标注功能。在 Mastercam 中，不仅可以在水平面进行标注，还可以在任意平面内进行标注。执行【绘图】|【尺寸标注】|【标注尺寸】命令，如图 2.41 所示。在【尺寸标注】子菜单中的 8 个命令中，最常用的为【标注尺寸】命令，【标注尺寸】子菜单中又包含 11 个不同的尺寸标注命令，下面对这 11 个命令进行说明。各种尺寸标注示意如图 2.42 所示。

图 2.41 【尺寸标注】子菜单

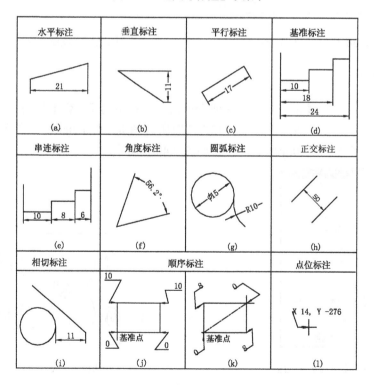

图 2.42 各种尺寸标注示意图

- 【水平标注】：用来标注两点间的水平距离，这两个点可以是直线的两个端点，也可以是选取的两个点，如图 2.42(a)所示。
- 【垂直标注】：用来标注两点间的垂直距离，如图 2.42(b)所示。
- 【平行标注】：用来标注两点间的距离，如图 2.42(c)所示。
- 【基准标注】：用于标注一系列尺寸线平行的尺寸标注，它先指定已标注尺寸的第一个尺寸界线为其基准线，然后依次选取要标注尺寸的第二个尺寸界线，如图 2.42(d)所示。
- 【串连标注】：用于标注一系列界线相串连的尺寸标注，即前一个尺寸的第二个尺寸界线是后一个尺寸的第一个尺寸界线，如图 2.42(e)所示。
- 【角度标注】：用于标注两条不平行直线的夹角，如图 2.42(f)所示。
- 【圆弧标注】：用于标注圆的直径或圆弧的半径尺寸，如图 2.42(g)所示。
- 【正交标注】：该命令用于标注两个平行线或某个点到线段的法线距离，如图 2.42(h)所示。
- 【相切标注】：用于标注出圆弧与点、直线、圆弧的相切距离，如图 2.42(i)所示。
- 【顺序标注】：该命令以选取的一个点为基准，标注一系列点与基准点的相对距离。这相对距离可以是水平的、垂直的、平行的。如图 2.42(j)所示为各点与基准点在垂直方向的距离；如图 2.42(k)所示为各点到基准点与指定的定位点连线的距离(即为平行方向的距离)。
- 【点位标注】：用于标注选取点的坐标。其可标注平面坐标，也可标注空间坐标，如图 2.42(l)所示。

2.1.10　范例(一)

例 2.2　绘制如图 2.43 所示的图形。

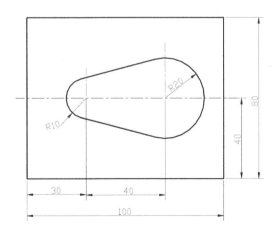

图 2.43　尺寸图形

操作步骤如下。

1)　绘制一个矩形

(1)　执行【绘图】|【矩形形状设置】命令，或单击工具栏上的【矩形形状设置】按钮 。

(2) 在弹出的【矩形选项】对话框中设置矩形宽度为100，高度为80，定位基点为左下角点，如图2.44所示。单击【原点】按钮 选取坐标原点作为定位基准点，单击对话框中的【确定】按钮 。

2) 绘制三条中心线

(1) 执行【绘图】|【任意直线】命令，或单击工具栏上的【直线】按钮 。在工具条中单击【水平】按钮 ，如图2.45所示，在绘图区大概的位置处选取P1、P2两点，在Y坐标文本框 中输入"40"，单击【应用】按钮 ，绘制L1直线。

(2) 在工具条中单击【垂直】按钮 ，在绘图区大概的位置处选取P3、P4两点，在X坐标文本框 中输入"30"，单击【应用】按钮 ，绘制L2直线。

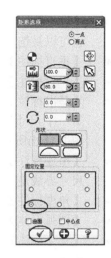

图2.44　【矩形选项】对话框

(3) 在绘图区大概的位置处选取 P5、P6 两点，在 X 坐标文本框 中输入"70"，单击【应用】按钮 ，绘制 L3 直线。单击【确定】按钮 结束任意直线绘制命令。

(4) 在绘图区选取直线L1、L2、L3，执行【分析】|【分析图素属性】命令，或单击工具栏上的【分析图素属性】按钮 ，在【线的属性】对话框中设置【线型】为【中心线】，单击【应用】按钮 ，单击【确定】按钮 ，完成线型的转变，如图2.46所示。

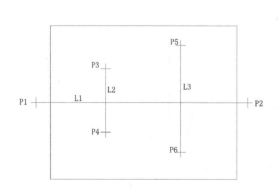

图2.45　绘制三条中心线

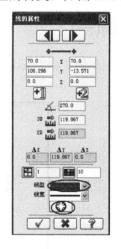

图2.46　【线的属性】对话框

3) 绘制两圆

(1) 执行【绘图】|【圆弧】|【圆弧+点】命令，或单击工具栏上的【圆弧】按钮 ，在圆弧工具条中输入半径10，指定圆心点，捕捉交点P1(见图2.47)，单击【应用】按钮 。

(2) 输入半径 20，指定圆心点，捕捉交点 P2(见图2.47)，单击【确定】按钮 或按Esc 键结束任务。

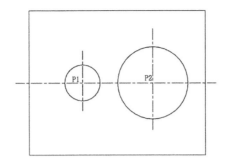

图 2.47   绘制两圆

4)   绘制两条切线

(1)   执行【绘图】|【任意线】|【绘制任意线】命令，或单击工具栏上的【绘制任意线】按钮 。单击绘制任意线工具条上的【切线】按钮 (注意要打开光标自动捕捉【相切】功能，单击工具栏上的【配制】按钮 ，系统弹出如图 2.48 所示的【光标自动抓点设置】对话框，选取【相切】捕捉功能)，指定第一个端点，选取圆弧 C1 的上端位置于点 P1(见图 2.49)；指定另一个端点，选取圆弧 C2 的上端位置于点 P2，单击【应用】按钮 。

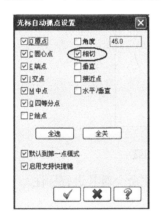

图 2.48   绘制两条切线

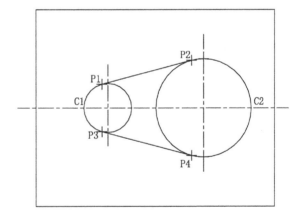

图 2.49   绘制两条切线

(2)   指定第一个端点，选取圆弧 C1 的下端位置于点 P3(见图 2.49)；指定另一个端点，选取圆弧 C2 的下端位置于点 P4。单击【确定】按钮 结束任务。

5)   删除两圆

在绘图区选取两圆 C1、C2，单击工具栏上的【删除】按钮 ，删除两圆。

6)   绘制两圆弧

(1)   执行【绘图】|【圆弧】|【两点画弧】命令，或单击工具栏上的【两圆弧】按钮 。输入第一点，选取点 P1 (见图 2.50)；输入第二点，选取点 P2(见图 2.50)；输入半径 10，在绘图区出现 4 段圆弧，选取圆弧 C2，单击【应用】按钮 。

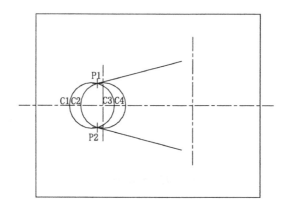

图 2.50　绘制半径为 10 的圆弧

(2) 输入第一点，选取点 P3(见图 2.51)；输入第二点，选取点 P4(见图 2.51)；在圆弧设置工具条中输入半径 20，选取 C8。单击【确定】按钮 ✔ 结束任务，结果如图 2.43 所示。

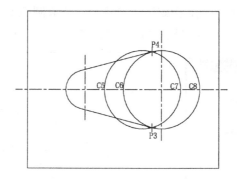

图 2.51　绘制半径为 20 的圆弧

例 2.3　画出如图 2.52 所示的图形，并利用尺寸标注命令对其进行标注。

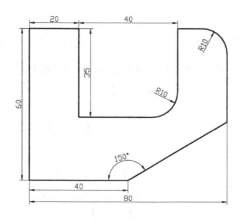

图 2.52　零件尺寸图形

操作步骤如下。

1)　绘制两矩形

(1)　执行【绘图】|【矩形】命令，或单击工具栏上的【矩形】按钮 田。在弹出的工具

条中设置参数，如图 2.53 所示。设置第一个角点，单击【原点】按钮，单击【确定】按钮。

图 2.53　矩形参数工具条

(2) 执行【绘图】|【矩形形状设置】命令，或单击工具栏上的【矩形形状设置】按钮，在弹出的【矩形选项】对话框中设置矩形参数如图 2.54 所示，选择基准点为上边中点。捕捉矩形上边线中点 P1，单击【确定】按钮，结果如图 2.55 所示。

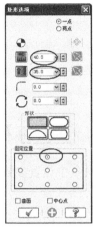

图 2.54　【矩形选项】对话框

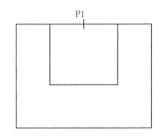

图 2.55　绘制两矩形

2) 删除两直线

用鼠标选取两个矩形的上边线，单击工具栏上的【删除】按钮。完成后如图 2.56 所示。

3) 绘制两直线

(1) 执行【绘图】|【任意线】|【绘制任意线】命令，或单击工具栏上的【绘制任意线】按钮。指定第一个端点，捕捉直线的端点 P1；指定第二个端点，捕捉直线的端点 P2(见图 2.57)，单击【应用】按钮。

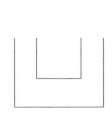

图 2.56　删除多余的直线

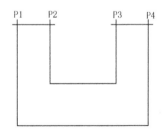

图 2.57　绘制两条直线

(2) 指定第一个端点，捕捉直线的端点 P3；指定第二个端点，捕捉直线的端点 P4(见图 2.57)。单击【确定】按钮。

4) 倒圆角

(1) 执行【绘图】|【倒圆角】|【倒圆角】命令，或单击工具栏上的【倒圆角】按钮，在弹出的工具条中设置参数如图2.58所示。选取倒圆角图素L1，选取另一个图素L2(见图2.59)，单击【应用】按钮。

图 2.58　倒圆角工具条

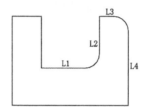

图 2.59　倒圆角

(2) 选取倒圆图素L3，选取另一个图素L4(见图2.59)，单击【确定】按钮。

5) 绘制斜线

单击工具栏上的【绘制任意线】按钮。在弹出的工具条中设置参数如图2.60所示。捕捉直线L1中点(见图2.61)，单击【确定】按钮。

图 2.60　绘制斜线工具条

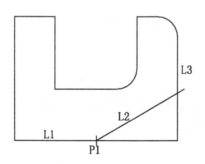

图 2.61　绘制一条斜线

6) 修剪三条直线

(1) 执行【编辑】|【修剪/打断】|【修剪/打断/延伸】命令，或单击工具栏上的【修剪/打断/延伸】按钮，在如图2.62所示的工具条中单击【修剪两物体】按钮。

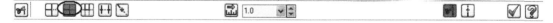

图 2.62　修剪/打断工具条

(2) 在绘图区选取直线L1的保留部分；再选取直线L2(见图2.61)的保留部分。

(3) 在绘图区选取直线L2的保留部分；再选取直线L3(见图2.61)的保留部分。单击【确定】按钮 ，结果如图 2.63 所示。

图 2.63　对图形进行修整后的效果

7)　设定尺寸标注的参数

(1)　执行【绘图】|【尺寸标注】|【注解选项】命令，系统弹出【自定义选项】对话框，如图 2.64 所示。

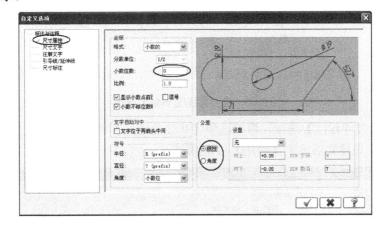

图 2.64　【自定义选项】对话框

(2)　在【尺寸属性】选项中，选中【线性】单选按钮，将【小数位数】设置为 0；再选中【角度】单选按钮，将【小数位数】设置为 0，如图 2.64 所示。

(3)　选择【尺寸文字】选项，【文字高度】设置为 2，【长宽比】设置为 0.75，如图 2.65 所示。

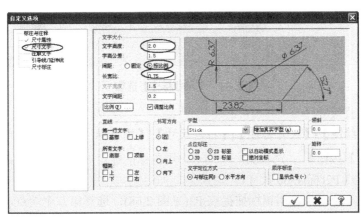

图 2.65　【尺寸文字】选项

(4) 选择【引导线/延伸线】选项,【间隙】设置为 0.01,【延伸量】设置为 1,将【箭头】选项组中的【线型】设置为【三角形】,并且选中【填充】复选框,【高度】设置为 2,【宽度】设置为 0.666,如图 2.66 所示。

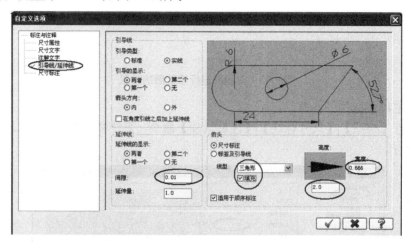

图 2.66 【引导线/延伸线】选项

(5) 选择【尺寸标注】选项,取消选中【基线的增量】选项组中的【自动】复选框,如图 2.67 所示。设置完后单击【确定】按钮 。

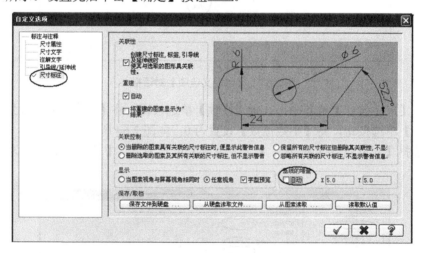

图 2.67 【尺寸标注】选项

8) 标注垂直尺寸

(1) 执行【绘图】|【尺寸标注】|【标注尺寸】|【垂直标注】命令,或单击工具栏上的【标注垂直尺寸】按钮 。选择第一个端点,用鼠标捕捉点 P1(见图 2.68);选择第二个端点,用鼠标捕捉点 P2(标注 60 尺寸)。

(2) 选择第一个端点,用鼠标捕捉点 P3(见图 2.68);选择第二个端点,用鼠标捕捉点 P4(标注 35 尺寸)。

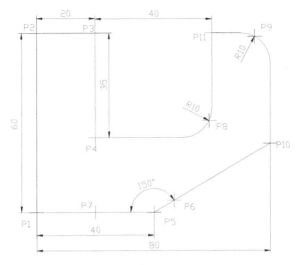

图 2.68   选取图素标注尺寸

9)   标注水平尺寸

(1)   选择第一个端点，用鼠标捕捉点 P2(见图 2.68)；选择第二个端点，用鼠标捕捉点 P3(标注 20 尺寸)。

(2)   选择第一个端点，用鼠标捕捉点 P1；选择第二个端点，用鼠标捕捉点 P5(标注 40 尺寸)，单击【确定】按钮。

10)   标注圆弧

(1)   执行【绘图】|【尺寸标注】|【标注尺寸】|【圆弧标注】命令，或单击工具栏上的【圆弧标注】按钮。用鼠标选取圆弧于点 P8(见图 2.68)，在合适的位置上选取放置位置点(标注 R10 尺寸)。

(2)   用鼠标选取圆弧于点 P9(见图 2.68)，在合适位置上选取放置位置点(标注 R10 尺寸)，单击【确定】按钮。

11)   标注角度

执行【绘图】|【尺寸标注】|【标注尺寸】|【角度标注】命令，或单击工具栏上的【角度标注】按钮。选择第一条线，用鼠标选择直线于点 P7(见图 2.68)；选择第二条线，选择另一直线于点 P6，在合适位置上选取放置位置点(标注 150° 尺寸)，单击【确定】按钮。

12)   标注基准标示

执行【绘图】|【尺寸标注】|【标注尺寸】|【基准标注】命令，或单击工具栏上的【基准标注】按钮。选择线性标注，用鼠标选择 40 尺寸(见图 2.68)；选取第二个端点，再捕捉点 P10，在合适位置上选取放置位置点(标注 80 尺寸)，单击【确定】按钮。

13)   标注串连标示

执行【绘图】|【尺寸标注】|【标注尺寸】|【串连标注】命令，或单击工具栏上的【串连标注】按钮。选择线性标注，用鼠标选择 20 尺寸(见图 2.68)；选取第二个端点，再捕捉点 P11(标注 40 尺寸)，单击【确定】按钮。结果如图 2.52 所示。

2.1.11　习题

1. 画出如图 2.69 所示的图形。

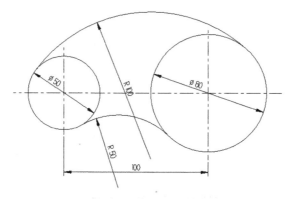

图 2.69　尺寸图形(习题 1)

2. 画出如图 2.70 所示的图形。

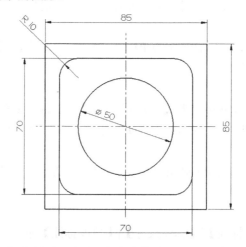

图 2.70　尺寸图形(习题 2)

3. 画出如图 2.71 所示的图形并标注尺寸。

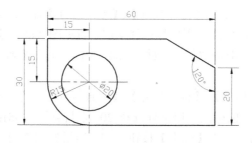

图 2.71　尺寸图形(习题 3)

4. 画出如图 2.72 所示的图形并标注尺寸。

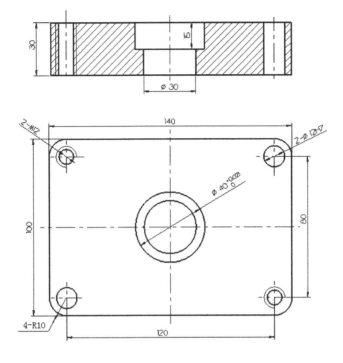

图 2.72 尺寸图形(习题 4)

5. 画出如图 2.73 所示的图形及文字(其中文字高为 40mm，字体为华文彩云，文字经过镜像操作处理)。

图 2.73 图形及文字(习题 5)

6. 画出如图 2.74 所示的图形及文字。文字的具体参数如表 2.2 所示。

表 2.2 文字参数设置

字 体	文 字	字 高	方 向	定 位	半 径
宋体	江西工业工程职业技术学院	10	圆弧顶部	圆心(0, 0)	39
宋体	机电工程系	10	圆弧底部	圆心(0, 0)	36
宋体	欢迎您们	10	水平	(-20, 0)	
宋体	CNC	8	圆弧顶部	圆心(0, 0)	22
宋体	WELCOME	9	圆弧底部	圆心(0, 0)	23

图 2.74　图形及文字(习题 6)

2.2　二维图形的编辑与转换

2.1 节主要介绍了用绘图功能命令进行简单几何图形的绘制。但在绘制复杂几何图形时，仅使用上述基本绘图命令不仅费时，而且不够用。为了提高绘图效率，Mastercam 提供了多种二维图形的编辑与转换命令，下面将介绍这些命令。

2.2.1　二维图形的编辑

【编辑】菜单中的命令用于改变现有的形状、连接状态、参数形式及法线方向，包括删除、修剪/打断、连接图素、更换曲线、创建到 NURBS、曲线变弧、法向设定、曲面正向切换等命令。【编辑】菜单如图 2.75 所示，其中的复原、重做、剪切、复制、粘贴、选取全部等命令功能与所有 Windows 操作系统下的软件相似，在这就不讲述。下面对其他几项功能进介绍。

1．删除功能

在 Mastercam【删除】子菜单中包含了删除和恢复删除功能，如图 2.76 所示，删除图素是用于从屏幕和系统的资料库中删除一个或一组已有的几何图素；恢复删除是用于重新恢复已经被删除的几何图素。

1）删除图素

执行【编辑】|【删除】|【删除图素】命令或单击工具栏中的【删除图素】按钮 (按 F5 键)，在绘图区选中要删除的图素，按 Enter 键进行删除；用户也可以先在绘图区选中要删除的图素，单击【删除图素】按钮 进行删除；还可以在绘图区选中要删除的图素，按 Delete 键进行删除。

2）删除重复图素

在绘图过程中，有可能在同一个位置出现图素重叠现象。要删除这些重复的图素可以执行【编辑】|【删除】|【删除重复图素】命令；或单击【删除重复图素】按钮 ，系统会

将绘图区内所有重复的图素删除，并弹出如图 2.77 所示的【删除重复图素】对话框给出重复图素的信息，单击对话框中的【确定】按钮即可完成重复图素的删除。

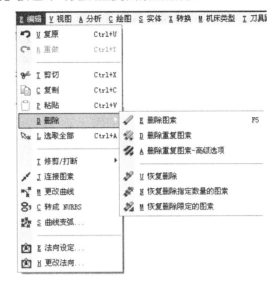

图 2.75　【编辑】菜单　　　　　　　　图 2.76　【删除】子菜单

3) 删除重复图素-高级选项

当对删除图素的属性有针对性时，可以单击【删除重复图素-高级选项】按钮，启动删除重复图素高级选项，弹出如图 2.78 所示的【删除重复图素】对话框，可以在对话框中选中对应的属性复选框来控制删除重复的图素，然后单击【确定】按钮即可。

图 2.77　【删除重复图素】对话框(1)　　　图 2.78　【删除重复图素】对话框(2)

4) 恢复删除

该命令会按照被删除的相反次序，依次恢复被删除的图素。执行【编辑】|【删除】|【恢复删除】命令，或单击【恢复删除】按钮即可。

5) 【恢复删除指定数量的图素】

执行【编辑】|【删除】|【恢复删除指定数量的图素】命令，或单击【恢复删除指定数量的图素】按钮，选择该命令后，系统将弹出如图 2.79 所示的【输入恢复删除的数量】对话框，提示"输入恢复删除的数量"，在文本框中输入对应数目后按 Enter 键，则系统按照图素被删除的相反次序，重新生成被删除的图素。

6) 恢复删除限定的图素

执行【编辑】|【删除】|【恢复删除限定的图素】命令，或单击【恢复删除限定的图素】按钮 ，该命令可以恢复以前所有被删除的某类属性的图素或全部图素。选择该命令后，系统弹出如图 2.80 所示的【选择所有单一选择】对话框，用户可以在该对话框中全部选择，也可以选择某种属性的图素，符合设置属性的图素才能被恢复。

图 2.79　【输入恢复删除的数量】对话框　　　　图 2.80　【选择所有单一选择】对话框

2．修剪/打断功能

在修整/打断功能包括了一组相关的编辑命令，它们可改变现有的图素。执行【编辑】|【修剪/打断】命令可进入其子菜单，如图 2.81 所示。下面介绍其中各项的功能。

图 2.81　【修剪/打断】子菜单

1) 【修剪/打断/延伸】命令

执行【编辑】|【修剪/打断】|【修剪/打断/延伸】命令，或者单击工具栏中的【修剪/打断/延伸】按钮，打开如图 2.82 所示的工具条。该工具条中包含两种类型的操作选项，当在工具条中单击【修剪/延伸】按钮时，则表示当前操作为修剪/延伸图形；当在工具条中单击【打断/延伸】按钮时，则表示当前操作为打断/延伸图形。

图 2.82　修剪/打断工具条

(1) 【修剪/延伸】按钮操作

用于修剪或延伸几何图素至指定的边界，它包含了 5 种选项，下面分别对这几项功能进行介绍。各种修剪/延伸方式示意如图 2.83 所示。

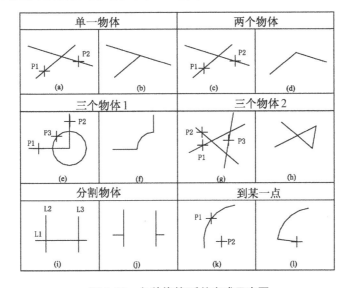

图 2.83　各种修剪/延伸方式示意图

- 【单一物体】按钮：通过顺序选择要修剪几何图素的保留部分及作为边界的几何图素，对单个几何图素进行修剪或延伸。如图 2.83(a)所示，选取要修整的图素，选取直线要保留部位于点 P1，修整到某一图素，选取直线于点 P2。结果如图 2.83(b)所示。

- 【两个物体】按钮：通过选择两个几何图素(保留部分)，同时修剪或延伸这两个几何图素至它们的交点或延伸交点处。如图 2.83(c)所示，选取要修整的图素，选取直线要保留部位于点 P1，修整到某一图素，选取直线要保留部位于点 P2。结果如图 2.83(d)所示。

- 【三个物体】按钮：同时对 3 个几何图素进行修剪至交点，前两个选取的图素将成为第三个图素的边界，第三个图素也是前两个图素的边界。如图 2.83(e)所示，选取要修整的第一个图素，选取直线于点 P1；选取要修整的第二个图素，选取直线于点 P2；修整到某一图素，选取直线要保留的部位于点 P3。结果如图 2.83(f)所示。如图 2.83(g)所示，选取要修整的第一个图素，选取直线于点 P1；选取要修整的第二个图素，选取直线于点 P2；修整到某一图素，选取直线要保留的部位于点 P3。结果如图 2.83(h)所示。

- 【分割物体】按钮：用来剪除某个几何图素(直线或圆弧)落在两边界中的部分。如图 2.83(i)所示，选择要分割的物体，选择直线 L1；选择第一条界线，选择直线 L2；选择第二条界线，选择直线 L3。结果如图 2.83(j)所示。

- 【到某一点】按钮：将选取的几何图素修剪或延伸至由选取点确定的位置。如图 2.83(k)所示，指定要修剪/延伸的图素，选取圆弧要保留部位于点 P1；指定要修剪/延伸的位置，捕捉点 P2(实际上修剪边界就是圆的一条法线且通过点 P2)。结果如图 2.83(l)所示。

(2) 【打断/延伸】按钮操作

将图素在其交点处断开，未相交的图素系统会自动将其延伸至交点位置处再断开。它也包含了以上 5 种选项，不同的是有一些被打断的图素从形状上看没有什么变化，但用户通过选取图素时，就可以从它的颜色和端点的变化看出它是否断开。

2) 【多物修整】

该命令用于以一个几何图素为界，同时修剪或延伸多个几何图素。如图 2.84(a)所示，选择要修整的曲线，选择直线 L1、L2、L3，按 Enter 键；选择要修整的边界，选择直线 L4；选择要保留的部分；选择直线 L1 或 L2 或 L3 的左端。结果如图 2.84(b)所示。

(a) 选取修整图素　　　　　　　　(b) 多物修整结果

图 2.84　多物修剪方式示意图

3) 【两点打断】命令

该命令用于将直线、圆弧或样条曲线断开分成两段。用户可以通过选取几何图素从它的颜色或端点的变化来看它是否断开。

4) 【在交点处打断】命令

该命令用于将两个几何图素在其交点处同时将其断开。

5) 【打成若干段】命令

该命令用于将几何图素断开成若干线段或弧段。

6) 【依指定长度】命令

该命令用于在距离选定的几何图素、端点为指定长度的位置处，将几何图素分为两段。

7) 【打断全圆】命令

该命令用于将圆弧打断为指定段数。

8) 【恢复全圆】命令

该命令用于将任意圆弧修整为一个完整的圆。如图 2.85(a)所示，选择要改成全圆的圆弧，选取圆弧于点 P1，结果如图 2.85(b)所示。

(a) 选取圆弧   (b) 生成完整的圆

图 2.85 多物修剪方式示意图

3. 连接图素功能

该命令用于将两个几何图素连接为一个几何图素(两个几何图素必须相容)。

4. 更换曲线功能

该命令用于修改样条曲线或曲面的形状。

5. 转成 NURBS 功能

该命令可将圆弧、直线、参数型样条曲线和曲面转换成 NURBS 格式。

6. 曲线变弧功能

该命令用于将 Spline 曲线、NURBS 曲线转换成圆弧。

7. 法向设定功能

该命令用于改变曲面的法线方向。

8. 更改法向功能

该命令用于改变指定曲面的法向。

2.2.2 二维图形的转换功能

【转换】菜单中包含的命令主要用来改变几何对象的位置、方向、数量和大小，包括平移、镜像、旋转、比例缩放、阵列等命令。【转换】菜单如图 2.86 所示，转换功能的工具条如图 2.87 所示。下面就各项功能分别进行介绍，各种转换功能示意如图 2.88 所示。

1.【平移】命令

【平移】命令是将选择的几何图素移动或者复制到新的位置。

执行【转换】|【平移】命令，或单击【平移】按钮，系统出现选择要平移的图素的提示信息，在绘图区选取平移图素，按 Enter 键确定。系统弹出如图 2.88 所示的【平移选项】对话框，下面介绍对话框中各主要选项的功能。

图2.86　【转换】菜单

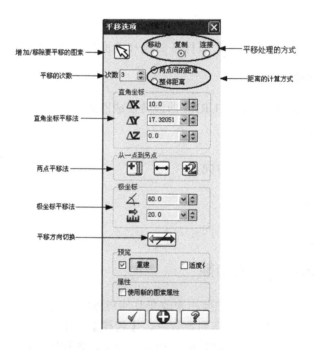

图2.87　转换工具条

图2.88　【平移选项】对话框

- 【增加/移除图素】按钮：可以增加或移除要平移的图素。
- 【移动】单选按钮：对选取的几何图素做移动处理，但在原地不保留原图素，如图2.89(a)所示。
- 【复制】单选按钮：对选取的几何图素做移动处理，同时原地保留原图素，如图2.89(b)所示。
- 【连接】单选按钮：在新生成的几何图素与原图素间用直线连接，如图2.89(c)所示。
- 【次数】微调框：填写生成新几何图素的数量。

(a) 移动方式　　　(b) 复制方式　　　(c) 连接方式

图 2.89　三种平移处理方式

- 【两点间的距离】单选按钮：设置的距离值为单次平移距离。如图 2.90(a)所示，设置的【两点间的距离】为 60，平移次数为 2 次。
- 【整体距离】单选按钮：设置的距离值为平移次数的总距离。如图 2.90(b)所示。设置的【整体距离】为 60，平移次数为 2 次。

(a) 设置单次平移距离　　　　　　(b) 设置整体距离

图 2.90　两种距离方式

- 【直角坐标法】：按 X、Y、Z 文本框中输入的距离值，对图素进行平移。
- 【从一点到另一点】：按两点间的间距及方向对图素进行平移。
- ◆ 【选择起始点】按钮：设定计算起始位置点。
- ◆ 【选择退出点】按钮：设定计算终止位置点，同时定出平移的方向。
- ◆ 【选择线】按钮：按照指定线段的长度及方向来确定平移图素的距离和方向。
- 【极坐标】：按【角度】下拉列表框中给定的角度值及【长度】文本框给定的长度值对图素进行平移。
- 【方向】按钮：可以转换移动的方向，也可实现两边同时平移。

2. 【3D 平移】命令

【3D 平移】命令是指将选择的几何图素在不同的构图面之间进行平移操作。

执行【转换】|【3D 平移】命令，或单击【3D 平移】按钮，系统出现选择要平移图素提示信息，在绘图区选取平移图素，按 Enter 键确定。系统弹出如图 2.91 所示的【3D 平移选项】对话框，3D 平移示意如图 2.92 所示。

3. 【镜像】命令

【镜像】命令用来产生被选取几何图素的镜像，适用于绘制具有轴对称特征的图形。

执行【转换】|【镜像】命令，或单击【镜像】按钮，系统出现选择要镜像的图素的提示信息，在绘图区选取镜像图素，按 Enter 键确定。系统弹出如图 2.93 所示的【镜像选项】对话框，各种类型镜像轴如图 2.94 所示。

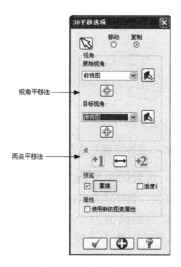

视角平移法

两点平移法

图 2.91　【3D 平移选项】对话框

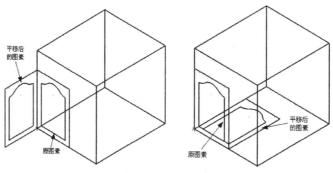

平移后
的图素

原图素

平移后
的图素

原图素

(a) 由前视角转左侧视角　　　　　(b) 由前视角转俯视角

图 2.92　3D 平移示意图

使用水平线作为镜像轴　　　　　　　　　　　输入水平线的Y坐标值

使用垂直线作为镜像轴　　　　　　　　　　　输入垂直线的X坐标值

使用倾斜线作为镜像轴　　　　　　　　　　　输入倾斜线的倾斜角

选取任意线作为镜像轴

指定两点来定义镜像轴

图 2.93　【镜像选项】对话框

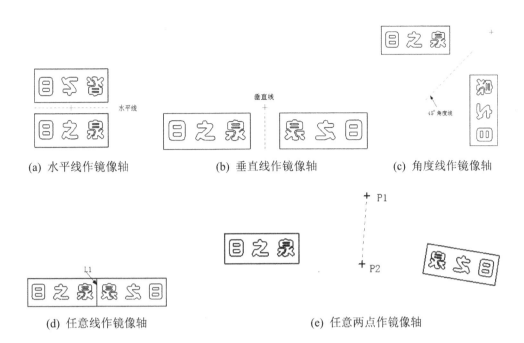

(a) 水平线作镜像轴　　　　　　(b) 垂直线作镜像轴　　　　　　(c) 角度线作镜像轴

(d) 任意线作镜像轴　　　　　　　　　(e) 任意两点作镜像轴

图 2.94　各种类型镜像轴

4.【旋转】命令

【旋转】命令用于将选择的几何图素绕指定的基点旋转一定的角度。

执行【转换】|【旋转】命令，或单击【旋转】按钮 ，系统出现选择要旋转的图素的提示信息，在绘图区选取旋转图素，按 Enter 键确定。系统弹出如图 2.95 所示的【旋转选项】对话框，下面就对话框中的各主要选项功能进行介绍。

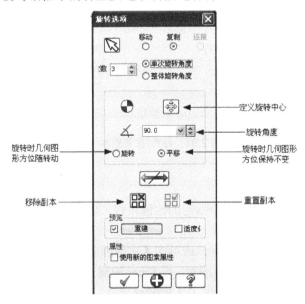

图 2.95　【旋转选项】对话框

- 【定义旋转中心点】按钮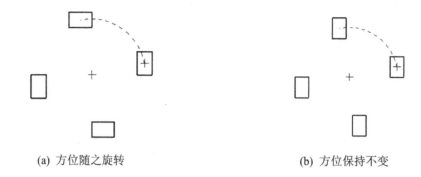：单击此按钮，然后在绘图区选取一点作为旋转中心点。
- 【旋转角度】下拉列表框：在此可以输入旋转的角度。当选择的是【单次旋转角度】时，那么旋转角度是指相邻的新图与原图之间的角度；如果选择的是【整体旋转角度】，则指的是最后的新图与原图之间的角度。
- 【旋转】单选按钮：旋转时几何图形方位随之旋转，如图2.96(a)所示。
- 【平移】单选按钮：旋转时几何图形方位保持不变，如图2.96(b)所示。

(a) 方位随之旋转   (b) 方位保持不变

图2.96 两种旋转方式

- 【移除副本】按钮：如果需要移除某个或多个旋转产生的新图形，只需单击此按钮，然后在绘图区选取要移除的新图形，如图2.97(a)所示，按Enter键确定即可移除如图2.97(b)所示。
- 【重置副本】按钮：如果需要恢复被移除的新图形，则单击此按钮即可恢复，如图2.97(c)所示。

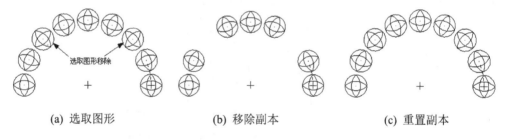

(a) 选取图形   (b) 移除副本   (c) 重置副本

图2.97 移除/重置副本

5. 【比例缩放】命令

【比例缩放】命令是指根据一个指定的比例系数，以基点为中心，缩小或放大选取的几何图素。

执行【转换】|【比例缩放】命令，或单击【比例缩放】按钮，系统出现选择要缩放图素的提示信息，在绘图区选取缩放图素，按Enter键确定。系统弹出如图2.98所示的【比例缩放选项】对话框，Mastercam提供了2种缩放类型，即【等比例】和XYZ(不等比例缩放)，它们的功能略有不同。

图 2.98 【比例缩放选项】对话框

- 【等比例】单选按钮：将按照设定的比例因子或者百分比来等比例缩放选取的图素。即选取的图素将会按同一比例因子或百分比沿着 X、Y、Z 三个坐标轴方向进行放大或缩小，如图 2.99(a)所示。
- XYZ 单选按钮：通过指定 X、Y、Z 三个方向的缩放系数来缩小或放大选取的图素。即可以通过设定 X、Y、Z 三个方向不同的缩放系数来放大或缩小选取的图素，如图 2.99(b)所示。

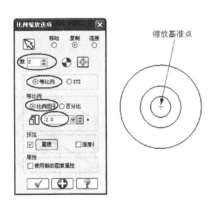

(a) 等比例缩放　　　　　　　　　　　　(b) 不等比例缩放

图 2.99 两种缩放对比

6. 【动态平移】命令

【动态平移】命令是一种较为直观且灵活的平移操作，在操作的过程中可以使用操作轴作平移图形的参照，可以实现多重复制或单一复制等。

执行【转换】|【动态平移】命令，或单击【动态平移】按钮 ，系统出现如图 2.100 所示的【动态平移】工具条，下面介绍工具条中各主要按钮的作用。

图 2.100 【动态平移】工具条

- 【选取】按钮：用于选取要平移的图素。
- 【指针设置】按钮：用于设置动态平移的指针参数。
- 【指针操纵轴】按钮：用于选择指针原点，并可以使用鼠标对操作轴进行旋转转换。
- 【图形控制】按钮：通过对操作轴来控制图形动态平移。可以进行指定坐标平面，对原图进行旋转，如图 2.101(a)所示；也可以沿着指定的坐标轴方向进行平移图形，如图 2.101(b)所示。

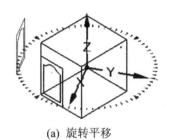
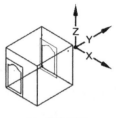

(a) 旋转平移　　　　　　　　　　(b) 直线平移

图 2.101　操作轴控制图形动态平移

- 【移动】按钮：仅移动图形。
- 【复制】按钮：移动并复制图形。
- 【多重复制】按钮：通过连续指定多个新位置来复制图形。如图 2.102(a)所示，指定了 4 个新位置来复制原图。
- ：只能指定一个新位置复制图形。文本中可以设置单一复制的副本数量。如图 2.102(b)指定一个位置，复制的数量为 3。

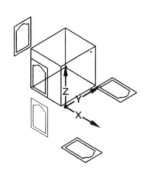
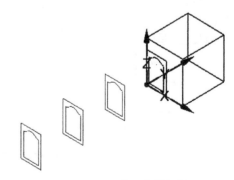

(a) 多个位置复制　　　　　　　　(b) 单一位置复制

图 2.102　图形动态平移复制

- WCS 原点：可将操纵轴的原点与选定的坐标系原点对齐。
- WCS 轴：可将操纵轴的坐标轴与选定的坐标轴对齐。

7. 【移动到原点】命令

【移动到原点】命令可以将选定的图形移动到原点。

在绘图区选取要平移的图形，执行【转换】|【移动到原点】命令，或单击【移动到原点】按钮，系统提示选取平移起点，给图形选择平移的基准点，则系统会以该平移基准点为定位点，将图形移动定位到坐标原点。

8. 【单体补正】

【单体补正】命令是按指定的距离和方向移动或者复制一个几何图素。

执行【转换】|【单体补正】命令，或单击【单体补正】按钮，系统出现选择要补正图素的提示信息，在绘图区选取补正图素，按 Enter 键确定，系统弹出如图 2.103 所示的【补正选项】对话框。选取要补正的圆弧于 P1 点，在对话框中选中【复制】单选按钮，设置【补正次数】为 1，【补偿距离】为 10，【补偿方向】在圆弧的左边，如图 2.104 所示。

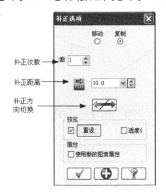

图 2.103 【补正选项】对话框

图 2.104 单体补正圆弧

9. 【串连补正】命令

【串连补正】命令是按指定的距离和方向移动或者复制串连在一起的几何图素。

执行【转换】|【串连补正】命令，或单击【串连补正】按钮，系统出现选择【串连选项】对话框，在绘图区选取补正图素，按 Enter 键确定，系统弹出如图 2.105 所示的【补正选项】对话框。如图 2.106 所示的图形为串连补正示意图，它的操作为：选取补正的圆弧于 P1 点，在对话框中选中【复制】单选按钮，设置【补正次数】为 1，【补偿距离】为 20，【补正 Z 方向深度】为-20，【补正的锥度角】为 45，转角处不产生圆角，【补偿方向】在圆弧的左边。

串连补正的转角设置有 3 种即【无】、【尖角】、【全部】，它们的含义如下。

- 【无】：串连补正时保留原有图素的转角，转角处不作圆角处理，如图 2.107(a)所示。
- 【尖角】：当串连补正图素的转角处角度不大于 135°时，转角处进行圆角处理，如图 2.107(b)所示。
- 【全部】：对所有转角进行圆角处理，如图 2.107(c)所示。

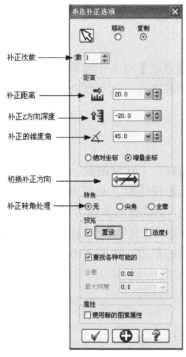

图 2.105 　【串连补正选项】对话框

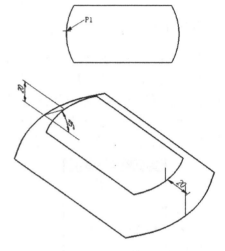

图 2.106 　串连补正图形

(a)【无】

(b)【尖角】

(c)【全部】

图 2.107 　三种转角设置方式

10.【投影】命令

【投影】命令可以将选中的图素投影到一个指定的平面上，产生新的图素。该指定平面称为投影平面，可以是构图面、曲面或用户自定义的平面。

执行【转换】|【投影】命令，或单击【投影】按钮 ，系统出现选择【投影】对话框，在绘图区选取投影图素，按 Enter 键确定，系统弹出如图 2.108 所示的【投影选项】对话框。

● 【投影到绘图面】下拉列表框 ：可以将选取的图素投影到构图面，包括与构图面平行的偏距面上。如图 2.109(a)所示为投影到与构图面相距-120 的位置。

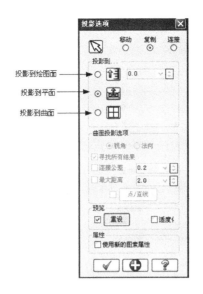

图 2.108　【投影选项】对话框

- 【投影到平面】按钮![]：用于将选取的图素投影到选定的平面上。如图 2.109 (b) 所示，就是将选取图素投影到矩形所确定的平面上。
- 【投影到曲面】按钮![]：用于将选取的图素投影到选定的曲面上。如图 2.109 (c) 所示，就是将选取图素投影到选取的圆球面上。

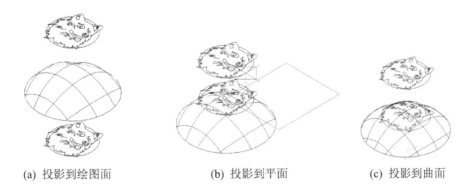

(a) 投影到绘图面　　　　　(b) 投影到平面　　　　　(c) 投影到曲面

图 2.109　投影到三种不同位置

11. 【阵列】命令

【阵列】命令是可以将选中的图素沿着两个方向进行平移并复制。

执行【转换】|【阵列】命令，或单击【投影】按钮![]，系统出现【阵列】对话框，在绘图区选取圆作为阵列图素，按 Enter 键确定，系统弹出如图 2.110 所示的【矩形阵列选项】对话框。按照对话框中设置的参数阵列出来的图形如图 2.111 所示。

12. 【缠绕】命令

【缠绕】命令可将直线、圆弧或样条曲线绕圆筒进行缠绕或展开。

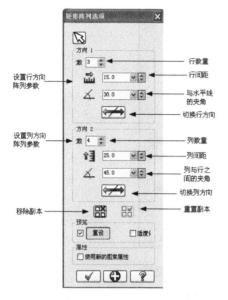

图 2.110 【矩形阵列选项】对话框

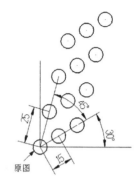

图 2.111 矩形阵列图形

执行【转换】|【缠绕】命令，或单击【缠绕】按钮 ，系统出现【缠绕】对话框，在绘图区选取直线作为缠绕图素，按 Enter 键确定，系统弹出如图 2.112 所示的【缠绕选项】对话框。按照对话框中设置的参数缠绕出来的图形如图 2.113 所示。

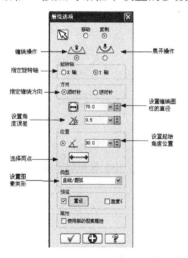

图 2.112 【缠绕选项】对话框

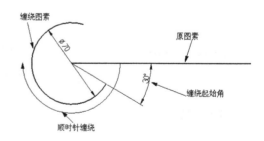

图 2.113 缠绕图形

13. 【拖曳】命令

【拖曳】命令将选取的几何图素按需要平移或旋转。

执行【转换】|【拖曳】命令，或单击【拖曳】按钮 ，系统出现【拖曳】对话框，在绘图区选取要拖曳的图素，按 Enter 键确定，系统弹出【拖曳】工具条，如图 2.114 所示。工具条中各参数的含义如下。

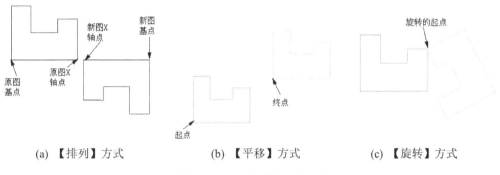

图 2.114 【拖曳】工具条

- 【选取】按钮：用于选取要拖曳的图素。
- 【单个复制】选项：只能复制一个图形。
- 【多重复制】选项：通过连续指定多个新位置来复制图形。
- 【移动】按钮：仅移动图形。
- 【复制】按钮：移动并复制图形。
- 【排列】按钮：可以改变图形的排布方向，如图 2.115(a)所示。
- 【平移】按钮：可以动态实现图形的平移，如图 2.115(b)所示。
- 【旋转】按钮：可以动态实现图形的旋转，如图 2.115(c)所示。

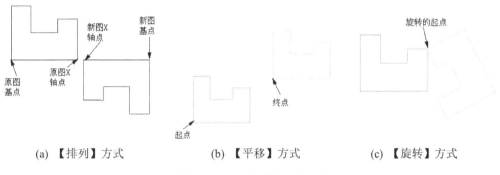

（a）【排列】方式   （b）【平移】方式   （c）【旋转】方式

图 2.115 三种【拖曳】方式

14. 【牵移】命令

【牵移】命令将与选取窗口相交的几何图素进行拉长或缩短。

执行【转换】|【牵移】命令，或单击【牵移】按钮，在绘图区窗选要牵移图素，按 Enter 键确定，系统弹出如图 2.116 所示的【牵移】对话框。按照对话框中设置的参数进行牵移出来的图形如图 2.117 所示。

15. 【适合】命令

【适合】命令用线切割图形的布局当中，在有限的材料范围内，布置适合数量的图形。

执行【转换】|【适合】命令，或单击【适合】按钮，在绘图区窗选取图素，按 Enter 键确定。系统提示定义适合的向量，当选取好了向量之后，系统弹出如图 2.118 所示的【转换适度化】对话框。按照对话框中设置的参数适度化后的图形如图 2.119 所示。

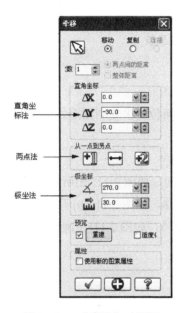

图 2.116 【牵移】对话框

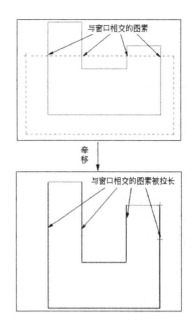

图 2.117 牵移操作示意图

图 2.118 【转换适度化】对话框

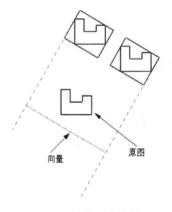

图 2.119 转换适度化结果

2.2.3 范例(二)

例 2.4 绘制如图 2.120 所示的图形。

操作步骤如下。

1) 绘制两个圆

(1) 执行【绘图】|【圆弧】|【圆心+点】命令,或单击工具栏上的【圆心+点】按钮 。
在圆弧的工具条中输入半径"38"(或直径 76),单击【原点】按钮 捕捉原点作为圆心点,单击【应用】按钮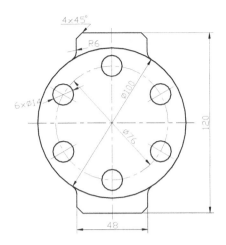；

图 2.120　零件尺寸图形

(2)　继续绘制另一个圆，在圆弧的工具条中输入半径 50(或直径 100)，单击【原点】按钮捕捉原点作为圆心点，单击【确定】按钮结束命令。

2)　绘制两直线

(1)　执行【绘图】|【任意线】|【绘制任意线】命令，或单击工具栏上的【绘制任意线】按钮。单击工具条中【水平线】按钮，在绘图区选取第一个端点 P1(见图 2.121)和第二个端点 P2(见图 2.121)，然后在【Y 坐标】下拉列表框中输入"0"，单击【应用】按钮；

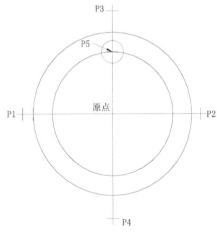

图 2.121　绘制直线和圆弧

(2)　继续绘制另一条直线，单击工具条中【垂直线】按钮，在绘图区选取第一个端点 P3(见图 2.121)和第二个端点 P4(见图 2.121)，然后在【X 坐标】下拉列表框中输入"0"，单击【确定】按钮结束命令。

3)　绘制一个圆

单击工具栏上的【圆心+点】按钮。在圆弧的工具条中输入直径 14，捕捉直线和圆的交点 P5(见图 2.121)作为圆心点，单击【确定】按钮结束操作。

4) 用旋转命令绘制其他 5 个小圆

执行【转换】|【旋转】命令，或者单击工具栏上的【旋转】按钮 。在绘图区选取直径为 14 的圆，按 Enter 键确定。在【旋转选项】对话框中设置如图 2.122 所示的参数，单击【确定】按钮 。结果如图 2.123 所示。

图 2.122 【旋转选项】对话框

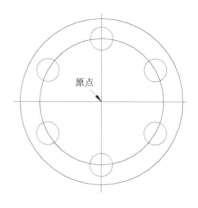

图 2.123 用旋转功能复制四个小圆

5) 绘制一个矩形

执行【绘图】|【矩形】命令，或单击工具栏上的【矩形】按钮 。在如图 2.124 所示【矩形】工具条中单击以【基准点为中心点】按钮 ，再单击【原点】按钮 捕捉原点作为中心点，设置矩形的宽度为 48，矩形的高度为 120，单击【确定】按钮 。结果如图 2.125 所示。

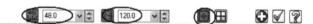

图 2.124 【矩形】工具条参数设置

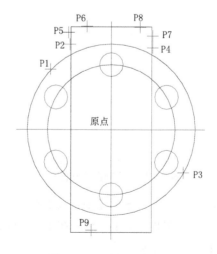

图 2.125 绘制一个矩形

6) 倒圆角、倒角、删除、恢复全圆

(1) 执行【绘图】|【倒圆角】命令，或单击工具栏上的【倒圆角】按钮 。在弹出的

工具条中设置如图 2.126 所示的参数。

图 2.126 倒圆角参数设置工具条

(2) 选取第一个图素于点 P1(见图 2.125)；选取另一个图素于点 P2(见图 2.125)。

(3) 选取第一个图素于点 P3(见图 2.125)；选取另一个图素于点 P4(见图 2.125)。

(4) 执行【绘图】|【倒角】命令，或者单击工具栏上的【倒角】按钮，在弹出的工具条中设置如图 2.127 所示的参数。

图 2.127 倒角参数设置

(5) 选取第一条线于点 P5(见图 2.125)；选取第二条线于点 P6(见图 2.125)。

(6) 选取第一条线于点 P7(见图 2.125)；选取第二条线于点 P8(见图 2.125)。

(7) 执行【编辑】|【删除】命令，或单击工具栏上的【删除】按钮，选取直线于点 P9(见图 2.125)，按 Enter 键确定。

(8) 执行【编辑】|【修剪/打断】|【恢复全圆】命令，或单击工具栏上的【恢复全圆】按钮。选取最大的圆弧，按 Enter 键确定，结果如图 2.128 所示。

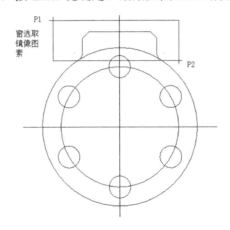

图 2.128 选取图素镜像

7) 用镜像命令生成另一半图形

执行【转换】|【镜像】命令，或单击工具栏上的【镜像】按钮，在如图 2.128 所示的位置窗选图素取点 P1 点和 P2 点，按 Enter 键确定选取。在弹出的【镜像】对话框中设置如图 2.129 所示的参数，单击【确定】按钮。结果如图 2.130 所示。

8) 改变线型属性

在绘图区选取直线 L1、L2、和圆弧 C1(见图 2.130)，执行【分析】|【分析图素属性】命令，或单击工具栏上的【分析图素属性】按钮，在【线的属性】对话框中设置【线型】为【中心线】，单击【应用】按钮，单击【确定】按钮，完成线型的转变，如图 2.131 所示。

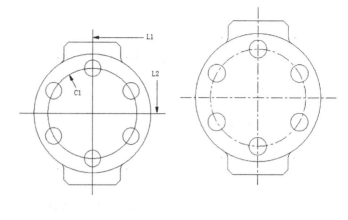

图 2.129　【镜像】对话框　　　图 2.130　镜像图形　　　图 2.131　线型转变

例 2.5　绘制如图 2.132 所示的图形。

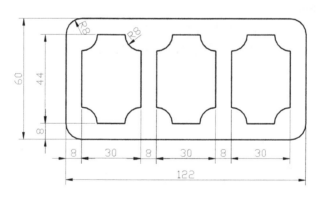

图 2.132　零件尺寸图形

绘图步骤如下。

1)　绘制两个矩形

(1)　执行【绘图】|【矩形】命令，或单击工具栏上的【矩形形状设置】按钮 。

(2)　在【矩形选项】对话框中设置矩形的宽为 122，高为 60，倒圆角半径为 8，固定位置点为左下角点，参数设置如图 2.133 所示。单击【原点】按钮 捕捉原点作为定位基准点，单击【应用】按钮 。

(3)　在【矩形选项】对话框中设置矩形的宽为 30，高为 44，倒圆角半径为 0，固定位置点为左下角点，参数设置如图 2.134 所示。捕捉倒圆角的圆心 P1 点作为定位基准点(见图 2.135)，单击【确定】按钮 ，完成矩形绘制。

2)　在内部矩形的角落上绘制 4 个圆

(1)　单击工具栏上的【圆弧】按钮 。【圆弧】工具条中输入半径 8，在绘图区捕捉点 P1 作为圆心坐标，单击【应用】按钮 。

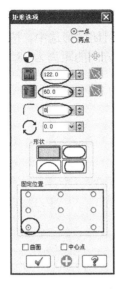 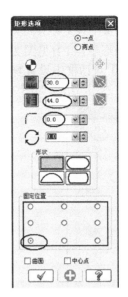

图 2.133 【矩形选项】对话框(1)　　　图 2.134 【矩形选项】对话框(2)

(2) 用同样的方法绘制其他三个圆弧，单击【确定】按钮 ，结果如图 2.136 所示。

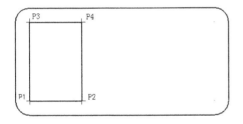 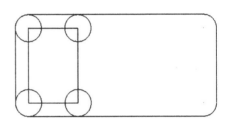

图 2.135 绘制的两个矩形　　　　　　图 2.136 绘制 4 个圆

3) 将 4 个圆修剪成弧

执行【编辑】|【修剪/打断】|【修剪/打断/延伸】命令，或单击工具栏上的【修剪/打断/延伸】按钮 。在弹出的工具条中选择【三个物体修剪】按钮 。选择要修整的第一个图素于点 P1(见图 2.137)；选择要修整的第二个图素于点 P2，选取修整到某一个图素于点 P3；其他三个圆的修整方式相同，如图 2.137 所示，依次选取点 P4～点 P12，结果如图 2.138 所示。

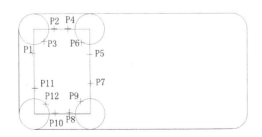 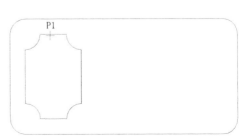

图 2.137 三个物体修剪　　　　　　图 2.138 修整后的图形

4) 用平移命令复制另外两个图形

执行【转换】|【平移】命令，或单击工具栏上的【平移】按钮 ，选择选取方式为串连方式 ，选取图形于点 P1(见图 2.138)，系统自动内封闭图形选中，按 Enter 键确定，在弹出的【平移选项】对话框中设置复制次数为 2 次，X 方向的距离为 38，如图 2.139 所示，单击【确定】按钮 ，结果如图 2.140 所示。

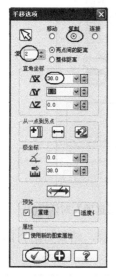

图 2.139 【平移选项】对话框

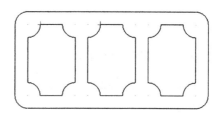

图 2.140 平移复制图形

2.2.4 习题

1. 绘制如图 2.141 所示的图形。

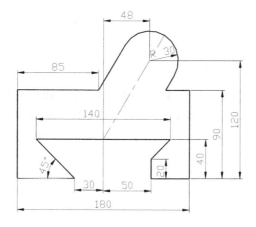

图 2.141 尺寸图形(习题 1)

2. 绘制如图 2.142 所示的图形。
3. 绘制如图 2.143 所示的图形。
4. 绘制如图 2.144 所示的图形。
5. 绘制如图 2.145 所示的图形。

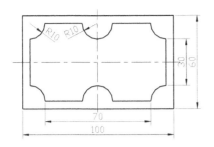

图 2.142　尺寸图形(习题 2)

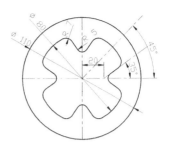

图 2.143　尺寸图形(习题 3)

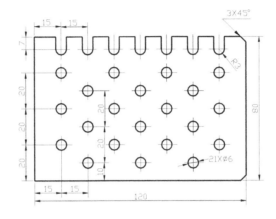

图 2.144　尺寸图形(习题 4)

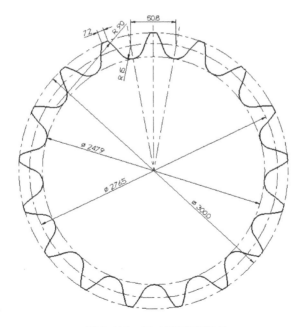

图 2.145　尺寸图形(习题 5)

6. 绘制如图 2.146 所示的图形。

7. 绘制如图 2.147 所示的图形。

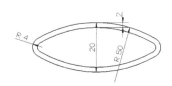

图 2.146 尺寸图形(习题 6)

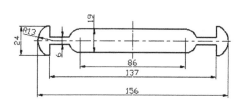

图 2.147 尺寸图形(习题 7)

8. 绘制如图 2.148 所示的图形。

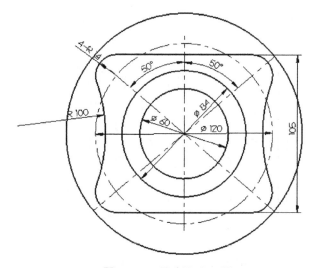

图 2.148 尺寸图形(习题 8)

9. 绘制如图 2.149 所示的图形。

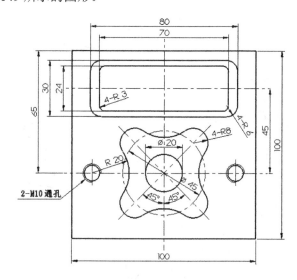

图 2.149 尺寸图形(习题 9)

10. 绘制如图 2.150 所示的图形。

11. 绘制如图 2.151 所示的图形。

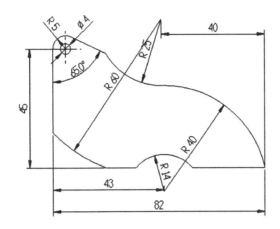

图 2.150　尺寸图形(习题 10)

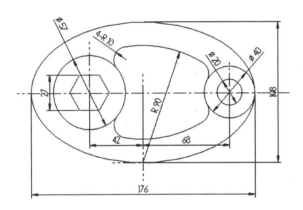

图 2.151　尺寸图(习题 11)

第3章 二维刀具路径

Mastercam 是计算机辅助设计与制造软件。计算机辅助制造是根据工件的几何图形及设置的切削加工数据生成刀具路径。在前面已经介绍了生成几何图形的方法,本章将介绍有关刀具路径的生成方法。Mastercam 提供了两种产生刀具路径的方法,即二维刀具路径和三维刀具路径。

二维刀具路径是加工刀具路径中最简单的一种,是通过控制两个独立的运动轴产生插补运动而完成的。Mastercam 中的加工刀具路径实际上是用于数控机床加工的,是刀具相对工件的运动轨迹和加工切削用量(切削速度、进给量和切削深度)的组合,因此加工刀具路径是一个广义的概念,不仅是指刀具的运动轨迹,而且还包含加工刀具类型、切削用量选择、切削液的使用、工件材料的选择、加工工艺方法选择以及数控加工中特有的坐标系设定等,所有这些都反映在经加工刀具路径转化而成的数控加工代码中。所以,若想产生一个满意的加工刀具路径,需要掌握数控系统功能、数控加工工艺、切削原理等多方面的知识,Mastercam 提供了很多便利的工具,可以帮助我们充分应用上述知识,生成合理的加工刀具路径。

在 Mastercam 中,二维刀具路径包括外形铣削、挖槽、钻孔、面铣削、全圆铣削和雕刻加工等刀具路径。其中,外形铣削、挖槽和钻孔等这些加工功能在二维加工中运用最为广泛,而面铣削、全圆铣削和雕刻加工等在许多参数设置上与它们的参数设置相似,在这里就不作介绍了。

3.1 二维刀具路径基本参数的设定

1. 刀具的类型

在数控铣削加工中常用到如图 3.1 所示的刀具,有平铣刀、球刀、圆鼻刀、面铣刀、中心钻和钻头等。

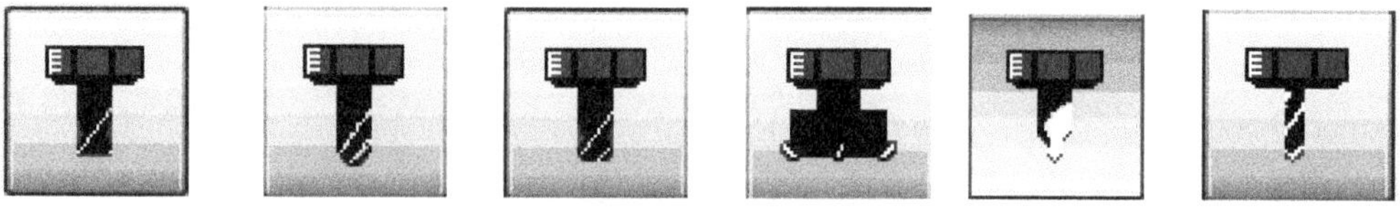

(a) 平铣刀　　(b) 球刀　　(c) 圆鼻刀　　(d) 面铣刀　　(e) 中心钻　　(f) 钻头

图 3.1　常用刀具类型

- 平铣刀:主要用于底部为平面的工件加工,由于其有效切削面积大,受力平稳,也常用于曲面粗加工。
- 球刀:主要用于对自由曲面进行精加工,对平面开粗时粗糙度大,受力不好,效率低。

- 圆鼻刀：对较平坦的大型自由曲面进行粗加工，或对底部平坦但在转角处有过渡圆角的零件进行粗、精加工。
- 面铣刀：面铣刀主要用于加工较大平面。
- 中心钻：用于孔加工的预制精确定位，引导钻头进行孔加工，以实现减少误差的目的。
- 钻头：主要用于孔的加工。

2. 刀具管理

Mastercam 中的刀具管理主要分为 3 个方面。一是从刀具库中选择刀具；二是创建、定义新刀具；三是对已有刀具进行修正。用户可以执行【刀具路径】|【刀具管理】命令打开【刀具管理】对话框，或通过任何一种刀具路径都可以打开如图 3.2 所示的【刀具管理】对话框。

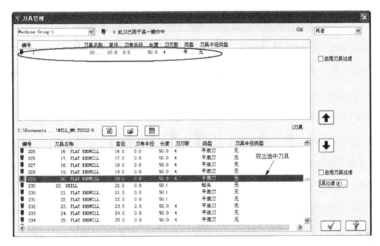

图 3.2　【刀具管理】对话框

1) 从刀具库中选择刀具

用户可以从刀具库中选择一把刀具直接添加到当前刀具列表中，【刀具管理】对话框的铣床刀具库栏中列出的是刀具库中的刀具，如图 3.2 所示，在刀具列表中选择一把刀具，双击选中的刀具即可将该刀具添加到刀具列表中。

2) 创建、定义新刀具

在【刀具管理】对话框的机床群组栏中右击，系统将弹出如图 3.3 所示的快捷菜单。

用户可以根据需要创建一把新刀具并存储在刀具库中，在快捷菜单中选择【创建新刀具】，系统将弹出如图 3.4 所示的【定义刀具-Machine Group-1】对话框的【类型】选项卡。

在【类型】选项卡中选择需要的刀具类型后，再选择该刀具的选项卡，如选择【球刀】，则系统将打开如图 3.5 所示的【球刀】选项卡。

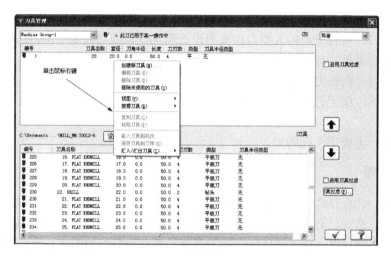

图 3.3 【刀具管理】快捷菜单

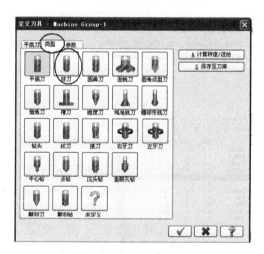

图 3.4 定义刀具类型

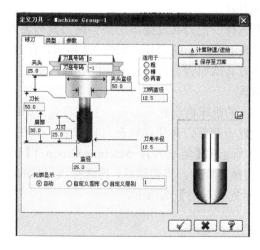

图 3.5 【球刀】选项卡

选择了刀具类型后，需要对该刀具的参数进行设置。不同类型刀具的选项卡中的内容有所不同，但其主要参数都是一样的。下面就以【球刀】选项卡为例来说明各主要选项的含义。

- 【直径】文本框：设置刀具最大切口的直径。
- 【刀角半径】文本框：球刀的刀角半径即为刀具切口直径的 1/2，一般需要根据加工使用的刀具设置该参数。
- 【刀刃】文本框：设置刀具有效切刃的长度。
- 【肩部】文本框：设置刀具从刀尖到刀刃的长度。
- 【刀长】文本框：设置刀具从刀尖到夹头底端的长度。
- 【刀柄直径】文本框：设置刀具夹持部分的直径。
- 【夹头】文本框：设置从夹头底端面到其上端面的距离。
- 【夹头直径】文本框：指夹头部分直径。
- 【刀具号码】文本框：系统自动按创建的顺序给出刀具编号。用户也可以自己设置编号。
- 【适用于】选项组：用来设置该刀具可用来加工的类型。选中【粗】单选按钮时，只能用于粗加工；选中【精】单选按钮时，只能用于精加工；选中【两者】单选按钮时，在精加工和粗加工中都可以使用。
- 【轮廓显示】选项组：用来设置刀具的外形。系统会在【球刀】选项卡的右下角图形预览窗口中显示出设置刀具的外形。当用户选中【自动】单选按钮时，刀具外形为默认的外形；当用户选中【自定义图形】单选按钮时，用户可以调用外部MCX 文件中绘制的刀具外形；当用户选中【自定义层别】单选按钮时，用户可以调用当前文件中在指定图层上绘制的刀具外形。

刀具的其他参数可以通过如图 3.6 所示的【参数】选项卡来设置。该选项卡主要用来设置使用该刀具在加工时的进刀量和冷却方式等。

图 3.6　【参数】选项卡

在【参数】选项卡中主要选项的含义如下。

- 【XY 粗铣步进(%)】文本框：设置在粗加工时，每次铣削加工在垂直刀具方向的进刀量。该参数设定进刀量与刀具直径百分比。
- 【XY 精修步进】文本框：设置在精加工时，每次铣削加工在垂直刀具方向的进刀量。
- 【Z 向粗铣步进】文本框：设置在粗加工时，每次铣削加工在沿刀具方向的进刀量。
- 【Z 向精修步进】文本框：设置在精加工时，每次铣削加工在沿刀具方向的进刀量。
- 【中心直径(无切刃)】文本框：设置刀具所需的中心孔直径，通常用于攻丝、镗孔的刀具需要设置该参数。
- 【直径补正号码】文本框：设置直径补正的刀具号。
- 【刀长补正号码】文本框：设置刀具轴向补正的刀具号。
- 【主轴旋转方向】选项组：设置刀具的旋转方向，可设为顺时针或逆时针方向。
- Coolant 按钮：设置加工时的冷却方式。
- 【材料表面速率%】文本框：用于设定刀具切削线速度的百分比。
- 【每刃切削量%】文本框：用于设定刀具进刀量的百分比。

3) 对已有刀具进行修正

用户可以对已选定的刀具进行编辑修正。选中已有的刀具后，右击，在弹出的快捷菜单中选择【编辑刀具】，系统弹出选取刀具的【定义刀具-Machine Group-1】对话框，用户可以重新设置该刀具的参数。

3. 材料管理

Mastercam 可以根据工件的材料自动计算刀具的转速和进给率，选取工件材料可以通过在主功能表中执行【刀具路径】|【材料管理】命令打开【材料列表】菜单，在该菜单中选择【铣床-数据库】命令，就可从中选择所要的工件材料。

4. 工作设定

工作设定包括设置工件的大小、原点和材料等。在如图 3.7 所示的【刀具路径】选项卡中选择【属性】|【材料设置】进入工作设定，系统弹出【机器群组属性】对话框，其【材料设置】选项卡如图 3.8 所示。进行材料设置时，各部分的含义如下。

图 3.7　刀具路径管理器

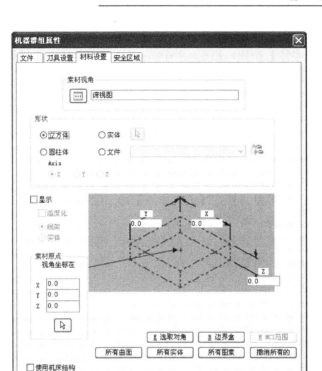

图 3.8　【机器群组属性】对话框的【材料设置】选项卡

1)　【视角】【素材视角】选项组

单击【视角】按钮 ⊞，可以改变工件材料的视角方向。

2)　【形状】选项组

该选项组用来设置工件材料的形状。Mastercam 提供了以下几种方式来设置工件材料的形状。

- 【立方体】单选按钮：设置工件材料的形状为立方体。
- 【实体】单选按钮：从绘图区选择实体作为工件材料的形状。
- 【圆柱体】单选按钮：设置工件材料的形状为圆柱体。可以通过选择圆柱体的轴线(X、Y、Z)方向来确定圆柱的摆放方向。
- 【文件】单选按钮：从 STL 文件中输入工件材料的形状。

3)　定义工件材料尺寸

选中【显示】复选框中的【实体】单选按钮时，在绘图区会以红色方盒代表所设置的工件材料轮廓。

定义工件材料的尺寸有以下几种方法。

- 直接在"工作设定"区域中的 X、Y、Z 文本框中输入工件材料的尺寸。
- 单击【选取对角】按钮，在绘图区选取工件的两个对角点。
- 单击【边界盒】按钮，在绘图区选取图素后，系统根据选取对象的外形来定义工件材料的大小。
- 单击【NCI 范围】按钮，根据 NCI 文件中刀具的移动范围计算出工件材料的大小。

- 单击【所有曲面】按钮，根据绘图区的曲面形状定义工件材料的大小。
- 单击【所有实体】按钮，根据绘图区的实体形状定义工件材料的大小。
- 单击【所有图素】按钮，根据绘图区的所有图素的形状定义工件材料的大小。
- 单击【撤消所有的】按钮，撤销所有的工件材料大小的设置。

4) 设置工件材料原点

工件材料的原点可以定义在工件材料的 10 个特征位置上，包括 8 个角落及 2 个上下面的中心点。系统中的小箭头是用来指向所选择原点在工件材料上的位置。将光标移到各特殊点位置上，单击即可将该点设置为工件材料原点。

工件材料原点的坐标可以直接在【素材原点】选项组中的 X、Y、Z 文本框中输入，也可单击【选取】按钮 后返回绘图区选取。

除了选择工件材料原点位置外，还要在【视角坐标在】选项下的 X、Y、Z 文本框中输入工件材料原点在绘图区的坐标值。

5. 坐标系的设定

Mastercam 提供了和坐标设定有关的 4 个参数，即机床原点、刀具原点、刀具平面和旋转轴。

1) 机床原点

机床原点是数控机床的原始参考点，是由机床原点行程开关的位置决定的，机床出厂时由厂方调整好，勿需用户调整。当机床发生故障或再次启动时，固定不变的机床原点对保证加工的一致性起到关键作用。

数控系统一般都提供返回机床原点指令 G28，在数控加工程序中的表示方法为

```
G90(G91)G28 X__Y___Z___
```

其中，G90 表示绝对坐标，即由 X__Y___Z__表示的绝对坐标值；G91 表示相对坐标，即由 X__Y___Z__表示的相对于当前点的增量坐标值；X__Y___Z__表示中间点坐标值，即返回机床原点时先经过中间点，再回到机床原点。

```
G91 G28 Z0
G28 X0 Y0
```

和

```
G91 G28 X0 Y0 Z0
```

是加工中心和数控铣床中常用的 2 种返回原点方法。

2) 刀具原点

刀具原点是数控加工中除机床原点外的又一个重要参考点，这是根据效率原则(尽量选靠近被切削工件)和安全原则确定的，每次加工完一个工件都要回到刀具原点，然后进行下一次循环。Mastercam 中可以定义 3 个关键点，即系统原点、建构原点和刀具原点。系统原点是 Mastercam 中自动设定的固定坐标系统；建构原点是为了方便绘图而确定的点。Mastercam 中默认状态是系统原点、建构原点和刀具原点重合状态。

3) 刀具平面

刀具平面为刀具工作的表面，通常为垂直于刀具轴线的平面，数控加工中有 3 个主要刀具平面，即 XY 平面，对应的数控加工代码为 G17；ZX 平面，对应的数控加工代码为

G18；YZ 平面，对应的数控加工代码为 G19。

 4) 旋转轴

旋转轴用于四轴联动加工时指定哪一个轴被置换，根据数控铣床或加工中心类型的不同，置换轴的名称也有所不同。

6. 操作管理器

当刀具路径设置完毕后，可利用操作管理器对刀具路径进行编辑、再生、模拟、后置处理等操作。如图 3.9 所示为操作管理器工具条，各操作按钮含义如下。

图 3.9 操作管理器工具条

- ：选择全部的加工操作。
- ：选择全部编辑了参数需要重生的加工操作。
- ：重新计算已选择的操作。
- ：重新计算全部失效的操作。
- ：对选择的加工操作执行刀具路径模拟。
- ：对选择的加工操作执行实体加工模拟。
- G1：对选择的加工操作执行后置处理产生 NC 程序。
- ：优化加工操作速率。
- ：删除所有的加工操作。
- ：帮助操作。
- ：锁定选择的加工操作，此时该加工操作编辑后的参数无法重生。
- ：关闭选择的加工操作刀具路径显示。
- ：锁定选择的加工操作的 NC 程序输出。
- ：插入箭头向下移动。
- ：插入箭头向上移动。
- ：插入箭头移动到指定的加工操作后。
- ：滚动显示插入箭头的位置。
- ：单一显示已选择的操作刀具路径。
- ：单一显示与已选择的操作相关联的图形。

3.2 外 形 铣 削

外形铣削是刀具沿着由一系列线段、圆弧或曲线等组成的工件轮廓来产生的刀具路径。Mastercam 允许用二维线架或三维线架来产生外形铣削刀具路径。通过执行【刀具路径】|【外形铣削】命令，即可进入外形铣削操作。

3.2.1 刀具路径参数

当选择好要加工的图形后，系统会弹出如图 3.10 所示的【2D 刀具路径-外形铣削】对话框。在对话框的左上角选中某个选项后，在右侧区域会出现相应的参数。下面就这些选项逐一进行介绍。

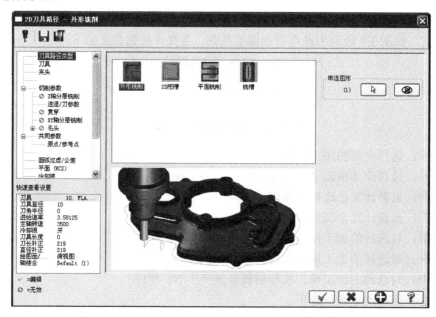

图 3.10 【2D 刀具路径-外形铣削】对话框

1．刀具路径类型

在列表框中选中【刀具路径类型】，在右侧显示出可用的刀具路径类型选项，如【外形铣削】、【2D 挖槽】、【平面铣削】、【铣槽】等，选取每一种刀具路径，在对话框的下方会有相应的类型实例展示。

另外，用户可以单击【串连图形】列表框中的【选取】按钮 在绘图区增加串连图素，也可以单击【取消所有】按钮 将取消所有选取的图素。

2．刀具

在列表框中选中【刀具】，在右侧显示需要设置的刀具参数，如图 3.11 所示。

刀具参数的设置是一个十分重要的环节，编程人员在软件中设置的刀具参数会通过后置处理自动生成到 NC 程序。在 Mastercam 中需要设置的刀具参数如下。

● 【刀具直径】文本框：显示刀具的直径值。
● 【刀角半径】文本框：设定刀具的刀角半径。平铣刀的刀角半径等于零，圆鼻刀的刀角半径小于刀具半径，球刀的刀角半径等于刀具半径。
● 【刀具名称】文本框：显示所选取刀具的名称。
● 【刀具号码】文本框：设定在 NC 程序中所使用的刀具号码。

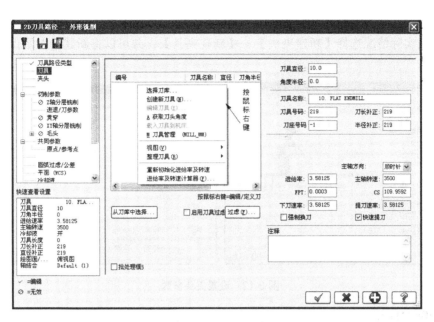

图 3.11 设置刀具参数

- 【刀座编号】文本框：指定使用目前这把刀的主轴头编号，文本框中输入 "–1" 代表关闭、不使用。
- 【刀长补正】文本框：设定刀具长度的补正号码。预设号码等于刀具号码。
- 【半径补正】文本框：设定刀具半径的补正号码。预设号码等于刀具号码。
- 【主轴方向】下拉列表框：设置主轴为顺时针还是逆时针方向转动。
- 【进给率】文本框：设定刀具在切削时的移动速度。
- 【下刀速率】文本框：又称为 Z 轴进给率，用来控制刀具向下切入工件时的进给速度。
- 【主轴转速】文本框：设定刀具主轴的旋转速度。
- 【提刀速率】文本框：用来控制刀具从工件中抬起的速度，刀具在抬起的过程中并不进行加工。
- 【强制换刀】复选框：选中此复选框时，启用强制换刀。
- 【快速提刀】复选框：选中此复选框时，则加工完毕后系统将以机床的最快速度回刀。
- 【从刀库中选择】按钮：单击此按钮，系统弹出【选择刀具】对话框，可以从刀库中选择所需的刀具。右击，在弹出的快捷菜单中选择【选择刀库】，也能打开同样的【选择刀具】对话框，进行刀具选择。
- 【过滤】按钮：单击此按钮，系统弹出【刀具过滤列表设置】对话框，从中设置刀具过滤条件。
- 【批处理模式】复选框：如是选中此复选框，则系统对 NC 文件进行批处理。

3．夹头

在列表框中选中【夹头】选项，在右侧显示夹头参数设置，如图 3.12 所示。用户可以通过单击【打开数据库】按钮，在【打开文件】对话框中选择常用夹头如 BT40 系列等的，也可以根据实际情况选择【新建夹头】、【新建夹具】，并可以将新建的参数保存到数据库中。

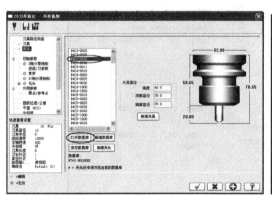

图 3.12　设置夹头参数

4．切削参数

在列表框中选中【切削参数】选项，在右侧显示需要设置的切削参数，如图 3.13 所示。各刀具切削参数含义如下。

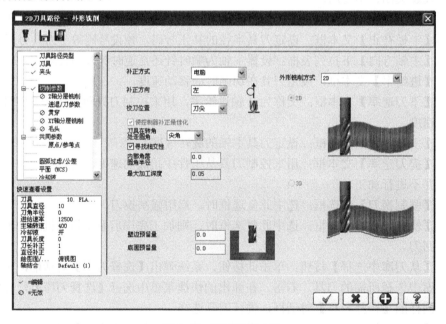

图 3.13　设置切削参数

1) 刀具补正

刀具补正是指将刀具中心从选取的边界路径上按指定方向补正一定的距离。

在 Mastercam 中提供了用【补正型式】和【补正方向】两种组合方式来控制刀具补正，如图 3.14 所示。

(a) 设置补正型式   (b) 设置补正方向

图 3.14　设置刀具补正型式

(1) 刀具补正类型

刀具补正型式如图 3.14(a)所示，包括【电脑】、【控制器】、【磨损】、【反向磨损】和【关】5 种类型。

- 设置为【电脑】补正时，刀具中心向指定方向移动的距离等于加工刀具半径。计算机自动计算出补正后的刀具路径，在程序中不会产生指令 G41 和指令 G42。
- 设置为【控制器】补正时，在屏幕显示的刀具路径中刀具中心并不发生偏移，但在 NC 程序中产生一个刀具补正指令 G41(左补正)或者 G42(右补正)，并指定一个补正暂存器存储补正值，补正值可以是实际刀具直径(未设置计算机刀具补正)或者为指定刀具直径和实际刀具路径之间的差值(实际加工刀具与设置的刀具不同或加工刀具有磨损)。当选用控制器补正时，一定要选中【使控制器补正最佳化】复选框。
- 设置为【磨损】补正时，同时使用电脑补正和控制器补正功能。先由计算机补正计算出刀具路径，再由控制器补正加上 G41 或 G42 补正码，这时数控机床控制器中输入的补正量不是刀具半径而是刀具的磨损量。
- 设置为【反向磨损】补正时，同时具有电脑补正和控制器补正，但控制器补正的方向与设置的方向相反。
- 设置为【关】补正时，刀具路径不做补正运算，刀具中心沿串连图素产生刀具路径，这时刀具补正方向设置无效。

(2) 补正方向

补正方向可以设置为【左】补正和【右】补正，如图 3.14(b)所示。

在 Mastercam 中选择图素的串连方向就决定了刀具的运动方向，刀具的左、右补正也要根据串连方向来决定，如图 3.15 所示。图 3.15(a)所示为加工工件的外表面，刀具中心应在工件的外边，如果选择串连图素的方向向上，这时顺着串连方向看去，刀具中心在工件的左边，所以要选择左补正。图 3.15(b)所示为加工工件的内表面，刀具中心在工件的型腔内，如果选择串连图素的方向向上，这时顺着串连方向看去，刀具中心在工件的右边，所以要选择右补正。

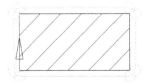
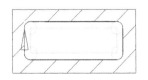

(a) 左补正   (b) 右补正

图 3.15　补正方向判断

2）校刀位置

【校刀位置】下拉列表框用于选择刀具顶点偏移的位置，用户可以设置为刀具的球心或者刀尖。

如图 3.16 所示为 3 种常见刀具的刀具球心和刀尖的定义，即平铣刀、球刀和圆鼻刀。

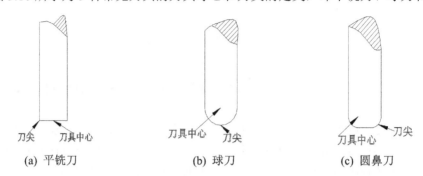

(a) 平铣刀   (b) 球刀   (c) 圆鼻刀

图 3.16 常见刀具球心与刀尖的定义

3）刀具在转角处走圆角

【刀具在转角处走圆角】下拉列表框用来选择两条相连线段转角处的刀具路径，即根据不同选择模式决定在转角处是否采用圆弧过渡刀具路径。刀具走圆弧形式有 3 种，如图 3.17 所示。当设置【无】时，加工刀具路径如图 3.17(a)所示不走圆角；当设置【尖角】时，两条线段的夹角小于 135° 的采用圆弧过渡，加工刀具路径如图 3.17(b)所示；当设置【全部】时，所有转角均采用圆弧过渡，加工刀具路径如图 3.17(c)所示。

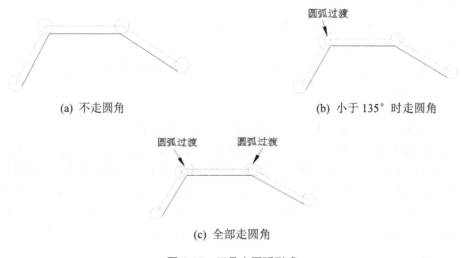

(a) 不走圆角   (b) 小于 135° 时走圆角

(c) 全部走圆角

图 3.17 刀具走圆弧形式

4）寻找相交性

【寻找相交性】复选框：用于防止刀具路径相交而产生过切。

5）内部角落圆角半径

【内部角落圆角半径】文本框：用于设置内部角落圆角半径值。

6）最大加工深度

【最大加工深度】文本框：该选项用于三维外形铣削时设置深度值。

7) 壁边预留量

【壁边预留量】文本框：用于设置沿 XY 轴方向的侧壁加工预留量。

8) 底面预留量

【底面预留量】文本框：用于设置沿 Z 轴方向的底面加工预留量。

9) 外形铣削方式

● 在【外形铣削方式】下拉列表框中有以下几个选项。

● 【2D(2D/3D)】：所选择的串连图素在空间位于同一个平面上时，该选项的系统默认值为 2D，如果串连的图素不在同一个平面上时，这个选项的默认值为 3D。

● 【2D 倒角】(2D 倒角或 3D 倒角)：对串连图素产生倒角的刀具路径，倒角角度由刀具参数决定。用户选择该选项后，会在其下方出现参数设置区域，需进行相应的参数设置。

● 【斜插】：采用逐层斜线下刀的方式对串连图素进行铣削加工，一般用于铣削深度较大的外形。用户选择该选项后，会在其下方出现参数设置区域，需进行相应的参数设置。

● 【残料加工】：用于计算先前刀具路径无法去除的残料区域，并产生外形铣削刀具路径来铣削残料。如先前用较大直径的刀具在转角处不能被铣削的材料等。

● 【摆线式】：用于沿轨迹轮廓上下交替移动刀具进行铣削。用户选择该选项后，会在其下方出现参数设置区域，需进行相应的参数设置。

5. Z 轴分层铣削

在 2D 加工过程中，刀具沿 Z 轴方向没有进给运动，只有当某一层加工完毕后，刀具才在 Z 轴方向做进给运动，然后进行下一层的加工，直到规定的 Z 轴方向深度为止。每一层的 Z 轴方向切削深度是由【Z 轴分层铣削】来控制。

在列表框中选中【Z 轴分层铣削】选项，在右侧显示需要设置的 Z 轴分层铣削参数，如图 3.18 所示。各分层铣深参数含义如下。

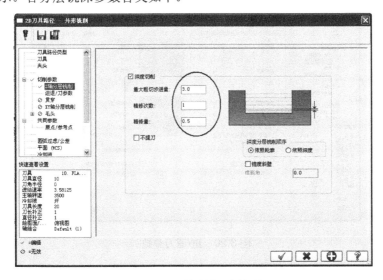

图 3.18　Z 轴分层切削参数

- 【最大粗切步进量】文本框：用于确定粗加工时 Z 轴每层切削的最大深度。
- 【精修次数】文本框：确定精加工的次数。
- 【精修量】文本框：用于确定精加工时 Z 轴每层最大切削深度。
- 【不提刀】复选框：选中此复选框，每层切削完毕后不提刀。
- 【深度分层铣削顺序】选项组：选中【依照轮廓】单选按钮，是指先在一个外形边界铣削到设定的铣削深度后，再进行下一个外形边界铣削；选中【依照深度】单选按钮，是指先在一个深度上铣削所有的外形边界后，再进行下一深度的铣削。
- 【锥度斜壁】复选框：从工件的表面按输入的锥度角值铣削到最后的深度，通常用于铣削模具中的拔模角。

如果设定的参数值最后切削【深度】为-10，【Z 方向预留量】为 1，【最大粗切步进量】为 3，【精修次数】为 1，【精修量】为 0.5。如图 3.19 所示为实际的加工过程。

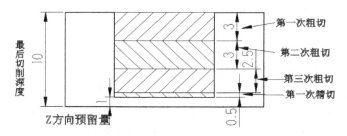

图 3.19　加工过程示意图

6．进/退刀参数

在列表框中选中【进/退刀参数】选项，在右侧显示需要设置的进/退刀参数，如图 3.20 所示。该参数是用来在刀具路径的起始及结束处加入一段直线或圆弧，使之与待加工的轮廓平滑连接。

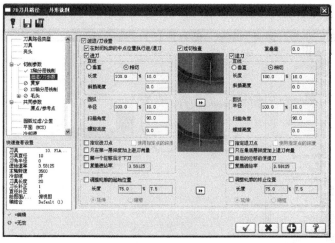

图 3.20　进/退刀参数

- 【在封闭轮廓的中点位置执行进/退刀】复选框：选中该复选框时可在封闭式外形的第一个串连图素的中点上产生进/退刀路径。

- 【过切检查】复选框：选中该复选框时检查刀具路径和进/退刀之间是否有交点。如果有交点表示进/退刀时发生过切，系统会自动调整进/退刀长度。
- 【重叠量】文本框：在刀具退出刀具路径之前会多走一段在此指定的距离，以越过路径的进刀点。

进/退刀向量的设置如下。

1) 直线进/退刀向量

在直线进/退刀向量设定中，直线刀具路径的移动有两个模式：【垂直】方向和【相切】方向。垂直进/退刀模式所增加的直线刀具路径与其相近的刀具路径垂直，如图 3.21(a)所示。相切进/退刀模式所增加的直线刀具路径与其相近的刀具路径相切，如图 3.21(b)所示。

- 【长度】文本框：用来输入直线刀具路径的长度，前面的文本框用来输入路径的长度与刀具直径的百分比，后面的文本框用来输入刀具路径的长度。这两个文本框只需要输入其中的任意一个值即可。
- 【斜插高度】文本框：用来输入所要加入的进刀直线刀具路径的起始点和退刀直线的末端的高度。

2) 圆弧进/退刀

该模式的进/退刀刀具路径由下列三个选项来定义。

- 【半径】文本框：进/退刀刀具路径的圆弧半径值。
- 【扫掠角度】文本框：进/退刀刀具路径的角度。
- 【螺旋高度】文本框：进/退刀刀具路径螺旋(圆弧)的深度。

如图 3.21(c)所示，圆弧半径设置为刀具直径(100%)、扫掠角度设置为 90、进刀螺旋高度设置为 0、退刀螺旋高度设置为 4(铣削深度)时的进/退刀刀具路径。

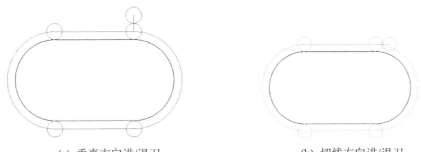

(a) 垂直方向进/退刀   (b) 切线方向进/退刀

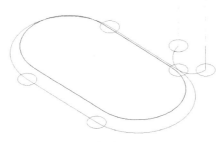

(c) 圆弧进/退刀

图 3.21 进/退刀模式

7. 深度贯穿铣削

对于通槽，将刀具超出工件底面一定距离能彻底清除工件在深度方向的材料，避免了残料的存在。在列表框中选中【贯穿】选项，在右侧显示需要设置的贯穿参数，如图 3.22 所示。主要用来设置刀具超出工件底面距离参数。

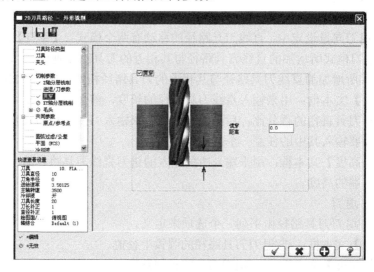

图 3.22　贯穿参数

8. XY 轴分层铣削

在列表框中选中【XY 轴分层铣削】选项，在右侧显示需要设置的 XY 轴分层铣削参数，如图 3.23 所示。XY 轴分层铣削的参数含义如下。

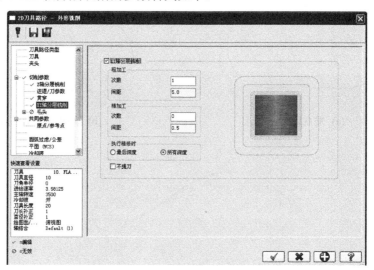

图 3.23　【XY 平面多次切削设置】对话框

- 【粗加工】选项组：该选项组中的【次数】和【间距】文本框分别用来输入切削

平面中粗切削的次数及间距。粗切削的间距由刀具直径决定，通常粗切削间距是刀具直径的 60%～70%。

- 【精加工】选项组：该选项组中的【次数】和【间距】文本框分别用来输入切削平面中精切削的次数及间距。
- 【执行精修的时机】选项组：用来选择是在最后深度进行精切削还是在每一层都进行精切削。
- 【不提刀】复选框：选中该复选框后，刀具会从目前的深度直接移到下一切削深度。当取消选中该复选框时，则刀具即会返回到原来下刀位置高度，然后刀具才移到下一个切削深度。

9. 毛头

在铣削工件时，往往需要两次用压板装夹，首先用压板将工件安装好，加工时刀具要跳过装夹工件的压板进行加工，当可加工的位置加工完毕后，再一次用压板安装在加工完毕的地方，然后将前一次被安装压板盖住而未曾铣削的材料进行加工，这种铣削过程可以采用跳跃式铣削。这种跳跃式铣削方式可以通过【毛头】选项来进行设置。

在列表框中选中【毛头】选项，在右侧显示需要设置的毛头参数，如图 3.24 所示。毛头的参数含义如下。

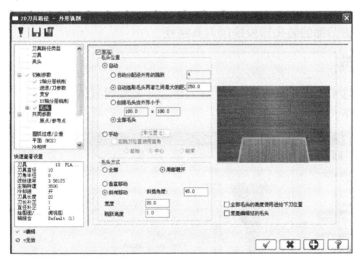

图 3.24　毛头参数

- 【自动选取】单选按钮：选中该单选按钮，系统会自动创建和定位装夹压板铣削位置。
    - 【自动分配沿外形的跳跃】文本框：输入装夹压板位置数，来决定刀具跳跃次数。
    - 【自动选取毛头两者之最大的距离】文本框：输入两个装夹压板之间的距离。
    - 【创建毛头当外形小于】文本框：设置装夹压板铣削刀具路径创建的范围。
    - 【全部毛头】复选框：针对整个外形轮廓创建装夹压板铣削刀具路径。
- 【手动】单选按钮：选中该单选按钮，用户可以单击【选取位置】按钮手动调节装夹压板的位置。

- ◆ 【起始】单选按钮：所选择的位置点为压板装夹的开始位置点。
- ◆ 【中点】单选按钮：所选择的位置点为压板装夹的中点位置点。
- ◆ 【结束】单选按钮：所选择的位置点为压板装夹的结束位置点。

- 【全部】单选按钮：压板压在工件的最上面，刀具应在所有位置高度处都要避开。选中此单选按钮后，在加工过程中，当加工到夹具位置时，刀具会跃过工件表面进行避开。
- 【局部避开】单选按钮：压板压在工件局部突出位置，刀具应在局部位置高度处避开。选中此单选按钮后，应设置刀具【跳跃高度】参数数值。【宽度】文本框用于设置跳跃的宽度。
- 【垂直移动】单选按钮：垂直移动跳跃刀具路径。
- 【斜向移动】单选按钮：斜线移动跳跃刀具路径。
  - ◆ 【斜插角度】文本框：输入斜线角度。
  - ◆ 【宽度】文本框：输入刀具避开的宽度值。
  - ◆ 【跳跃高度】文本框：输入刀具避开的提升高度值。
- 【全部毛头的高度使用进给下刀位置】复选框：选中此复选框时，系统将用【进给下刀位置】栏设置的高度作为刀具的跳跃高度。
- 【覆盖编辑过的毛头】复选框：选中此复选框，则新编辑的装夹压板铣削刀具路径将覆盖前面的装夹压板铣削刀具路径。

10．共同参数

在列表框中选中【共同参数】选项，在右侧显示需要设置的高度参数，如图 3.25 所示。高度参数含义如下。

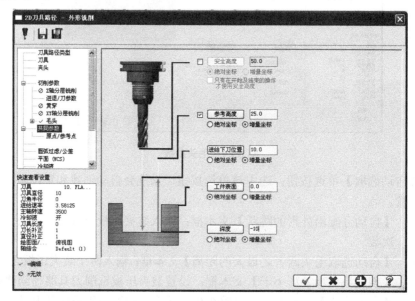

图 3.25　高度参数

- 【安全高度】：安全高度是数控加工中基于换刀和装夹工件设定的一个高度，通常一个工件加工完毕后刀具停留在安全高度，有两种方法来定义安全高度：【绝对坐标】和【相对坐标】。在绝对坐标下，此高度值是用一个坐标系中的 Z 向值表示的；在相对坐标下，此高度值是指相对于工件表面的高度。当选中【只有在开始及结束的操作才使用安全高度】复选框时，在加工的过程中仅在该加工操作的开始和结束时移到安全高度；当取消选中该复选框时，每次刀具的回缩均移到安全高度。
- 【参考高度】：参考高度是指刀具在 Z 向加工完一个路径后，快速提刀所至的一个高度，以便加工下一个 Z 向路径。通常参考高度低于安全高度，而高于进给下刀位置的高度。
- 【进给下刀位置】：进给下刀位置是指设定刀具开始以 Z 轴进给率下刀的位置高度。在数控加工中，为了节省时间，往往刀具快速下降至进给下刀位置的高度，再以进给速度(慢速)趋近工件。
- 【工件表面】：工件表面是指设定要加工表面在 Z 轴的位置高度。
- 【深度】：深度是指设定刀具路径最后要加工的深度。

11. 其他

在列表框中还有其他参数可以选择进行设置【机床原点】、【参考位置点】、【平面】等参数选项，通常可以采用系统初始默认值即可，在一些特殊情况下，可以根据数控设备、加工要求等因素来进行设置。

3.2.2　范例(三)

如图 3.26 所示为零件加工图形，其中，图 3.26(a)所示的毛坯材料为 $\phi160$ mm、高为 50 mm 的圆柱棒料，要求使用外形铣削刀具路径加工出如图 3.26(b)所示的零件，加工的零件图如图 3.26(c)所示。

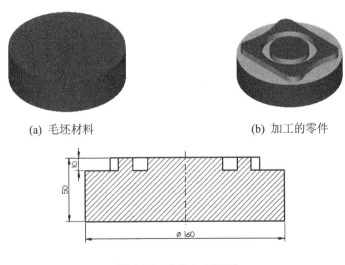

(a) 毛坯材料　　　　　　　　　(b) 加工的零件

图 3.26　零件加工图形

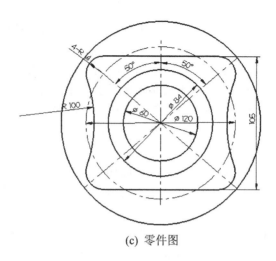

(c) 零件图

图 3.26 零件加工图形(续)

操作步骤如下。

1) 设定视角和构图面都为俯视图

单击顶部工具栏中的【俯视图】按钮，再单击【俯视构图】按钮。

2) 进入外形铣削

(1) 执行【机床类型】|【铣床】|【默认】命令。

(2) 执行【刀具路径】|【外形铣削】命令，系统将弹出如图 3.27 所示的【输入新 NC 名称】对话框，输入名称"法兰"，再单击【确定】按钮。

(3) 系统弹出【串连选项】对话框，提示选取外形串连，串连选择如图 3.28 所示的图素于点 P1，箭头朝上，串连方向为顺时针，单击【串连选项】对话框中的【确定】按钮，结束串连外形选择。系统将弹出【2D 刀具路径-外形铣削】对话框，在选项框中选取【刀具】，在对话框右侧显示如图 3.29 所示的刀具参数栏。

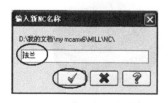

图 3.27 【输入新 NC 名称】对话框

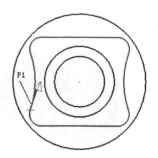

图 3.28 选取串连图素

3) 从刀具库中选取刀具

单击【从刀库中选择】按钮(见图 3.29)，系统将弹出【选择刀具】对话框(见图 3.30)。通过对话框右边的滑块来查找所需要刀具，选择ϕ25 平铣刀，单击【确定】按钮。

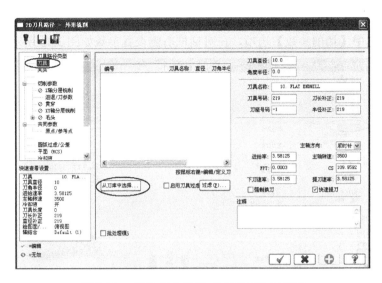

图 3.29　【2D 刀具路径-外形铣削】对话框

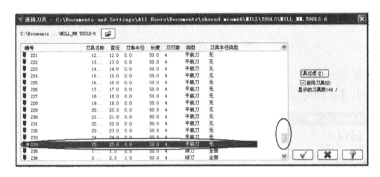

图 3.30　【选择刀具】对话框

4)　定义刀具参数

在【2D 刀具路径-外形铣削】对话框的刀具参数栏中设置如图 3.31 所示的参数值。

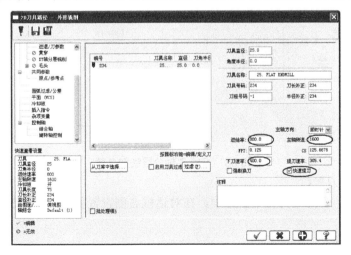

图 3.31　设置刀具参数

5) 定义切削参数

在选项框选中【切削参数】选项，在对话框右侧设置参数如图 3.32 所示。

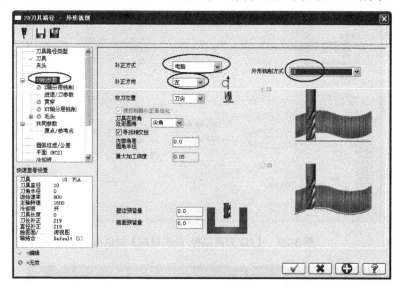

图 3.32 设置切削参数

6) 定义 Z 轴分层铣

在选项框选中【Z 轴分层铣削】选项，在对话框右侧设置参数如图 3.33 所示。

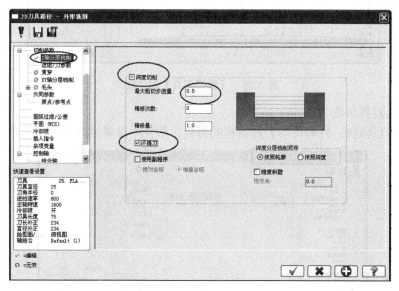

图 3.33 设置 Z 轴分层铣削参数

7) 设置进/退刀参数

在选项框选中【进/退刀参数】选项，在对话框右侧设置参数，如图 3.34 所示。

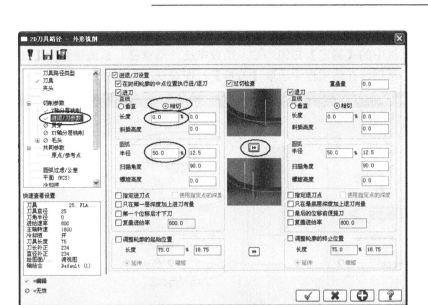

图 3.34　设置进/退刀参数

8)　定义 XY 轴分层切削

在选项框选中【XY 轴分层切削】选项，在对话框右侧设置参数，如图 3.35 所示。

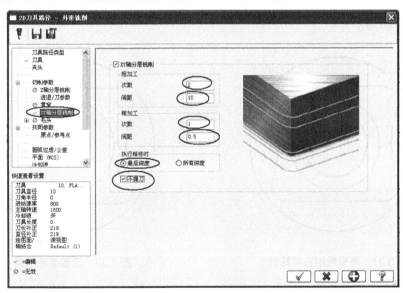

图 3.35　设置 XY 轴分层切削参数

9)　定义共同参数

在选项框选中【共同参数】选项，在对话框右侧设置参数如图 3.36 所示。单击对话框中的【确定】按钮 ，结束外形铣削参数设置，系统即可按设置的参数生成如图 3.37 所示的外形铣削刀具路径。

10)　用外形铣削加工内部的圆弧槽

执行【刀具路径】|【外形铣削】命令，系统将弹出【串连选项】对话框，提示选取外

形串连，串连选择如图 3.38 所示的图素于点 P1，箭头朝上，串连方向为逆时针，单击【串连选项】对话框中的【确定】按钮 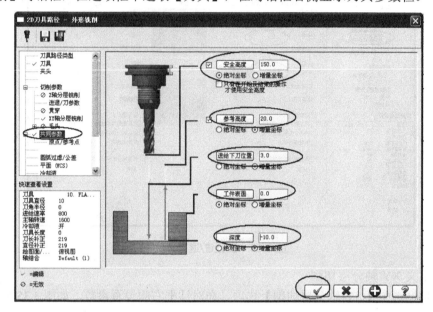 ，结束串连外形选择。系统将弹出【2D 刀具路径-外形铣削】对话框，在选项框中选取【刀具】，在对话框右侧显示刀具参数栏。

图 3.36　设置共同参数

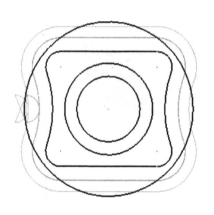

图 3.37　外形铣削刀具路径

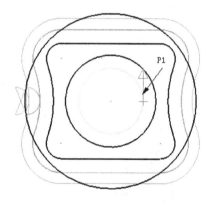

图 3.38　选取串连图素

11) 从刀具库中选取刀具

在刀具参数栏中单击【从刀库中选择】按钮，在弹出的【选择刀具】对话框中，通过右边的滑块查找所需要的刀具，选择ϕ12 的平铣刀，单击【确定】按钮 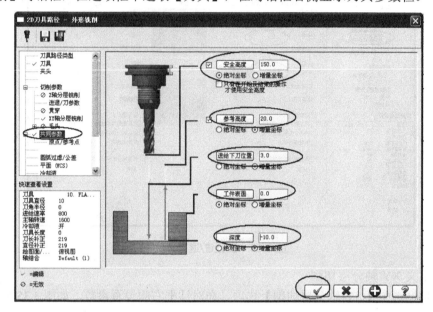 。

12) 定义刀具参数

在【2D 刀具路径-外形铣削】对话框刀具参数栏中设置如图 3.39 所示的参数值。

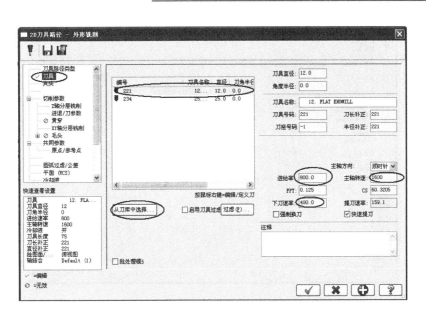

图 3.39 设置刀具路径参数

13) 定义切削参数

在选项框选中【切削参数】选项，在对话框右侧设置如图 3.40 所示的参数。

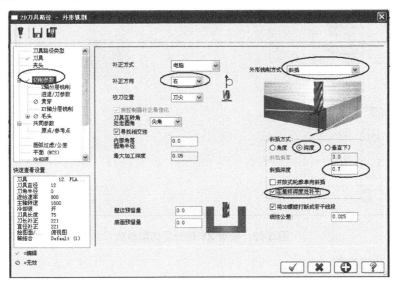

图 3.40 设置切削参数

在【外形铣削方式】下拉列表框中选择【斜插】选项是因为在外形铣削时，如果采用的是立铣刀这是不能直接下刀时，所以采用斜降下刀，可避免因踩刀造成刀具损坏。

14) 设置进/退刀参数

在选项框选中【进/退刀参数】选项，取消对话框右侧参数设置，如图 3.41 所示。

15) 定义 XY 轴分层切削

在选项框选中【XY 轴分层切削】选项，取消对话框右侧参数设置，如图 3.42 所示。

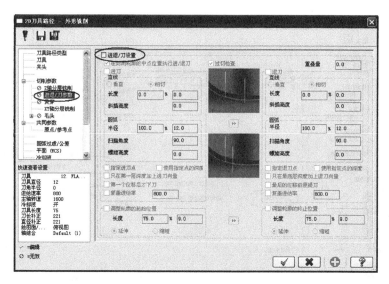

图 3.41　设置进/退刀参数

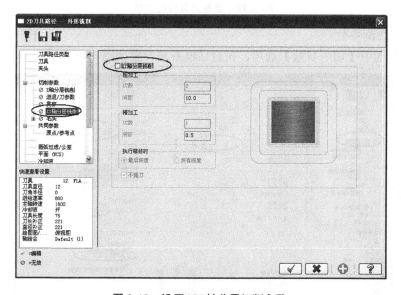

图 3.42　设置 XY 轴分层切削参数

16) 定义共同参数

在选项框选中【共同参数】选项，在对话框右侧设置如图 3.43 所示的参数。单击对话框中的【确定】按钮 ，结束外形铣削参数设置，系统即可按设置的参数生成外形铣削刀具路径。

17) 采用等角视图观察刀具路径

选择顶部工具栏中的【等角视图】按钮，生成的路径如图 3.44 所示。

18) 设置工件毛坯材料

(1) 选择如图 3.45 所示的【刀具路径】选项卡中的【属性】|【材料设置】。

(2) 系统弹出【机器群组属性】对话框，切换到【材料设置】选项卡，材料设置参数如图 3.46 所示。设置形状为【圆柱体】，Z 轴；圆柱高为 50，直径 160；素材的原点与绘图原点相重合，单击【确定】按钮 。

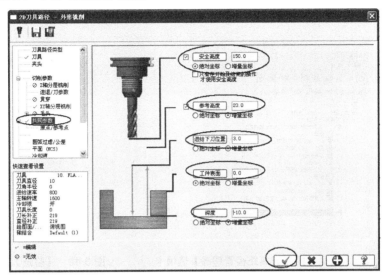

图 3.43　设置共同参数

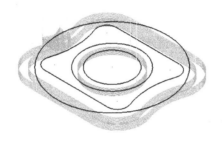

图 3.44　外形铣削刀具路径

图 3.45　【刀具路径】选项卡

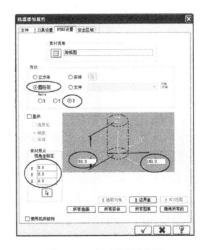

图 3.46　设置材料参数

19）进行实体验证

（1）在【操作管理】对话框中单击【选择所有的操作】按钮 (见图 3.47)，系统会将

【1-外形铣削(2D)】和【2-外形铣削(斜降下刀)】都选中。

(2) 单击【实体加工模拟】按钮 ●(见图 3.47),系统将会弹出如图 3.48 所示的【验证】对话框。

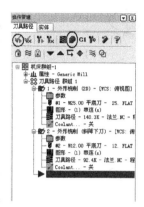

图 3.47　【操作管理】对话框的【刀具路径管理器】选项卡　　图 3.48　【验证】对话框

(3) 单击【验证】对话框中的选项按钮 (见图 3.48),系统弹出【验证选项】对话框,在该对话框中可以设置工件毛坯材料的大小。具体的参数设置如图 3.49 所示。参数设置完后单击【确定】按钮 。

图 3.49　设置工件毛坯材料的大小

工件的形状有立方体、圆柱体、文件、实体、素材模式 5 种,可以根据工件的具体外形来选择工件的型式。当选中【立方体】单选按钮时,在边界线【最低点】文本框中输入 X、Y、Z 的最小坐标值,【最高点】文本框中输入 X、Y、Z 的最大坐标值;当选中【圆柱体】单选按钮时,可以在【圆柱直径】文本框中输入直径值;当选中【文件】单选按钮时,可在【材料文件】文本框中输入具体的图形文件的地址。当选中【真实】单选按钮时,要在绘图区选择已创建的实体作为工件材料。

(4) 系统会按新的设置更新工件的外形,单击【播放】按钮 ,系统将自动模拟加工过程,加工结果如图 3.26(b)所示。单击【确定】按钮 ,结束模拟加工。

20) 执行后处理程序

单击【后处理】按钮 **G1**(见图 3.50)，系统将弹出如图 3.51 所示的对话框，单击【确定】按钮☑，系统将弹出如图 3.52 所示的对话框，选择要保存 NC 文档的地址和文件名，系统默认的保存地址在 D：\我的文档\MY McamX6\ Mill \ NC 文件夹下，然后再次单击【确定】按钮☑。

图 3.50 单击【后处理】按钮

图 3.51 【后处理程序】对话框

图 3.52 【另存为】对话框

21) 系统自动弹出 Mastercam X 编辑器

NC 文件的部分内容如图 3.53 所示。

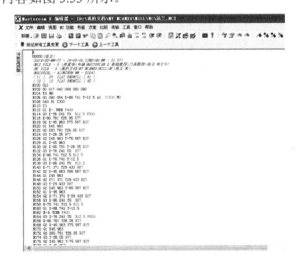

图 3.53 NC 文件的部分内容

3.3 挖 槽 加 工

挖槽加工的刀具路径主要用来切除一个封闭外形所包围的材料，或铣削一个平面，或切削一个槽，通过执行【刀具路径】|【标准挖槽】命令即可进入挖槽加工操作。

3.3.1 挖槽加工外形的定义

在选择挖槽加工外形时，有 3 种外形可供选择加工，即单一封闭外形、开放外形、带有岛屿的外形，如图 3.54 所示。

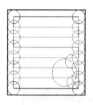 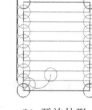 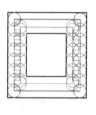

(a) 单一封闭外形   (b) 开放外形   (c) 带有岛屿的外形

图 3.54 挖槽加工可供选择的外形

当选择挖槽加工外形为带有岛屿的外形时，岛屿的外形必须是封闭的。所谓的岛屿是指在槽的边界内，但不要切削加工的区域。Mastercam 能够处理多重区域的工件。依据选取的串连图素不同，进行挖槽加工的区域也不同。选取不同外形进行挖槽加工的刀具路径图如图 3.55 所示。图 3.55(a)所示为有两个外形组成两个可进行挖槽的区域。当仅选择【外形 1】进行挖槽时，它的加工刀具路径如图 3.55(b)所示。当仅选择【外形 2】进行挖槽时，它的加工刀具路径如图 3.55(c)所示。当选择【外形 1】和【外形 2】进行挖槽加工时，它的加工刀具路径如图 3.55(d)所示，其中外形 2 包围的区域为岛屿。

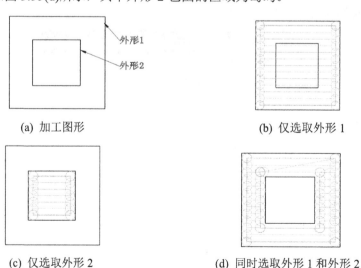

(a) 加工图形   (b) 仅选取外形 1

(c) 仅选取外形 2   (d) 同时选取外形 1 和外形 2

图 3.55 选取不同外形进行挖槽加工的刀具路径图

3.3.2 挖槽加工参数设置

选择完要加工的区域后，就可进入【2D 刀具路径-2D 挖槽】对话框。在该对话框中包括刀具路径类型、刀具、夹头、切削参数、共同参数等，其中刀具路径类型参数、刀具、夹头和共同参数等的设置与 3.2 节介绍的外形铣削的参数的设置方式基本相同。下面仅介绍挖槽加工特有的参数。

1．切削参数的设置

在列表框中选中【切削参数】选项，在右侧显示需要设置的切削参数，如图 3.56 所示。

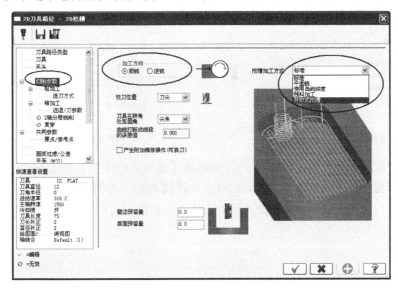

图 3.56 切削参数设置

1) 加工方向

【加工方向】选项组用来指定挖槽加工时采用何种铣削方法，是逆铣还是顺铣，如图 3.57 所示。在数控加工中多选择顺铣，它有利于延长刀具的使用寿命，还有利于获得较好的表面加工质量。

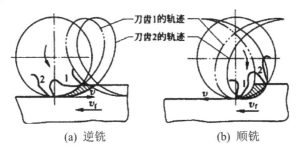

图 3.57 逆铣与顺铣

● 【逆铣】单选按钮：刀具旋转方向与工件进给方向相反，如图 3.57(a)所示。
● 【顺铣】单选按钮：刀具旋转方向与工件进给方向一致，如图 3.57(b)所示。

2) 挖槽加工方式

- 【标准】加工方式：通常采用的类型。产生的加工刀具路径如图 3.54(a)所示。
- 【平面铣】加工方式：用于防止边界产生毛刺。当选择【平面铣】加工方式时，系统会弹出如图 3.58 所示的界面。例如选择刀具的直径为 25 mm，设置【刀具重叠的百分比】为 10，则超出加工外形的量为 2.5，即为重叠量。进刀引线长度和退刀引线长度是指刀具下/提刀点到有效切削点的距离。参数的设置如图 3.58 所示，产生的挖槽加工刀具路径如图 3.59 所示。

图 3.58　平面铣参数设置

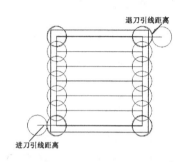

图 3.59　刀具路径

- 【使用岛屿深度】选加工方式：当选择【使用岛屿深度】加工方式进行挖槽时，系统也会弹出如图 3.58 所示的界面，同时【岛屿上方预留量】的文本框也会激活，可输入预留量数值。这个数值表示的是工件表面与岛屿表面的相对距离，如图 3.60 所示。

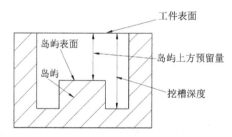

图 3.60　使用岛屿深度挖槽示意图

- 【残料加工】加工方式：当加工方法选择不合适或刀具选择过大时，挖槽加工完成后槽中一般会有没有加工到的残留材料，可以采用本选项去掉残留材料。
- 【开放式挖槽】加工方式：可以对开放的外形进行挖槽。当选择它时，系统会弹出如图 3.61(a)所示的界面。刀具路径的方式有两种，一种是【使用开放式轮廓的切削方式】进行挖槽加工，生成的刀具路径如图 3.61(b)所示，另一种是【使用标准轮廓封闭串连】进行挖槽加工，生成的刀具路径如图 3.61(c)所示。

2. 粗加工参数的设置

在列表框中选中【粗加工】选项，在右侧显示需要设置的粗加工参数，如图 3.62 所示。各参数的含义如下。

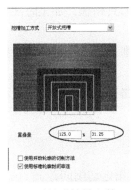 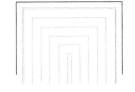 

(a) 开放式挖槽参数　　　(b) 使用开放式轮廓的切削方式　(c) 使用标准轮廓封闭串连

图 3.61　开放式挖槽参数设置

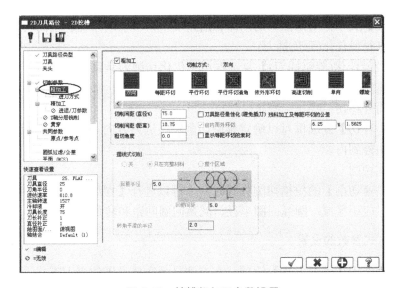

图 3.62　挖槽粗加工参数设置

1)　切削方式

Mastercam 提供了 8 种粗加工切削方式，即【双向】、【等距环切】、【平行环切】、【平行环切清角】、【依外形环切】、【高速切削】、【单向】和【螺旋切削】。

● 【双向】选项：产生一组平行切削路径并来回进行切削，切削路径的方向取决于其设置的角度。经济，节省时间，特别适用加工粗铣面。

● 【等距环切】选项：产生一组螺旋式间距相等的切削路径。适合加工规则的或结构简单的单型腔，加工后的型腔底质量较好。

● 【平行环切】选项：产生一组平行螺旋式切削路径，与等距切削路径基本相同。加工时可能不能干净地清除残料。

● 【平行环切清角】选项：产生一组平行螺旋式且清角的切削路径。可以切除更多的残料，可用性强。

● 【依外形环切】选项：根据轮廓外形产生螺旋式切削路径，此方式应至少有一个岛屿，且生成的刀具路径比其他方式长。

- 【高速切削】选项：以平滑圆弧方式生成高速加工的刀具路径。加工时间相对较长，但可清除转角或边界壁的余量。

- 【单向】选项：与双向路径基本相同，只是单方向切削，另一个方向用于提刀返回。用于切削参数设置较大的场合。

- 【螺旋切削】选项：以圆形、螺旋方式产生挖槽刀具路径。对于周边余量不均匀的切削区域会产生较多的抬刀。

2) 切削路径间的间距

控制切削路径间的间距由两个参数决定，具体如下。

- 【切削间距(直径%)】文本框：输入刀具直径百分比来指定切削间距。

- 【切削间距(距离)】：输入数值来指定切削间距。

当输入其中一个参数值后，系统会自动修改另一个参数值。

3) 粗切角度

【粗切角度】文本框用来控制切削路径的角度，只对双向路径和单向切削起作用。

4) 刀具路径最佳化(避免插刀)

【刀具路径最佳化(避免插刀)】复选框用于优化切削刀具路径长度，使其最短化，以达到最佳挖槽铣削效果。

5) 由内而外环切

【由内而外环切】复选框可以确定螺旋切削路径进刀方向。若选中，则由内到外；若取消选中，则由外到内。

6) 摆线式切削

只有在【高速切削】的挖槽切削方式时，才可以进行【摆线式切削】参数设置。用于设置高速切削时应用区域、圆弧回圈半径、圆弧回圈间距和转角平滑过渡半径。

3. 进刀方式参数的设置

在列表框中选中【进刀方式】选项，在右侧显示需要设置的进刀方式选择，在挖槽粗加工中可以采用的进刀方式有 3 种，如图 3.63 所示。

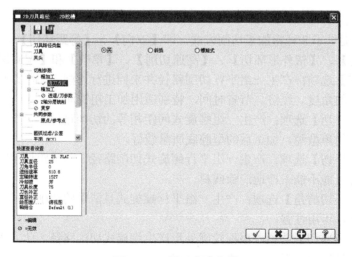

图 3.63　进刀方式选择

1) 关

当选中【关】单选按钮时，挖槽加工时刀具会从进给下刀位置直落于工件设置的切削深度。如果采用的刀具是键槽铣刀，则可以采用这种方式，如果采用的刀具是立铣刀，则需要在下刀位置处预钻工艺孔，以防止出现踩刀现象。

2) 斜插

当选中【斜插】单选按钮时，系统会出现如图 3.64 所示的界面，各参数的含义如下。

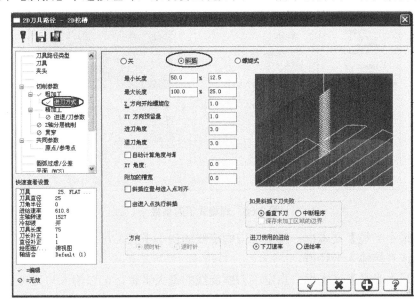

图 3.64   斜插式下刀方式

- 【最小长度】文本框：指定进刀路径的最小长度。
- 【最大长度】文本框：指定进刀路径的最大长度。
- 【Z 方向斜插位】文本框：用于设置开始斜插的进刀高度，即设置斜插进刀时距工件表面的高度。
- 【XY 方向预留量】文本框：用于设置在 XY 方向的预留间隙。
- 【进刀角度】文本框：指刀具切入的角度。
- 【退刀角度】文本框：指刀具切出的角度。
- 【自动计算角度与最长边平行】复选框和【XY 角度】文本框：当选中【自动计算角度与最长边平行】复选框时，斜插式下刀在 XY 平面上的角度由系统自动设置；当取消选中【自动计算角度与最长边平行】复选框时，斜插式下刀在 XY 平面上的角度由【XY 角度】文本框中的角度值决定。
- 【附加的槽宽】文本框：指定刀具每一快速直落时添加的额外刀具路径。
- 【斜插位置与进入点对齐】复选框：选中该复选框时，进刀点与斜插式刀具路径对齐。
- 【由进入点执行斜插】复选框：选中该复选框时，下刀点即为斜插式下刀路径的起始点。

3) 螺旋式下刀

当选中【螺旋式】单选按钮时，系统会出现如图3.65所示的界面，各参数的含义如下。

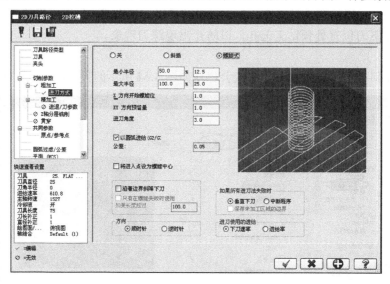

图 3.65　螺旋式下刀参数

- 【最小半径】文本框：指定下刀螺旋线的最小半径，可以输入与刀具直径的百分比或直接输入半径值。
- 【最大半径】文本框：指定下刀螺旋线的最大半径，可以输入与刀具直径的百分比或直接输入半径值。
- 【Z 方向开始螺旋】文本框：用于设置开始螺旋式进刀的高度，即设置螺旋进刀时距工件表面的高度。
- 【XY 方向预留量】文本框：是指刀具和最后精切挖槽加工的预留间隙。
- 【进刀角度】文本框：指定螺旋式的下刀刀具的下刀角度。进刀角度决定进刀刀具路径的长度，角度越小，进刀刀具路径就越长。
- 【以圆弧进给(G2/G3)输出】复选框：选中该复选框时，进刀刀具路径采用圆弧刀具路径，否则按【公差】文本框中设置的误差转换为线段刀具路径。
- 【将进入点设为螺旋的中心】复选框：选中该复选框时，以串连的起点为螺旋刀具路径圆心点。
- 【沿着边界渐降下刀】复选框：选中该复选框而取消选中【只在螺旋失败时采用】复选框，设定刀具沿边界移动；选中【只在螺旋失败时采用】复选框，仅当螺旋式下刀不成功时，设定刀具沿边界移动。
- 【方向】选项组：用于设定螺旋下刀的螺旋方向，可以选择"顺时针"、"逆时针"单选按钮。
- 【如果所有进刀方法都失败时】选项组：当所有螺旋式下刀尝试均失败后，设定系统为垂直下刀或中断程式。
- 【进刀采用的进给率】选项组：当选中【下刀速率】单选按钮时，采用刀具的 Z 向进刀量；当选中【进给率】单选按钮时，采用刀具的水平切削进刀量。

4. 精加工参数的设置

在列表框中选中【精加工】选项，在右侧显示需要设置的精加工参数如图 3.66 所示。该界面主要设置侧壁的精加工参数。

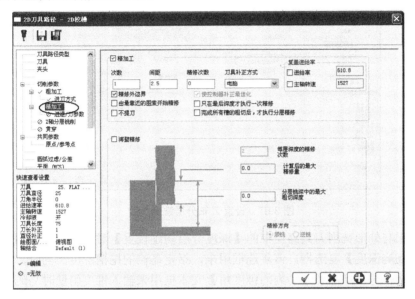

图 3.66　精加工参数

- 【次数】文本框：用于设置挖槽精加工的次数。
- 【间距】文本框：用于设置每次精加工的切削间距。
- 【精修次数】文本框：设置修光次数。修光是指完成精加工后，再在精加工完成的位置进行精修。
- 【刀具补正方式】下拉列表框：在该下拉列表框中可选择的刀具补正方式。
- 【覆盖进给率】选项组：可以设置精加工所使用的进给率和主轴转速。
- 【精修外边界】复选框：对内腔壁和内腔岛屿进行精加工。
- 【由最靠近的图素开始精修】复选框：完成粗加工后，刀具以最靠近图素的最近点位置作为精修的起点。
- 【只在最后深度才执行一次精修】复选框：如果粗加工采用深度分层铣削时，选中此复选框，则完成所用粗加工后，才在最后深度执行仅有的一次精修。
- 【不提刀】复选框：用于设置精加工时不提刀。
- 【完成所有槽的粗切后，才执行分层精修】复选框：如果粗加工采用深度分层铣削时，选中此复选框，则完成所有粗加工后，再进行分层精修加工，否则粗加工一层后便立即精加工一层。
- 【薄壁精修】复选框：选中该复选框，则启用薄壁精程序。薄壁精修加工适用于挖槽铣削薄壁零件的加工场合。

5. Z轴分层铣削

在列表框中选中【Z 轴分层铣削】选项，在右侧显示需要设置的 Z 轴分层铣削参数如

图 3.67 所示。

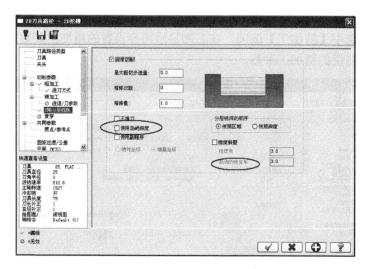

图 3.67　设置 Z 轴分层铣削参数

　　该对话框与外形铣削刀具路径中的【深度分层切削设置】对话框基本相同,只是多了一个【使用岛屿深度】复选框,该复选框用来,指定岛屿的挖槽深度。同时,当选中【锥度斜壁】复选框时,增加了【岛屿的锥度角】文本框用来输入锥度斜壁时岛屿刀具路径的角度。

3.3.3　范例(四)

　　例 3.1　如图 3.68 所示为零件加工图形,其中,图 3.68(a)所示为 95 mm×95 mm×35 mm 的矩形毛坯材料,材质为合金铝材,要求使用外形铣削和挖槽刀具路径加工出如图 3.68(b) 所示的零件,加工的零件图如图 3.68(c)所示。

　　操作步骤如下。

　　1)　设定视角和构图面都为俯视图

　　单击顶部工具栏中的【俯视图】按钮⬡,再单击【俯视构图】按钮⬡。

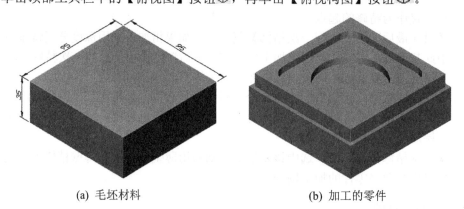

(a) 毛坯材料　　　　　　　　　　　　　　(b) 加工的零件

图 3.68　零件加工图形

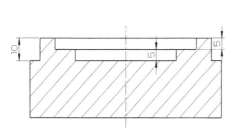
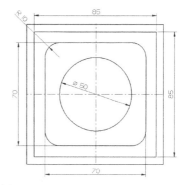

(c) 加工的零件图

图 3.68 零件加工图形(续)

2) 进入工件外下刀方式的外形铣削

(1) 执行【机床类型】|【铣床】|【默认】命令。

(2) 执行【刀具路径】|【外形铣削】命令，在【输入新NC 名称】对话框中输入名称"下刀方式"，再单击【确定】按钮 ✓。

(3) 系统弹出【串连选项】对话框，提示选取外形串连，串连选择如图 3.69 所示的图素于点 P1，箭头朝上，串连方向为顺时针，单击【串连选项】对话框中的【确定】按钮 ✓，结束串连外形选择。

(4) 系统将弹出【2D 刀具路径-外形铣削】对话框，在选项框中选取【刀具】，单击【从刀库中选择】按钮，在弹

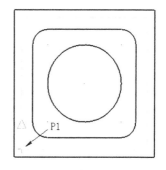

图 3.69 选取串连图素

出的【选择刀具】对话框中选择ϕ16 平铣刀，单击【确定】按钮 ✓。在【2D 刀具路径-外形铣削】对话框刀具参数栏中设置如图 3.70 所示的参数值。

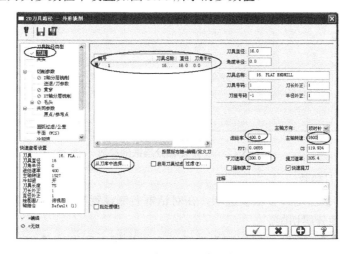

图 3.70 设置刀具路径参数

(5) 定义切削参数。

在选项框选中【切削参数】选项，在对话框右侧设置参数如图 3.71 所示。

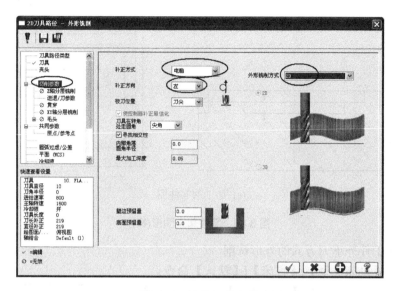

图 3.71　设置切削参数

(6)　定义 Z 轴分层铣。

在选项框选中【Z 轴分层铣削】选项，在对话框右侧设置参数如图 3.72 所示。

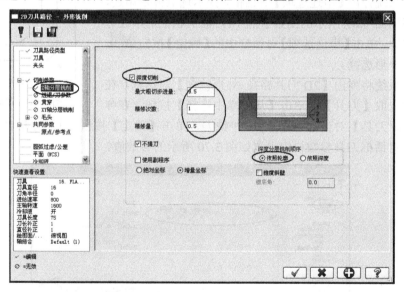

图 3.72　设置 Z 轴分层铣削参数

(7)　设置进/退刀参数。

在选项框选中【进/退刀参数】选项，在对话框右侧设置参数如图 3.73 所示。

(8)　定义 XY 轴分层切削。

在选项框选中【XY 轴分层切削】选项，在对话框右侧取消【XY 轴分层切削】参数设置。

(9)　定义共同参数。

在选项框选中【共同参数】选项，在对话框右侧设置参数如图 3.74 所示。

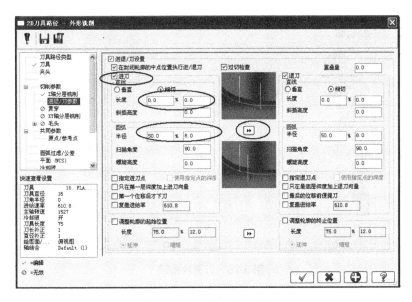

图 3.73 设置进/退刀参数

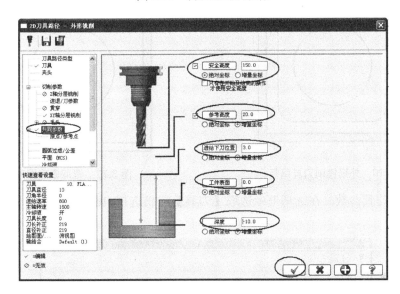

图 3.74 设置共同参数

(10) 定义冷却液。

在选项框选中【冷却液】选项，在对话框右侧设置参数如图 3.75 所示，打开冷却液。单击对话框中的【确定】按钮 ✓，结束外形铣削参数设置，系统即可按设置的参数生成如图 3.76 所示的外形铣削刀具路径。

3) 进入斜插式下刀方式的挖槽加工

(1) 执行【刀具路径】|【标准挖槽】命令。

(2) 系统弹出【串连选项】对话框，提示选取外形串连，串连选择如图 3.77 所示的图素于点 P1，箭头朝上，串连方向为逆时针，单击【串连选项】对话框中的【确定】按钮 ✓，结束串连外形选择。

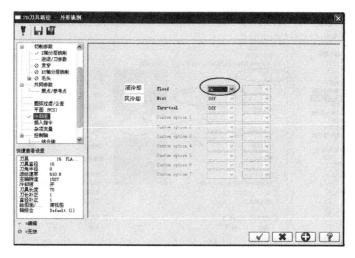

图 3.75　打开冷却液

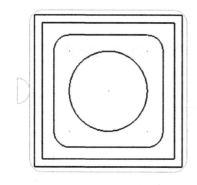

图 3.76　外形铣削刀具路径

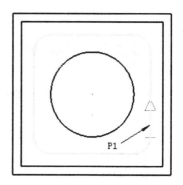

图 3.77　选取串连图素

(3) 定义刀具参数。在选项框中选取【刀具】，仍选择 ϕ16 平铣刀，设置刀具参数如图 3.78 所示。

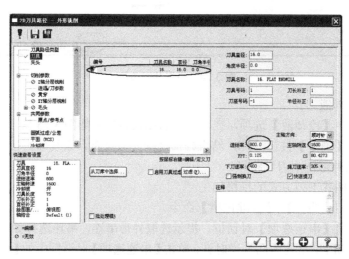

图 3.78　设置刀具参数

(4) 定义切削参数，在列表框中选中【切削参数】选项，设置切削参数如图 3.79 所示。

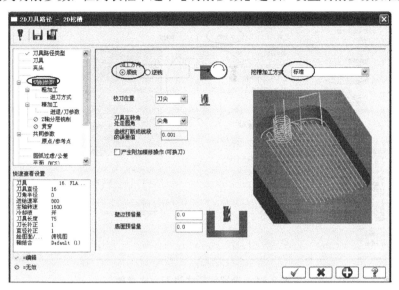

图 3.79　设置切削参数

(5) 定义粗加工参数，在列表框中选中【粗加工】选项，设置粗加工参数如图 3.80 所示。

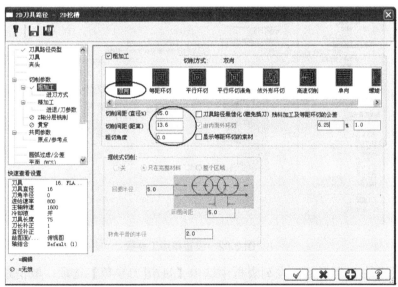

图 3.80　设置粗加工参数

(6) 设置进刀方式，在列表框中选中【进刀方式】选项，设置斜插式进刀方式参数如图 3.81 所示。

(7) 设置侧壁精加工参数，在列表框中选中【精加工】选项，设置精加工参数如图 3.82 所示。

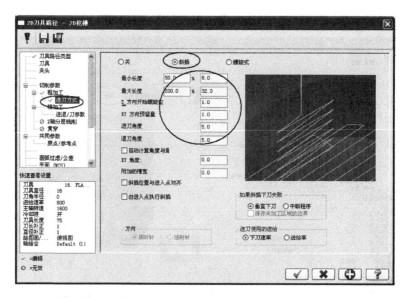

图 3.81　设置斜插式进刀方式参数

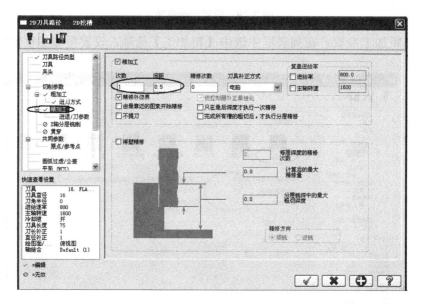

图 3.82　设置精加工参数

(8) 设置进/退刀参数，在列表框中选中【进/退刀参数】选项，取消进/退刀参数如图 3.83 所示。

(9) 设置 Z 轴分层铣削参数，在列表框中选中【Z 轴分层铣削】选项，设置的 Z 轴分层铣削参数如图 3.84 所示。

(10) 定义共同参数。

在选项框选中【共同参数】选项，在对话框右侧设置参数如图 3.85 所示。

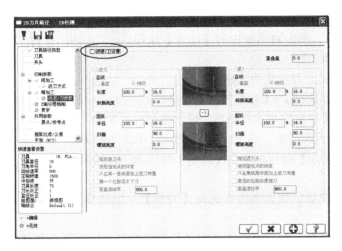

图 3.83　设置进/退刀参数

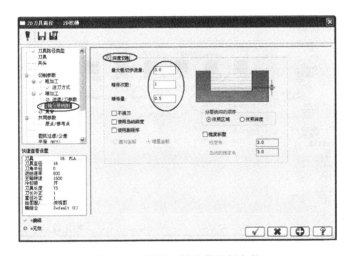

图 3.84　设置 Z 轴分层铣削参数

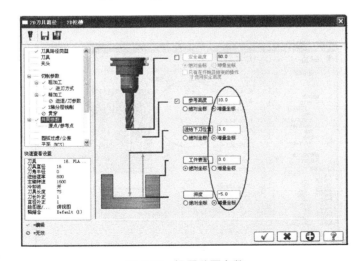

图 3.85　设置共同参数

(11) 定义冷却液，在选项框选中【冷却液】，将 Flood 设置为 on，打开冷却液。单击对话框中的【确定】按钮 ，结束斜插式挖槽参数设置。

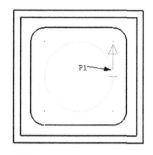

图 3.86　选取串连图素

4)　进入螺旋式下刀方式的挖槽加工

(1) 执行【刀具路径】|【标准挖槽】命令。

(2) 系统弹出【串连选项】对话框，提示选取外形串连，串连选择如图 3.86 所示的图素于点 P1，箭头朝上，串连方向为逆时针，单击【串连选项】对话框中的【确定】按钮 ，结束串连外形选择。

(3) 定义刀具参数。在选项框中选取【刀具】，仍选择φ16 平铣刀，刀具各参数值保持不变。

(4) 定义切削参数，在列表框中选中【切削参数】，切削各参数值保持不变。

(5) 定义粗加工参数，在列表框中选中【粗加工】，设置粗加工参数如图 3.87 所示。

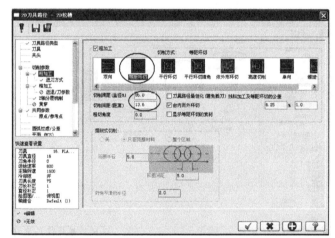

图 3.87　设置粗加工参数

(6) 设置进刀方式，在列表框中选中【进刀方式】选项，设置螺旋式进刀方式参数如图 3.88 所示。

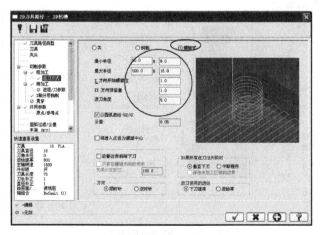

图 3.88　设置螺旋式进刀方式参数

(7) 设置精加工参数，在列表框中选中【精加工】选项，设置精加工【次数】为 1，【间距】为 0.5。

(8) 设置进/退刀参数，在列表框中选中【进/退刀参数】选项，取消进/退刀参数。

(9) 设置 Z 轴分层铣削参数，在列表框中选中【Z 轴分层铣削】选项，设置的 Z 轴分层铣削参数如图 3.89 所示。

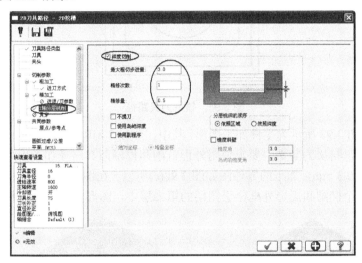

图 3.89　设置 Z 轴分层铣削参数

(10) 定义共同参数。

在选项框选中【共同参数】选项，在对话框右侧设置参数如图 3.90 所示。(注：由于在上次挖槽加工中已将工件的上表面挖深至 -5 mm，所以在工件表面中设置参数为 -5，深度为 -10，都为绝对坐标。)

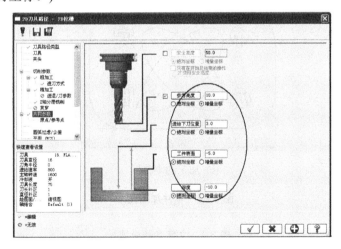

图 3.90　设置共同参数

(11) 定义冷却液，在选项框选中【冷却液】，将 Flood 设置为 on，打开冷却液。单击对话框中的【确定】按钮，结束螺旋式挖槽参数设置。生成的铣削刀具路径如图 3.91 所示。

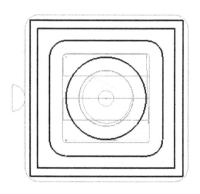

图 3.91 铣削刀具路径

例 3.2 如图 3.92 所示为零件加工图形，其中，图 3.92(a)所示为 85 mm×55 mm×10 mm 的矩形毛坯材料，材质为紫铜，要求使用外形铣削和挖槽刀具路径加工出如图 3.92(b)所示的零件，铣深为 0.3 mm，加工的零件图如图 3.92(c)所示。在图形 3.92(c)中，文字位于图层的第一层中，两个椭圆和矩形外框位于图层的第二层中，图形文字具体参数如表 3.1 所示。

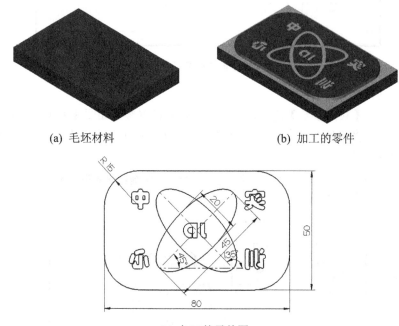

(a) 毛坯材料   (b) 加工的零件

(c) 加工的零件图

图 3.92 零件加工图形

表 3.1 文字参数设置

字 体	文 字	字 高	方 向	定 位
华文彩云	JD	7	水平	(−4.5，−3.5)
华文彩云	实	10	水平	(−30，10)
华文彩云	训	10	水平	(−30，−15)

续表

字 体	文 字	字 高	方 向	定 位
华文彩云	中	10	水平	(20，10)
华文彩云	心	10	水平	(20，−15)

操作步骤如下。

1) 设定视角和构图面都为俯视图

单击顶部工具栏中的【俯视图】按钮，再单击【俯视构图】按钮。

2) 关闭第二层

在状态栏中选择【层别】，系统弹出如图3.93所示的【层别管理】对话框中，选择系统层别为第三层，在二层的【突显】处单击，使X不可见，此时绘图区的图形如图3.94所示(注：如果开始绘图时没有图形设置好图层，可以执行【分析】|【分析图素属性】命令，在【线的属性】对话框中单击【层别】按钮，在文本框中进行层别的改变)。

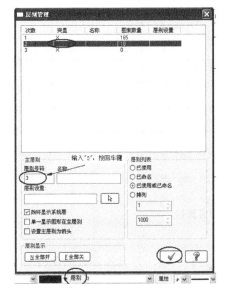

图3.93 对图形进行层别管理

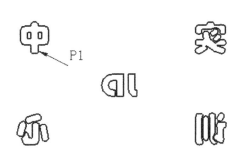

图3.94 需要挖槽加工的文字

3) 采用挖槽加工对文字进行铣削

(1) 执行【机床类型】|【铣床】|【默认】命令。

(2) 执行【刀具路径】|【标准挖槽】命令，系统弹出【输入新NC名称】对话框，输入名称"文字"，再单击【确定】按钮。

(3) 系统弹出【串连选项】对话框，在对话框中单击【窗选】按钮，在绘图区拖动鼠标拾取对角两点形成视窗，涵盖如图3.94所示的所有图形，出现【输入串连的起点】提示，选择点P1(见图3.94)，单击对话框中的【确定】按钮，结束图素的选择。

(4) 定义刀具参数。

① 在选项框中选取【刀具】，单击参数栏中【选择库中刀具】按钮，选择ϕ1 mm平铣刀；在刀具区，选中1号刀具(见图3.95)，双击它，系统弹出【定义刀具-机床群组-1】对话框，将刀具的直径修改为0.5 mm(见图3.96)，单击该对话框中的【确定】按钮。

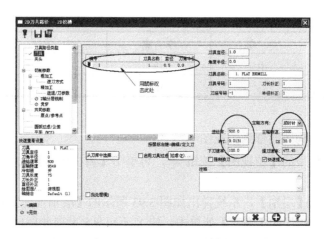

图 3.95　设置刀具路径参数

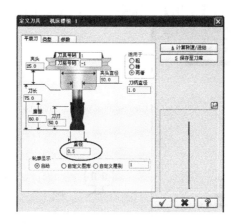

图 3.96　重新定义刀具直径

② 设置刀具参数如图 3.95 所示。

(5) 定义切削参数，在列表框中选中【切削参数】选项，刀具各参数值保持不变。

(6) 定义粗加工参数，在列表框中选中【粗加工】选项，设置粗加工参数如图 3.97 所示。

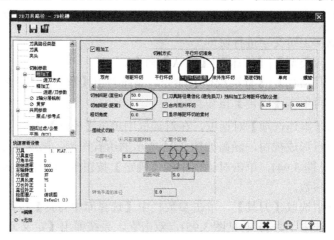

图 3.97　设置粗加工参数

(7) 设置进刀方式，在列表框中选中【进刀方式】，设置斜插式进刀方式，参数使用默认值。

(8) 设置精加工参数，在列表框中选中【精加工】，设置精加工【次数】为 1，【间距】为 0.25。

(9) 设置进/退刀参数，在列表框中选中【进/退刀参数】，进/退刀参数使用默认值。

(10) 设置 Z 轴分层铣削参数，在列表框中选中【Z 轴分层铣削】，设置的 Z 轴分层铣削参数如图 3.98 所示。

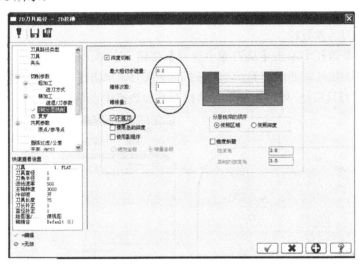

图 3.98 设置 Z 轴分层铣削参数

(11) 定义共同参数，在选项框选中【共同参数】，在对话框右侧设置参数如图 3.99 所示。

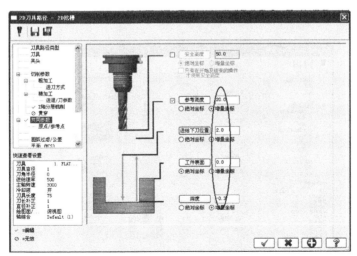

图 3.99 设置共同参数

(12) 定义冷却液，在选项框选中【冷却液】选项，设置 Flood 为 on，打开冷却液。单击对话框中的【确定】按钮，结束挖槽加工参数设置。

4) 关闭第一层，打开第二层

选择状态栏中的【层别】，系统弹出【层别管理】对话框，在第一层的【突显】处双击，使之不可见；在第二层的【可见性】处双击，使之变亮可见。此时，绘图区的图形如图 3.100 所示。

5) 用外形铣削加工椭圆槽

(1) 执行【刀具路径】|【外形铣削】命令，系统弹出【串连选项】对话框，提示选取外形串连，串连选择如图 3.100 所示的两个椭圆于点 P1、点 P2，串连方向为顺时针，选择【执行】，系统将弹出【2D 刀具路径-外形铣削】对话框，在选项框中选取【刀具】，在对话框右侧显示刀具参数栏。

(2) 在刀具参数栏中单击【从刀库中选择】按钮，在弹出的【选择刀具】对话框中，通过右边的滑块查找所需要的刀具，选择 $\phi 2$ 的平铣刀，单击【确定】按钮。

(3) 在【2D 刀具路径-外形铣削】对话框刀具参数栏中设置如图 3.101 所示的参数值。

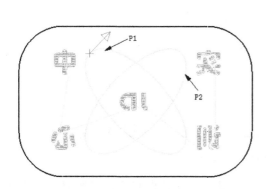

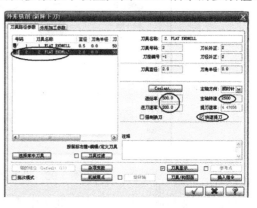

图 3.100　选取串连图素　　　　　　图 3.101　设置刀具路径参数

(4) 定义切削参数，在选项框选中【切削参数】选项，在对话框右侧设置参数如图 3.102 所示。

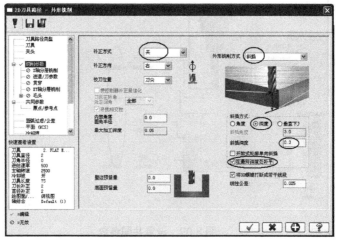

图 3.102　设置切削参数

(5) 设置进/退刀参数，在选项框选中【进/退刀参数】，取消对话框右侧参数设置。

(6) 定义 XY 轴分层切削，在选项框选中【XY 轴分层切削】，取消对话框右侧参数设置。

(7) 定义共同参数，在选项框选中【共同参数】，在对话框右侧设置参数如图 3.103 所示。

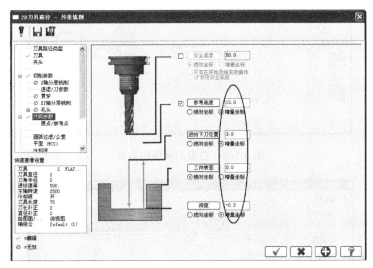

图 3.103　设置共同参数

(8) 定义冷却液，在选项框选中【冷却液】，设置 Flood 为 on，打开冷却液。单击对话框中的【确定】按钮 ，结束外形铣削参数设置，系统即可按设置的参数生成外形铣削刀具路径。

6)　用外形铣削加工矩形槽

(1) 执行【刀具路径】|【外形铣削】命令，系统将弹出【串连选项】对话框，提示选取外形串连，串连选择如图 3.104 所示的矩形于点 P1，串连方向为顺时针，选择【执行】，系统弹出【2D 刀具路径-外形铣削】对话框，在选项框中选取【刀具】，在对话框右侧显示刀具参数栏。

(2) 从刀具库中选取刀具。单击【选择库中刀具】按钮，在弹出的【选择刀具】对话框

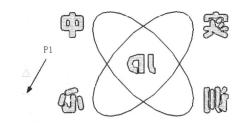

图 3.104　选取串连图素

中，通过右边的滑块查找所需要的刀具，选择 $\phi 10$ 的平铣刀，单击【确定】按钮 。

(3) 在【2D 刀具路径-外形铣削】对话框刀具参数栏中设置如图 3.105 所示的参数值。

(4) 定义切削参数，在选项框选中【切削参数】选项，在对话框右侧设置参数如图 3.106 所示。

(5) 定义 Z 轴分层铣，在选项框选中【Z 轴分层铣削】选项，在对话框右侧设置参数如图 3.107 所示。

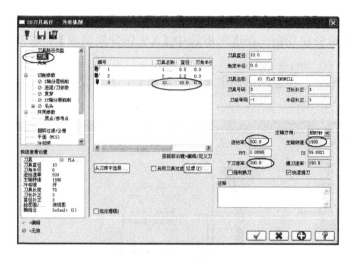

图 3.105　设置刀具路径参数

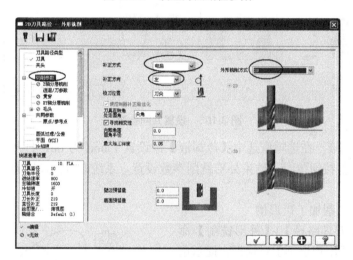

图 3.106　设置切削参数

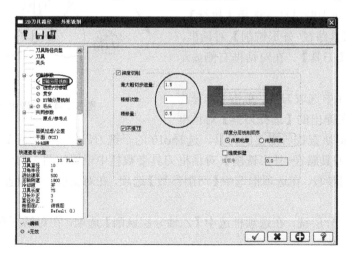

图 3.107　设置 Z 轴分层铣削参数

(6) 设置进/退刀参数，在选项框选中【进/退刀参数】，选中【进刀】、【退刀】复选框，使用系统默认设置参数。

(7) 定义 XY 轴分层切削，在选项框选中【XY 轴分层切削】，取消对话框右侧的参数设置。

(8) 定义共同参数，在选项框选中【共同参数】，在对话框右侧设置参数如图 3.108 所示。

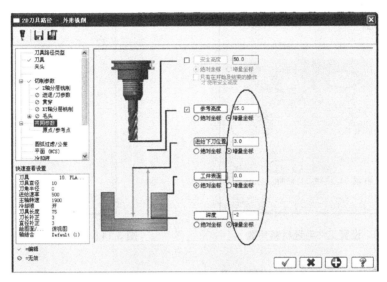

图 3.108　设置共同参数

(9) 定义冷却液，在选项框选中【冷却液】，设置 Flood 为 on，打开冷却液。单击对话框中的【确定】按钮，结束外形铣削参数设置。

7)　采用等角视图观察刀具路径

单击顶部工具栏中的【等角视图】按钮，生成的路径如图 3.109 所示。

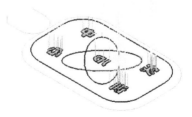

图 3.109　刀具路径

8)　设置工件毛坯材料

(1) 执行操作管理中的【属性】|【材料设置】命令。

(2) 系统弹出【机器群组属性】对话框，切换到【材料设置】选项卡，设置材料参数如图 3.110 所示。单击【边界盒】按钮。系统弹出【边界盒选项】对话框，在对话框中设置毛坯材料比实际零件大 2.5 mm，如图 3.111 所示。结果素材会在 X、Y 轴方向自动增大 5 mm(见图 3.112)，单击【确定】按钮 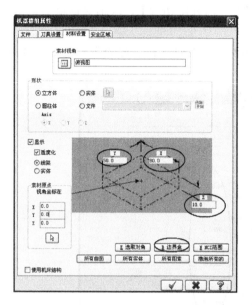，在绘图区出现如图 3.113 所示的毛坯边界。

图 3.110　设置工件毛坯材料参数

图 3.111　设置工件毛坯边界

图 3.112　工件毛坯材料增加 5mm

图 3.113　工件毛坯边界

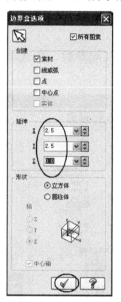
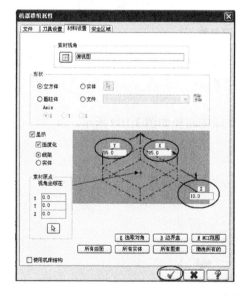
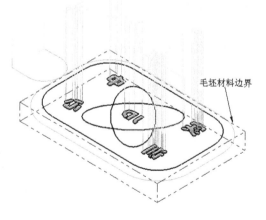

9)　进行实体验证

(1)　在操作管理中单击【选择所有的操作】按钮 ，将【1-挖槽】、【2-外形铣削】和【3-外形铣削】都选中。

(2)　单击【实体加工模拟】按钮 ，系统弹出【验证】对话框。单击【播放】按钮 ，系统将自动模拟加工过程，加工结果如图 3.114 所示。单击【确定】按钮 ，结束模拟加工。

图 3.114　加工结果

3.4　钻 孔 加 工

钻孔加工刀具路径主要用于钻孔、铰孔、镗孔和攻丝等加工。

3.4.1　钻孔加工点的定义

通过执行【刀具路径】|【钻孔】命令，系统弹出如图 3.115 所示的【选取钻孔的点】对话框。对话框中提供了多种选取钻孔中心点的方法，下面分别对它们进行介绍。

- ●　　　　　　：单击该按钮后，在屏幕上选取钻孔中心点的位置，可以手动选择直线的端点、中心点以及圆弧的圆心点、四等分点等特殊位置点作为钻孔中心点。
- ●　【自动】按钮：单击该按钮后，系统依次提示选取第一点、第二点和最后一点，选取了这三点后，系统将自动选择一系列已存在的点作为钻孔中心点。如图 3.116 所示为选取点 P1 作为第一点、点 P2 作为第二点、点 P3 作为最后一点，系统自动选取点的路径。

图 3.115　【选取钻孔的点】对话框　　　　图 3.116　【自动选取】点的路径

- ●　【选取图素】按钮：单击该按钮后，通过选取图素，系统会自动选取存在点、直线、曲线的端点，圆的圆心作为钻孔的中心点。
- ●　【窗选】按钮：单击该按钮后，在屏幕上选取两个对角点形成一个矩形窗口，系统会自动将窗口内的所有点作为钻孔的中心点。

- 【限定半径】按钮：单击该按钮后，在屏幕上选取一个基准圆，设定偏差值后，再选取图素，系统会根据基准圆的大小来对选取的图素进行过滤，选符合要求的圆的圆心作为钻孔的中心点。如图 3.117(a)所示，选取一个基准圆弧，输入公差值为 0.02；在屏幕窗选图素如图 3.117(b)所示，按 Enter 键结束选取。结果选取的钻孔中心点如图 3.117(c)所示。

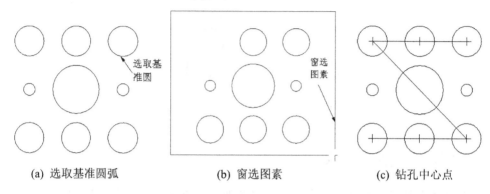

(a) 选取基准圆弧　　　　　(b) 窗选图素　　　　　(c) 钻孔中心点

图 3.117　【限定半径】选取点的路径

- 【选择上次】按钮：单击该按钮后，系统会采用上一次钻孔刀具路径的点及切削顺序作为钻孔刀具路径的孔心切削顺序。
- 【排序】按钮：选取钻孔点后，采用该选项设置钻孔点的切削顺序，Mastercam 提供了 17 种 2D 顺序(见图 3.118(a))、12 种旋转顺序(见图 3.118(b))和 16 种交叉断面顺序(见图 3.118(c))。

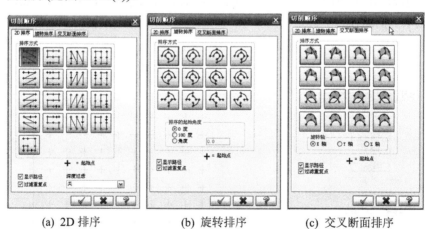

(a) 2D 排序　　　　　(b) 旋转排序　　　　　(c) 交叉断面排序

图 3.118　孔的排序

- 【编辑】按钮：单击该按钮后，可以对钻孔路径作调整。在钻孔点被选取后，【编辑】功能才可使用。
- 【撤销选择】按钮：单击该按钮后，会撤销上一步中所选择的钻孔点。
- 【全部撤销】按钮：单击该按钮后，会撤销所有已经选择的钻孔点。

3.4.2 钻孔加工参数

1. 切削参数的设置

选取完钻孔点后，单击【确定】按钮 ☑️，即可进入【2D 刀具路径—钻孔/全圆铣削】对话框，在参数列表框中选取【切削参数】，如图 3.119 所示，在该对话框右侧【循环方式】下拉列表框中，系统提供了 7 种钻孔循环和 13 种自定义循环。各种钻孔循环的类型及使用场合如表 3.2 所示。

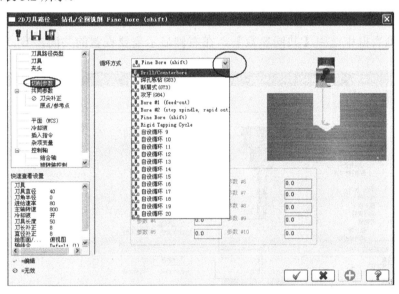

图 3.119 切削参数

表 3.2 各种钻孔循环的类型及使用场合

类 型	使用场合
钻孔/镗沉头孔(G81)	孔深小于 3 倍的刀具直径，在加工过程中刀具不提刀，如钻中心孔等
深孔啄钻(G83)	钻孔深大于等于 3 倍刀具直径，在加工过程中刀具会提刀排屑，排屑时钻头会完全退回参考高度然后再下刀，一般用于难排屑加工
断屑式(G73)	钻孔深大于等于 3 倍刀具直径，在加工过程中刀具以设定的提刀高抬起来断屑
攻牙(G84)	攻内螺纹
镗孔#1(进给退刀 G85)	用进给速率下刀及退刀的方式镗孔，可产生直且表面平滑的孔
镗孔#2(快速退刀 G85)	用进给速率下刀，加工到孔底后，主轴停止转动，后快速提刀
精镗孔(刀具偏移 G76)	用进给速率下刀，加工到位后，主轴停止转动，再旋转到一定方向位，镗刀刃口偏离孔壁后，快速提刀
其他#2 和自设循环(G81)	通过【启用自设钻孔参数】选项卡进行设置参数进行钻孔加工

- 首次啄钻：设定第一次啄钻时的钻入深度。
- 副次切量：设定首次切量之后所有的每次啄钻量。
- 安全余隙：每次啄钻钻头快速下刀到某一深度时，这一深度与前一次钻深之间的距离。
- 回缩量：指钻头每作一次啄钻时的提刀距离。
- 暂停时间：设定钻头至孔底时，钻头在孔底的停留时间。
- 提刀偏移量：单刃镗刀在镗孔后提刀前，为避免刀具刮伤孔壁，可将刀具偏移一定距离，以离开圆孔内面后再提刀。

2．共同参数的设置

在参数列表框中选中【共同参数】，在右侧显示需要设置的共同参数，如图 3.120 所示。

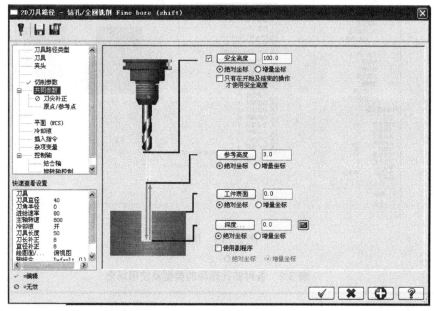

图 3.120　共同参数

- 【安全高度】：它是数控加工中基于换刀和装夹工件设定的一个高度，通常一个工件加工完毕后刀具会停留在安全高度。当取消选中该复选框时，钻孔加工会以 G99 模式进行；当选中该复选框且取消选中【只有在开始及结束的操作才使用安全高度】复选框时，钻孔加工会以 G98 模式进行。
- 【参考高度】文本框：用于设定钻孔的 R 平面。R 平面是钻头开始以 G01 的速度进给的高度，同时也是 G99 模式下，钻头在孔与孔之间移动的高度。
- 【工件表面】文本框：设定要加工表面在 Z 轴的位置高度。
- 【深度】文本框：设定刀具路径最后要加工的深度。
- (倒角深度计算器)：用于计算倒角刀具(如：钻头、中心钻和倒角刀等)的倒角部分的长度。例如选择φ10 mm 的钻头，在【深度】文本框中输入-10，单击【倒角深度计算器】按钮 ，系统会弹出如图3.121所示的对话框。系统自动计算出倒角部分的深度-3.004，单击【确定】按钮 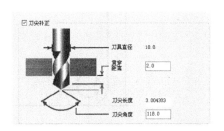，在【深度】文本框中加工深度自动变为-13.004。

● 【使用副程式】复选框：让NC程序以主、子程序的方式输出。

3. 刀尖补正参数的设置

刀尖补偿功能可以控制钻头刀尖贯穿工件底部的距离。在参数列表框中选中【刀尖补正】，在右侧显示需要设置的刀尖补正参数。

如果在【深度】文本框中输入-10，在【贯穿距离】文本框中输入2，【刀尖角度】文本框中输入118(见图3.122)，在程序中刀具的实际加工深度为(深度+贯穿距离+倒角长度)-15.004。

图3.121 【深度的计算】对话框

图3.122 【钻头尖部补偿】对话框

3.4.3 范例(五)

如图3.123所示为零件加工图形，其中，图3.123(a)所示为140 mm×100 mm×30 mm的长方料，材质为45#钢，要求使用外形铣削和钻孔刀具路径加工出如图3.123(b)所示零件，加工的零件图如图3.123(c)所示。

(a) 毛坯材料

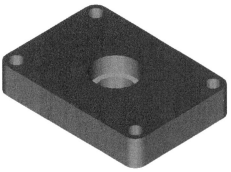

(b) 加工的零件

图3.123 零件加工图形

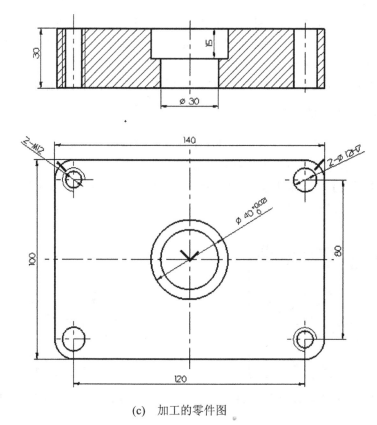

(c) 加工的零件图

图3.123 零件加工图形(续)

操作步骤如下。

1) 制定加工工序卡

各工序及刀具的切削参数如表3.3所示。

表3.3 各工序及刀具的切削参数

序 号	工步内容	刀具号	刀具类型	刀具规格	主轴转速(n) /(r/min)	进给速度(Vf) /(mm/min)	加工方式
1	铣矩形外形	T1	平铣刀	$\phi 20$	1600	800	外形铣
2	打中心孔	T2	中心钻	$\phi 5$	1000	150	G81
3	钻$\phi 10.3$孔	T3	钻头	$\phi 10.3$	1000	150	G83
4	钻$\phi 11.8$孔	T4	钻头	$\phi 11.8$	1000	150	G81
5	钻$\phi 30$孔	T5	钻头	$\phi 30$	200	50	G83
6	铰$\phi 12$孔	T6	铰刀	$\phi 12H7$	150	50	G85
7	攻丝 M12	T7	丝锥	M12	60	105	G84
8	铣$\phi 39.8$孔	T1	平铣刀	$\phi 20$	1600	600	外形铣
9	镗$\phi 40$孔	T8	镗刀	$\phi 40$	2000	80	G76

2) 设定视角和构图面都为俯视图

单击顶部工具栏中的【俯视图】按钮⊕，再单击【俯视构图】按钮⊕。

3) 进入外形铣削

(1) 执行【机床类型】|【铣床】|【默认】命令。

(2) 执行【刀具路径】|【外形铣削】命令，在【输入新 NC 名称】对话框中输入名称"钻孔"，再单击【确定】按钮✓。

(3) 选取外形加工图素。

系统弹出【串连选项】对话框，提示选取外形串连，串连选择如图 3.124 所示的图素于点 P1，箭头朝上，串连方向为顺时针，单击【串连选项】对话框中的【确定】按钮✓，结束串连外形选择。

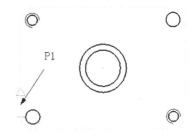

图 3.124　选取串连图素

(4) 从刀具库中选取刀具。

系统将弹出【2D 刀具路径-外形铣削】对话框，在选项框中选取【刀具】，单击【从刀库中选择】按钮，在弹出的【选择刀具】对话框中选择φ20 平铣刀，单击【确定】按钮✓。在【2D 刀具路径-外形铣削】对话框刀具参数栏中设置如图 3.125 所示的参数值。

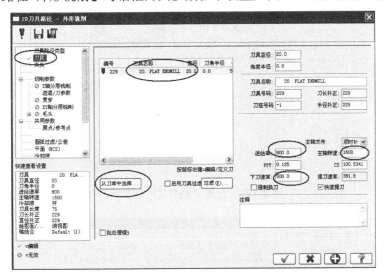

图 3.125　设置刀具参数

(5) 定义切削参数。

在选项框选中【切削参数】选项，在对话框右侧设置参数如图 3.126 所示。

(6) 定义 Z 轴分层铣。

在选项框选中【Z 轴分层铣削】选项，在对话框右侧设置参数如图 3.127 所示。

(7) 设置进/退刀参数。

在选项框选中【进/退刀参数】选项，在对话框右侧设置参数如图 3.128 所示。

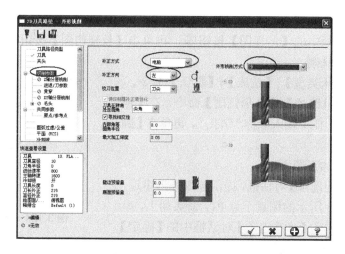

图 3.126　设置切削参数

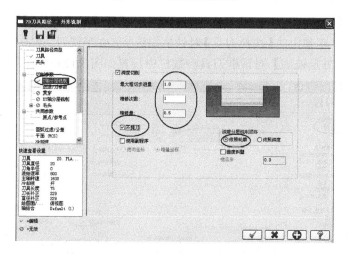

图 3.127　设置 Z 轴分层铣削参数

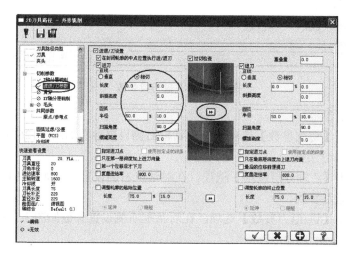

图 3.128　设置进/退刀参数

(8) 定义共同参数。

在选项框选中【共同参数】，在对话框右侧设置参数如图 3.129 所示。

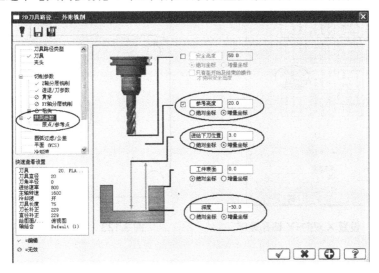

图 3.129　设置共同参数

(9) 定义冷却液。

在选项框选中【冷却液】，打开冷却液。单击对话框中的【确定】按钮 ，结束外形铣削参数设置。

4) 选取图素钻中心孔

(1) 选取钻中心孔图素。

执行【刀具路径】|【钻孔】命令，系统弹出如图 3.130 所示的【选取钻孔的点】对话框，单击【选取图素】按钮，选取如图 3.131 所示的圆于点 P1~P5；单击【排序】按钮，在弹出的【切削顺序】对话框中切换到【2D 排序】选项卡，选择 X 双向+Y 钻孔排序方式(见图 3.132)，单击【确定】按钮 ，钻中心孔的排序方式如图 3.133 所示，系统弹出【2D刀具路径-钻孔/全圆铣削】对话框。

图 3.130　【选取钻孔的点】对话框

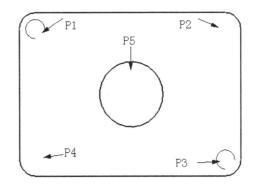

图 3.131　选取圆

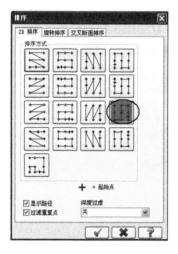

图 3.132　设置 X 双向+Y 钻孔顺序　　　　　图 3.133　按 X 双向+Y 钻孔排序

(2)　从刀具库中选取刀具。

在选项框中选取【刀具】，单击【从刀库中选择】按钮，在弹出的【选择刀具】对话框中选择ϕ5 中心钻，单击【确定】按钮 ✓ 。在【2D 刀具路径-钻孔/全圆铣削】对话框刀具参数栏中设置如图 3.134 所示的参数值。

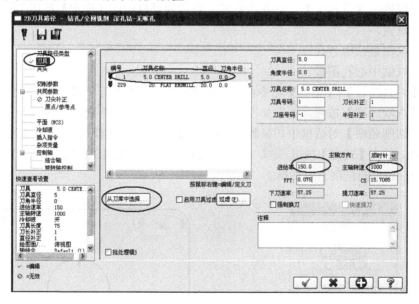

图 3.134　设置刀具参数

(3)　定义深孔钻-无啄孔加工。

在参数列表框中选取【切削参数】，并选取 Drill/Counterbore(深孔钻-无啄孔加工方式)(见图 3.135)。

(4)　共同参数的设置。

在参数列表框中选中【共同参数】选项，设置共同参数如图 3.136 所示。单击【确定】按钮 ✓ ，结束钻中心孔加工设置。

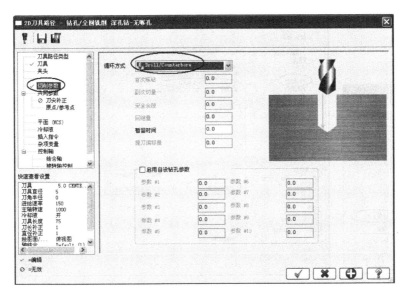

图 3.135 选取深孔钻-无啄孔加工

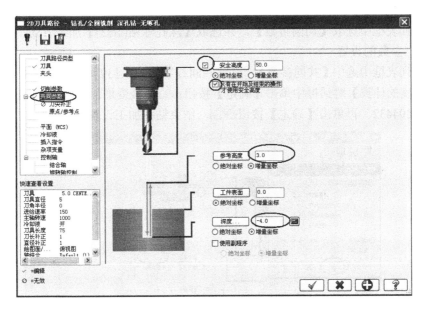

图 3.136 设置钻孔加工参数

5) 选取图素钻 ϕ 10.3 孔

(1) 选取钻孔图素。

执行【刀具路径】|【钻孔】命令，系统弹出【选取钻孔的点】对话框，单击【选择上次】按钮，系统将自动选取上次的钻孔点，单击【确定】按钮，如图 3.137 所示。

(2) 从刀具库中选取刀具。

在【2D 刀具路径-钻孔/全圆铣削】对话框中选取【刀具】，单击【从刀库中选择】按钮，在弹出的【选择刀具】对话框中选择 ϕ 10.3 钻头，单击【确定】按钮。在【2D 刀具路径-钻孔/全圆铣削】对话框刀具参数栏中设置如图 3.138 所示的参数值。

图 3.137　【选取钻孔的点】对话框

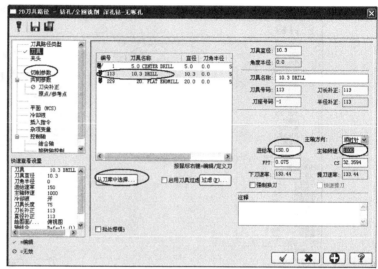

图 3.138　设置刀具参数

(3) 定义深孔啄钻加工。

在参数列表框中选取【切削参数】，并选取【深孔啄钻(G83)】加工方式。

(4) 共同参数的设置

在参数列表框中选中【共同参数】，设置共同参数如图 3.139 所示。单击【计算】![icon]按钮，在【深度的计算】对话框中单击【确定】按钮![icon]，接受增加深度-3.094432，最后总钻深为-34.094432。再单击【确定】按钮![icon]，结束钻孔加工设置。

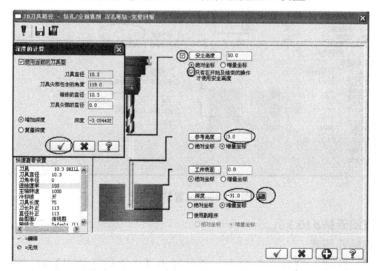

图 3.139　设置钻孔加工参数

6)　选取图素钻 ϕ11.5 孔

(1) 选取钻孔图素。

执行【刀具路径】|【钻孔】命令，系统弹出【选取钻孔的点】对话框，单击【选取图素】按钮，选取如图 3.140 所示的圆于点 P1、点 P2，单击【确定】按钮![icon]。

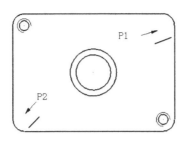

图 3.140　选取圆

(2)　从刀具库中选取刀具。

在【2D 刀具路径-钻孔/全圆铣削】对话框中选取【刀具】，单击【从刀库中选择】按钮，在弹出的【选择刀具】对话框中选择 ϕ11.5 钻头，单击【确定】按钮 ✔。在【2D 刀具路径-钻孔/全圆铣削】对话框刀具参数栏中设置如图 3.141 所示的参数值。

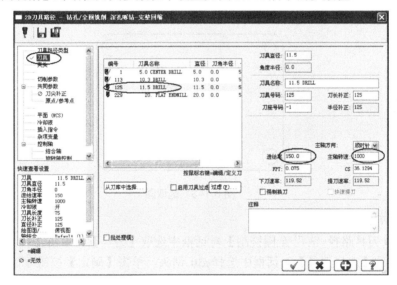

图 3.141　设置刀具参数

(3) 定义深孔钻-无啄孔加工。

在参数列表框中选取【切削参数】，并选取 Drill/Counterbore 深孔钻-无啄孔加工方式。

(4) 共同参数的设置。

在参数列表框中选中【共同参数】选项，设置共同参数如图 3.142 所示。单击【计算】🖩 按钮，在【深度的计算】对话框中单击【确定】按钮 ✔，接受增加深度-3.454949，最后总钻深为-34.454949。再单击【确定】按钮 ✔，结束钻孔加工设置。

7)　选取图素钻 ϕ30 孔

(1)　选取钻孔图素。

执行【刀具路径】|【钻孔】命令，系统弹出【选取钻孔的点】对话框，单击【选取图素】按钮，选取如图 3.143 所示的圆于点 P1，单击【确定】按钮 ✔。

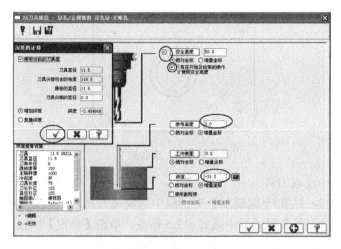

图 3.142 设置钻孔加工参数

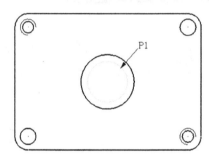

图 3.143 选取圆

(2) 从刀具库中选取刀具。

在【2D 刀具路径-钻孔/全圆铣削】对话框中选取【刀具】，单击【从刀库中选择】按钮，在弹出的【选择刀具】对话框中选择φ30 钻头，单击【确定】按钮 ✓。在【2D 刀具路径-钻孔/全圆铣削】对话框刀具参数栏中设置如图 3.144 所示的参数值。

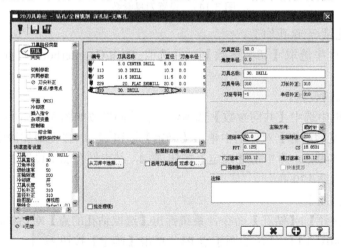

图 3.144 设置刀具参数

(3) 定义深孔钻-无啄孔加工。

在参数列表框中选取【切削参数】，并选取 Drill/Counterbore 深孔钻-无啄孔加工方式。

(4) 共同参数的设置。

在参数列表框中选中【共同参数】，设置共同参数如图 3.145 所示。单击【计算】 按钮，在【深度的计算】对话框中单击【确定】按钮 ，接受增加深度-9.012909，最后总钻深为-42.012909。再单击【确定】按钮 ，结束钻孔加工设置。

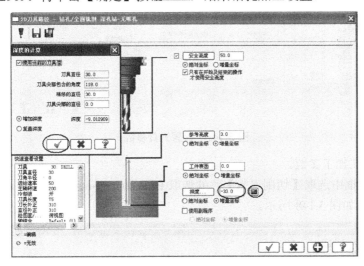

图 3.145　设置钻孔加工参数

8)　选取图素铰ϕ12H7 的孔

(1)　选取钻孔图素。

执行【刀具路径】|【钻孔】命令，系统弹出【选取钻孔的点】对话框，单击【选取图素】按钮，选取如图 3.146 所示的圆于点 P1、点 P2，单击【确定】按钮 。

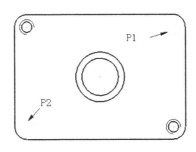

图 3.146　选取圆

(2)　从刀具库中选取刀具。

在【2D 刀具路径-钻孔/全圆铣削】对话框中选取【刀具】，单击【从刀库中选择】按钮，在弹出的【选择刀具】对话框中选择ϕ12【铰刀】，单击【确定】按钮 。在【2D刀具路径-钻孔/全圆铣削】对话框刀具参数栏中设置如图 3.147 所示的参数值。

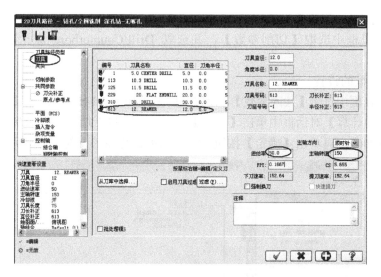

图 3.147　设置刀具参数

(3) 定义铰孔加工参数。

在参数列表框中选取【切削参数】，并选取 Bore#1(feed-out)加工方式，并设置【暂留时间】为 0.2 s，如图 3.148 所示。

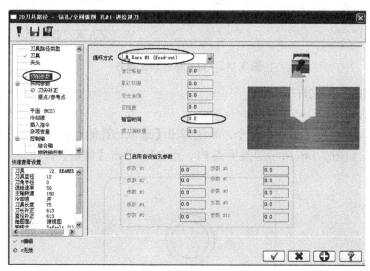

图 3.148　设置加工类型

(4) 共同参数的设置。

在参数列表框中选中【共同参数】，设置共同参数如图 3.149 所示。再单击【确定】按钮 ，结束铰孔加工设置。

9)　选取图素攻 M12 螺纹孔

(1)　选取钻孔图素。

执行【刀具路径】|【钻孔】命令，系统弹出【选取钻孔的点】对话框，单击【选取图素】按钮，选取如图 3.150 所示的圆于点 P1、点 P2，单击【确定】按钮 。

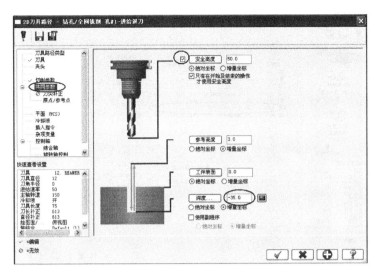

图 3.149　设置铰孔加工参数

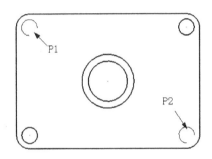

图 3.150　选取圆

(2)　从刀具库中选取刀具。

在【2D 刀具路径-钻孔/全圆铣削】对话框中选取【刀具】，单击【从刀具库中选择】按钮，在弹出如图 3.151 所示的【选择刀具】对话框中取消【启用刀具选项】，再选取φ12【右牙刀】，单击【确定】按钮 ✓ 。在【2D 刀具路径-钻孔/全圆铣削】对话框刀具参数栏中设置如图 3.152 所示的参数值。

图 3.151　选取刀具

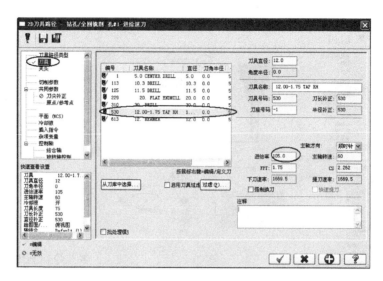

图 3.152　设置刀具参数

(3) 定义攻丝加工方式。

在参数列表框中选取【切削参数】，并选取【攻牙(G84)】加工方式，如图 3.153 所示。

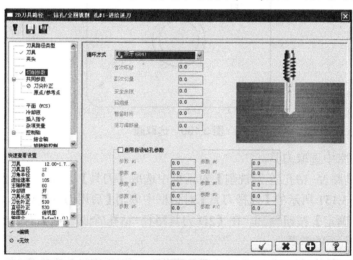

图 3.153　设置攻丝加工方式

(4) 共同参数的设置。

在参数列表框中选中【共同参数】选项，设置共同参数如图 3.154 所示。再单击【确定】按钮 ✔️，结束攻丝加工设置。

10)　铣削 ϕ39.8 的内孔

(1)　执行【刀具路径】|【外形铣削】命令。

(2)　选取外形铣削图素。

系统弹出【串连选项】对话框，提示选取外形串连，串连选择如图 3.155 所示的图素于点 P1，箭头朝上，串连方向为逆时针，单击【串连选项】对话框中的【确定】按钮 ✔️，结束串连外形选择。

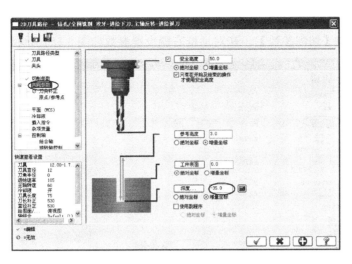

图 3.154   设置攻丝加工参数

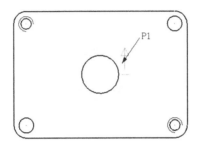

图 3.155   选取串连图素

(3) 选取刀具并设置刀具参数。

系统弹出【2D 刀具路径-外形铣削】对话框，在选项框中选取【刀具】，单击【从刀库中选择】按钮，在弹出的【选择刀具】对话框中选择φ20 平铣刀，单击【确定】按钮。在【2D 刀具路径-外形铣削】对话框刀具参数栏中设置如图 3.156 所示的参数值。

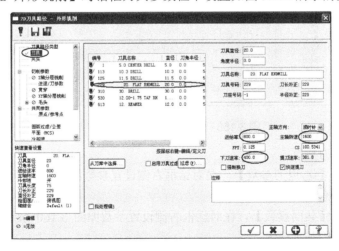

图 3.156   设置刀具参数

(4) 设置切削参数。

在选项框选中【切削参数】，在对话框右侧设置参数如图 3.157 所示。

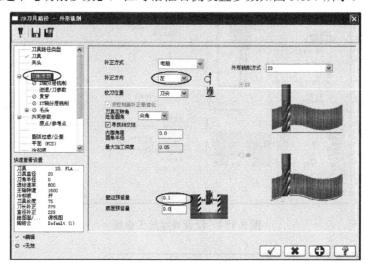

图 3.157　设置切削参数

(5) 定义 Z 轴分层铣。

在选项框选中【Z 轴分层铣削】选项，在对话框右侧设置参数如图 3.158 所示。

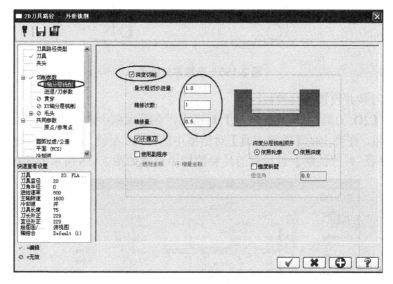

图 3.158　设置 Z 轴分层铣削参数

(6) 设置进/退刀参数。

在选项框选中【进/退刀参数】，在对话框右侧设置参数如图 3.159 所示。

(7) 定义共同参数。

在选项框选中【共同参数】，在对话框右侧设置参数如图 3.160 所示。单击【确定】按钮 ，结束外形加工设置。

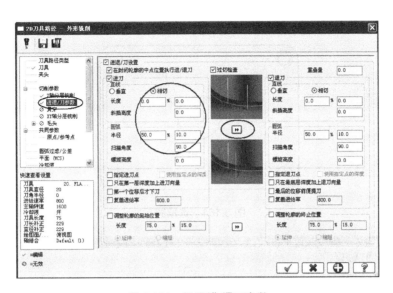

图 3.159 设置进/退刀参数

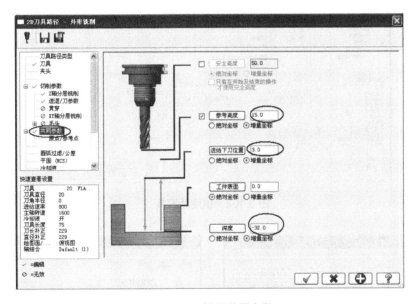

图 3.160 设置共同参数

11) 镗ϕ40 孔

(1) 选取镗孔图素。

执行【刀具路径】|【钻孔】命令，系统弹出【选取钻孔的点】对话框，单击【选取图素】按钮，选取如图 3.161 所示的圆于点 P1，单击【确定】按钮 ✓。

(2) 创建新建刀具。

如图 3.162 所示在【2D 刀具路径-钻孔/全圆铣削】对话框空白处右击，在弹出的快捷菜单中选择【创建新刀具】，系统弹出【定义刀具】对话框如图 3.163 所示，选取【镗刀】后，系统切换到【镗刀】选项卡如图 3.164 所示，设置刀具直径为 40，单击【确定】按钮 ✓，再单击【修改刀具设置】对话框中的【确定】按钮 ✓，返回到刀具参数设置栏。在【2D

刀具路径-钻孔/全圆铣削】对话框刀具参数栏中设置如图 3.162 所示的参数值。

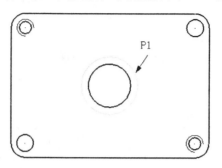

图 3.161　选取圆

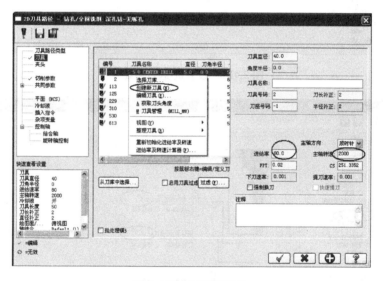

图 3.162　创建新刀具

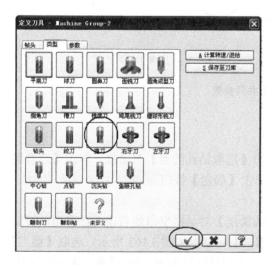

图 3.163　定义刀具

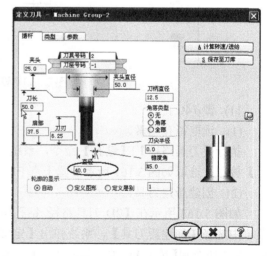

图 3.164　定义刀具直径

(3) 定义镗孔加工参数。

在参数列表框中选取【切削参数】，在【循环】下拉列表框中选择 Fine bore (shift)选项，设置【暂留时间】为 0.2s，【提刀偏移量】为 1.0(见图 3.165)。

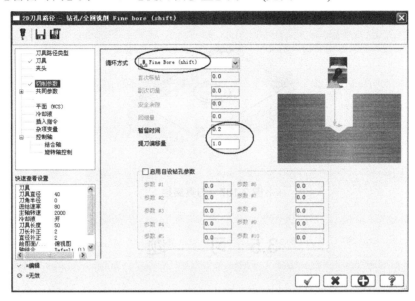

图 3.165　设置镗孔加工方式

(4) 共同参数的设置。

在参数列表框中选中【共同参数】，设置共同参数如图 3.166 所示。再单击【确定】按钮 ✓，结束镗孔加工设置。

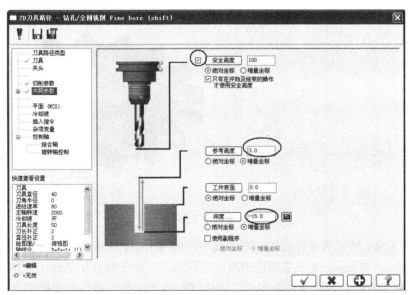

图 3.166　设置镗孔加工参数

12) 采用等角视图观察刀具路径

单击顶部工具栏中的【等角视图】按钮 ⊕，再单击【所有的操作】按钮，生成的路径如图 3.167 所示。

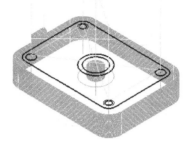

图 3.167　刀具路径

3.5　习　　题

1. 如图 3.168 所示为零件加工图形, 基中, 图 3.168(a)所示为链轮齿槽轮廓图形, 已知链轮齿宽为 19 mm, 要求外形铣削刀具路径进行加工, 实体验证结果如图 3.168(b)所示。

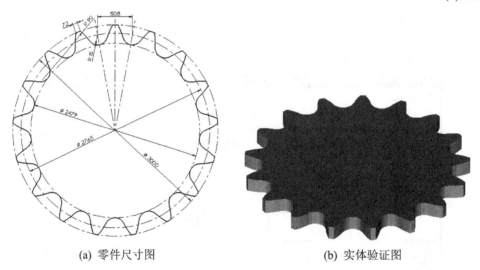

(a) 零件尺寸图　　　　　　　　　　(b) 实体验证图

图 3.168　零件加工图形(习题 1)

2. 如图 3.169 所示为零件加工图形, 其中, 图 3.169(a)所示为零件图形, 毛坯材料为 100 mm× 80 mm×20 mm, 要求采用挖槽模组进行加工, 实体验证结果如图 3.169(b)所示。

3. 如图 3.170 所示为零件加工图形, 其中, 图 3.170(a)所示的件的内槽需要加工, 要求采用适当的刀具路径进行加工, 实体验证结果如图 3.170(b)所示。

提示: 用合适直径的平铣刀进行挖槽加工, 再用 ϕ4 mm 的球刀进行外形铣削, 或采用牛鼻刀进行挖槽加工。

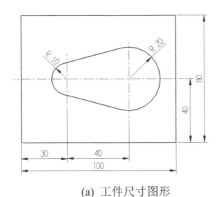

(a) 工件尺寸图形　　　　　　　　　　　(b) 挖槽加工刀具路径

图 3.169　零件加工图形(习题 2)

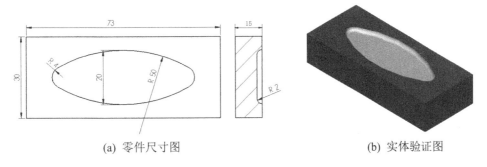

(a) 零件尺寸图　　　　　　　　　　　(b) 实体验证图

图 3.170　零件加工图形(习题 3)

4. 如图 3.171 所示为文字图形,其中,图 3.171(a)所示的文字图形需要加工,毛坯材料为 150 m×60 mm×20 mm,其中文字高为 40 mm,字体为华文彩云(文字经过处理后再进行镜像操作)。要求采用挖槽刀具路径加工深度为 0.7 mm 的文字,实体验证结果如图 3.171(b)和图 3.171(c)所示。

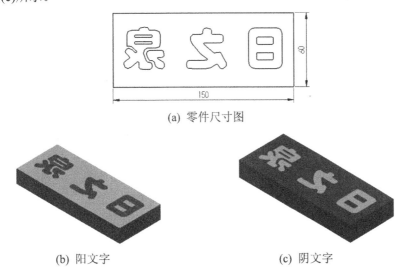

(a) 零件尺寸图

(b) 阳文字　　　　　　　　　　　(c) 阴文字

图 3.171　文字图形(习题 4)

5. 如图 3.172 所示为零件加工图形，其中，图 3.172(a)所示的工件图形需要加工上端平面和凹槽，要求采用适当的刀具路径进行加工，实体验证结果如图 3.172(b)所示。

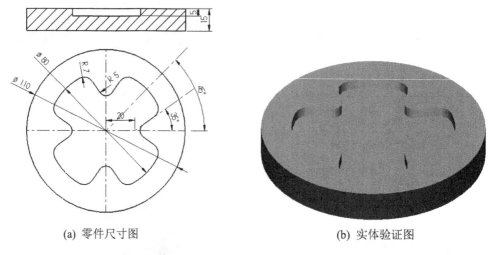

(a) 零件尺寸图　　　　　　　　　　　(b) 实体验证图

图 3.172　零件加工图形(习题 5)

6. 如图 3.173 所示为零件加工图形，其中，图 3.173(a)所示的工件图形需要加工。要求采用适当的刀具路径进行加工，实体验证结果如图 3.173(b)所示。

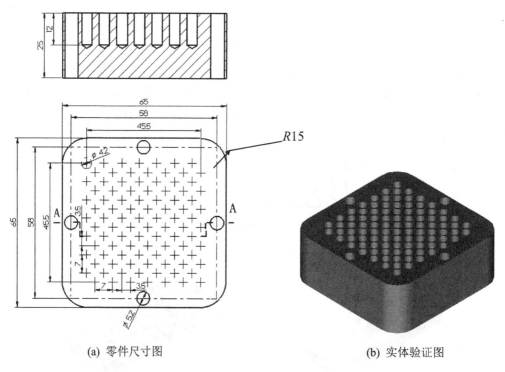

(a) 零件尺寸图　　　　　　　　　　　(b) 实体验证图

图 3.173　零件加工图形(习题 6)

7. 如图 3.174 所示为零件加工图形，其中，图 3.174 (a)所示的工件图形需要加工。要求采用适当的刀具路径进行加工，实体验证结果如图 3.174 (b)所示。

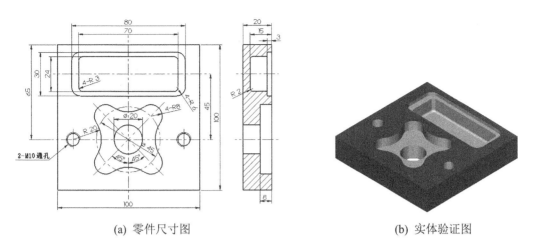

(a) 零件尺寸图   (b) 实体验证图

图 3.174 零件加工图形(习题 7)

第4章 三维线型框架及曲面的绘制

Mastercam 不仅具有强大的二维绘图功能，还具备同样强大的三维绘图功能，利用其三维绘图功能可以绘制各种三维的曲线、曲面及实体等，同时还提供了三维对象的编辑命令。本章将开始介绍绘制及编辑三维对象。Mastercam 中三维模型可以分为线框模型、曲面模型以及实体模型，这 3 种模型从不同角度来描述一个物体。它们各有侧重，各具特色，用户可以根据不同的需要进行选择，如图 4.1 所示。

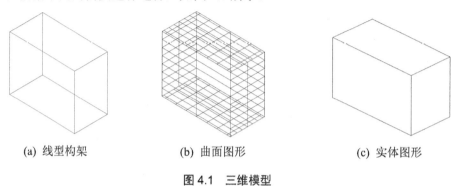

(a) 线型构架   (b) 曲面图形   (c) 实体图形

图 4.1 三维模型

4.1 三维线型框架的绘制

线型框架用来描述三维对象的轮廓，主要由点、线、曲线等组成，不具有面和体的特征，不能进行消隐、渲染，也不能直接用于产生三维曲面刀具路径等操作，但三维曲面和实体的生成必须要在三维线型框架的基础上才能生成，所以下面就介绍三维线型框架的绘制。

4.1.1 三维线型框架构图的基本概念

1. 视角的设定

通过设置不同的视角来观察所绘制的三维图形，随时查看绘图效果，以便及时进行修改和调整。在工具栏中有多个用于改变视角的按钮，下面将分别介绍。

- 【俯视视角】按钮 ⬡：单击此按钮，系统将当前视角设为俯视视角。
- 【前视视角】按钮 ⬡：单击此按钮，系统将当前视角设为前视视角。
- 【侧视视角】按钮 ⬡：单击此按钮，系统将当前视角设为侧视视角。
- 【等角视角】按钮 ⬡：单击此按钮，系统将当前视角设为等角视角。
- 【动态旋转】按钮 ⬡：单击此按钮，在绘图区选取一点后，通过移动光标可以动态地改变当前的视角。

● 　【前一视角】按钮：单击此按钮，系统将返回前一观察视角。

● 　【视角选择】按钮：单击此按钮，系统将弹出如图 4.2 所示的【视角选择】对
话框，用户可以通过选择视角名称的方式设定当前的视角。

以上是最常使用的视角选择方式，用户还可以通过选择如图 4.3 所示的状态栏中的【屏
幕视角】选项来设置所需的视角。

图 4.2　【视角选择】对话框

图 4.3　【屏幕视角】选项

2. 构图面的设定

在绘制几何图形之前，必须先指定构图平面，构图平面用于定义平面的方向，几何图
形要绘制在所定义的平面上。Mastercam 在工具栏中有多个用于改变构图面的按钮，如
图 4.4 所示。

图 4.4　【构图面】菜单

- 【俯视构图面】按钮 ：单击此按钮，系统将当前构图面设为俯视构图面。
- 【前视构图面】按钮 ：单击此按钮，系统将当前构图面设为前视构图面。
- 【侧视构图面】按钮 ：单击此按钮，系统将当前构图面设为侧视构图面。
- 【以实体面为构图面】按钮 ：单击此按钮，系统将用户选择的实体面作为当前的构图面。
- 【图素定面】按钮 ：单击此按钮，用户通过选取所需面(如 2 条线、3 个点)来定义当前构图面。
- 【视角选择】按钮 ：单击此按钮，系统将弹出如图 4.5 所示的【视角选择】对话框，用户可以通过选择视角名称的方式设定当前构图面。
- 【构图面与视图相同选择】按钮 ：单击此按钮，系统将当前视角设置为当前构图面。

以上是最常使用的构图面选择方式，用户还可以通过选择如图 4.6 所示状态栏中的【构图面】选项来设置所需的构图面。

图 4.5　【视角选择】对话框　　　　　图 4.6　【构图面】选项

- 【旋转平面】按钮 ：单击此按钮，可以将构图面绕 X、Y、Z 轴旋转一定的角度来定义当前的构图面。
- 【设置为前一平面】按钮 ：单击此按钮，系统将上一个构图面设置为当前构图面。
  - ◆ 【车床半径】：选择此功能，系统以半径方式定义车床构图面。
  - ◆ 【车床直径】：选择此功能，系统以直径方式定义车床构图面。
- 【依法向设置平面】按钮 ：单击此按钮，通过选取一条直线来定义构图面，构图面法线方向与选取的直线平行。
- 【设置平面等于 WCS】按钮 ：单击此按钮，系统将当前世界坐标系设置为当前的构图面。

● 【设置平面始终等于 WCS】按钮 ：单击此按钮，将使当前构图面始终与世界坐标系相一致。

3. Z(深度)的设定

在设置完构图面后，需进行 Z 深度的设置，同一个构图面，由于构图面 Z 深度的不同，所绘制的几何图形所处的空间位置也不相同。如图 4.7 所示的状态栏中有 Z 的数值显示，为 0.0，它所表达的含义为当前所绘制的几何图素距当前基准构图面的垂直距离为 0。这时的 Z 并不代表 Z 坐标，而是当前绘制的图素与当前基准面的垂直距离的概念。

图 4.7   设置构图面 Z

图 4.8 所示的视角为等角视图，构图面为前视构图面，在图上画有两个圆，它们都在同一个构图面上，但前面(右)的圆所在的构图面深度 Z 为 5，后面(左)的圆所在的构图面深度 Z 为-5。

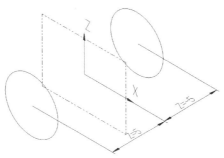

图 4.8   前视构图面上 Z 的设定

图 4.9 所示的视角为等角视图，构图面为侧视构图面，在图上画有两个圆，它们都在同一个构图面上，但右边的圆所在的构图面深度 Z 为 5，左边的圆所在的构图面深度 Z 为-5。

图 4.10 所示的视角为等角视图，构图面为俯视构图面，在图上画有两个圆，它们都在同一个构图面上，但上面的圆所在的构图面深度 Z 为 5，下面的圆所在的构图面深度 Z 为-5。

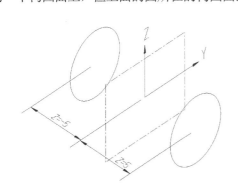

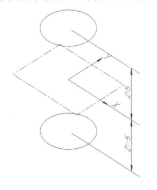

图 4.9   侧视构图面上 Z 的设定   图 4.10   俯视构图面上 Z 的设定

4.1.2 范例(六)

例 4.1 绘制如图 4.11 所示的图形。

操作步骤如下。

1) 在俯视构图面上绘制一个矩形，并将它生成立方体

(1) 单击顶部工具栏中的【俯视视角】按钮，单击顶部工具栏中的【俯视构图面】按钮，设定深度 Z 为 0。

(2) 单击顶部工具栏中的【矩形】按钮，系统弹出如图 4.12 所示的矩形工具条，在下拉列表框中输入矩形的长为 60，高为 50，单击【基准点】按钮，设置基准点为中心点，单击【原点】按钮，再单击【确定】按钮。

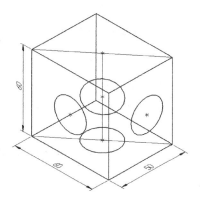

图 4.11 线型构架

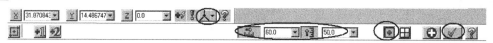

图 4.12 矩形工具条

(3) 在绘图区窗选绘制的矩形，单击顶部工具栏中的【平移】按钮，系统弹出如图 4.13 所示的【平移选项】对话框，选中【连接】单选按钮，输入 Z 方向的移动距离为 60，单击【确定】按钮，再单击顶部工具栏中的【等角视角】按钮，结果如图 4.14 所示。

图 4.13 【平移选项】对话框

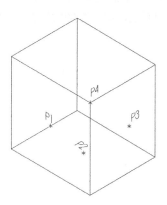

图 4.14 绘制长方体

2) 绘制位于前视构图面上的圆弧 C1

(1) 单击顶部工具栏中的【前视构图面】按钮 🎲，设定深度 Z 为 0。

(2) 单击顶部工具栏中的【圆弧】按钮 ⊙，系统弹出圆弧工具条，在下拉列表框中输入圆弧直径 25，在绘图区捕捉直线的中点坐标点 P1(见图 4.14)，单击【应用】按钮 ⊕。结果如图 4.15 所示。

3) 绘制位于俯视构图面上的圆弧 C2

单击顶部工具栏中的【俯视构图面】按钮 🎲，设定深度 Z 为 0。在圆弧工具条中输入圆弧直径 25，在绘图区捕捉原点坐标点 P2(见图 4.14)，单击【应用】按钮 ⊕。结果如图 4.15 所示。

4) 绘制位于侧视构图面上的圆弧 C3

单击顶部工具栏中的【侧视构图面】按钮 🎲，在状态栏中输入深度 Z 为 30，或者直接捕捉点 P4，如图 4.14 所示。在圆弧工具条中输入点 P3(见图 4.14)的坐标 (0，30)，圆弧直径为 25，单击【确定】按钮 ✔。结果如图 4.15 所示。

5) 绘制 3 条直线

(1) 单击顶部工具栏中的【直线】按钮 ✎，系统弹出直线工具条，在绘图区捕捉点 P1(见图 4.15)，再捕捉点 P2(见图 4.15)，绘制直线 L1，单击【应用】按钮 ⊕，结果如图 4.16 所示。

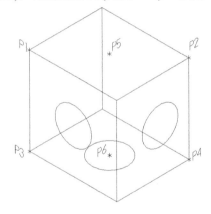 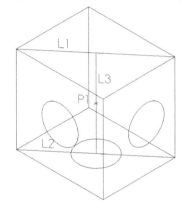

图 4.15 在不同的构图面上绘制圆弧   图 4.16 绘制空间直线

(2) 在绘图区捕捉点 P3(见图 4.15)，再捕捉点 P4(见图 4.15)，绘制直线 L2，单击【应用】按钮 ⊕，结果如图 4.16 所示。

(3) 在绘图区捕捉点 P5(见图 4.15)，再捕捉点 P6(见图 4.15)，绘制直线 L3，单击【确定】按钮 ✔，结果如图 4.16 所示。

6) 用图素定面绘制圆弧

(1) 单击工具栏中的【图素定面】按钮 🎲，选取直线 L1(见图 4.16)，再选取直线 L3，系统弹出如图 4.17 所示的【选择视角】对话框，单击【确定】按钮 ✔，系统继续弹出如图 4.18 所示的【新建视角】对话框，单击【确定】按钮 ✔。

图 4.17 【选择视角】对话框

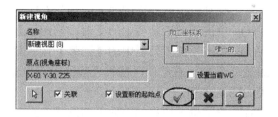

图 4.18 【新建视角】对话框

(2) 单击顶部工具栏中的【圆弧】按钮 ，系统弹出圆弧工具条，在工具条中输入圆弧直径为 25，在绘图区捕捉直线的中点坐标点 P1 (见图 4.16)，单击【确定】按钮 。结果如图 4.19 所示。

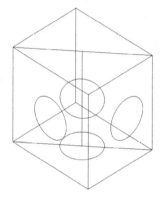

图 4.19 在一般构图面上绘制圆弧

4.1.3 习题

绘制如图 4.20 所示的图形(图形的左下角为图形的原点)，并填写表 4.1。

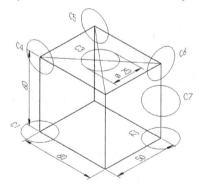

图 4.20 线型构架

表 4.1 绘制图 4.20 所示的图形所需的数据

圆 弧	视 角	构 图 面	深度 Z	圆心坐标
C1				
C2				
C3				
C4				
C5				
C6				
C7				

4.2 曲面的绘制

4.2.1 曲面的基本概念

曲面是工程对象中大量存在的一种几何型面，例如汽车的外形、模具的型腔、叶片的外形等都是曲面。在 Mastercam 中，曲面是一个非常重要的内容，是把线型框架进一步处理之后所得的结果。可以定义曲面的形状，还可以定义曲面的边界。曲面还可以直接用来产生加工刀具路径。曲面能提供比线架更多的资料，并且能够被编辑和渲染。调用曲面命令的方法如图 4.21 所示。

图 4.21 调用建立曲面子菜单

下面就各种曲面定义逐一进行介绍。

- 【直纹/举升】命令≣：直纹曲面是将两个或两个以上的截面外形以直线熔接方式生成的曲面；举升曲面是将两个或两个以上的截面外形用参数化的熔接方式形成一个平滑的曲面。
- 【旋转曲面】命令：将一个或多个几何图素绕着某一轴旋转而生成的曲面。
- 【曲面补正】命令：将选取的一个或多个曲面沿设置的距离和方向偏移生成新的曲面，偏移方向只能沿各曲面的法线方向。
- 【扫描曲面】命令：由截面外形沿着导引曲线平移而生成的曲面。
- 【昆氏曲面】命令：由横向和纵向曲线生成的许多个缀面组成的曲面。
- 【栅格曲面】命令：用线段、圆弧、曲线等在曲面上产生垂直于此曲面或与曲面成一定扭曲角度的曲面。
- 【牵引曲面】命令：将断面外形或基本曲线沿某一直线的长度和角度方向拉伸生成的曲面。
- 【拉伸曲面】命令：它是将封闭的截面外形沿某一线段拉伸挤出两端均封闭的曲面。
- 【倒圆角】子菜单中有 3 个命令，分别如下。
  - 【曲面/曲面】命令：使两个相交的曲面之间形成较平顺的圆角过渡。
  - 【曲线/曲面】命令：使曲面与曲线之间形成较平顺的圆角过渡。
  - 【曲面/平面】命令：使曲面与平面之间形成较平顺的圆角过渡。
- 【修整】子菜单中有 3 个命令，分别如下。
  - 【修整至曲面】命令：使曲面修整到指定的曲面。
  - 【修整至曲线】命令：使曲面修整到指定的曲线。
  - 【修整至平面】命令：使曲面修整到指定的平面。
- 【修整延伸曲面到边界】命令：将曲面修整延伸到指定的边界。
- 【曲面延伸】命令：将曲面沿指定的边缘延伸指定的长度或延伸到指定的平面。
- 【由实体产生】命令：可以从创建的实体中提取曲面的信息来生成曲面。
- 【平面修剪】命令：在指定的平面封闭曲线内产生一个曲面。
- 【填补内孔】命令：将曲面或实体中的内孔进行填补。
- 【恢复边界】命令：将修整过的曲面沿所选边界恢复。
- 【打断曲面】命令：将一曲面沿一个固定的参数分割为两个曲面。
- 【恢复修剪】命令：恢复已经修整过的曲面。
- 【2 曲面熔接】命令：可以生成一个位于两个曲面间的熔接曲面(所谓的熔接曲面是在两个或三个选取的曲面之间生成一个或多个平滑的曲面使之与这几个曲面相切连接)。
- 【3 曲面熔接】命令：生成多个位于三个曲面间的熔接曲面。
- 【3 圆角曲面】命令：由三个交叉的倒圆角曲面去构建一个或多个熔接曲面。

4.2.2　直纹/举升

直纹曲面与举升曲面都是在两个或两个以上的线段或曲线之间生成曲面,两者所不同的是,直纹曲面是在它们之间拉的是直线,而举升曲面在它们之间拉的是曲线。单击顶部工具栏【直纹/举升】按钮,当选取完构造曲面图素后,系统将弹出如图 4.22 所示的直纹/举升曲面工具条。

图 4.22　直纹/举升曲面工具条

在生成直纹曲面和举升曲面时应注意以下几点。

(1) 选取的每一个截面外形的起始点的位置要一致,否则会产生扭曲的曲面,如图 4.23 所示。

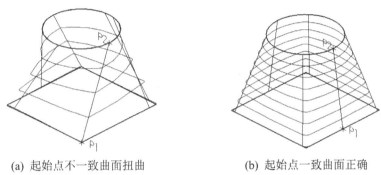

(a) 起始点不一致曲面扭曲　　　　　(b) 起始点一致曲面正确

图 4.23　选取的截面外形的起点位置要求一致

(2) 有时为了能使几个截面外形的起始点位置一致,需要将一个图素打断成两个图素。如图 4.24 所示,为了使矩形和圆弧的起始点一致,必须将矩形的右边中点打断。

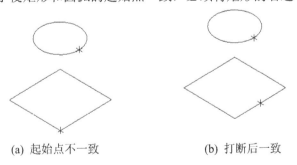

(a) 起始点不一致　　　　　　(b) 打断后一致

图 4.24　用打断的方法让起始点一致

(3) 所有的截面外形必须要有相同的串接方向,如果将某一个截面外形的串接方向逆转,将会得出错误的图形,如图 4.25 和图 4.26 所示。

(4) 所选取的外形必须依次选取,如果没有依次选取,可能会产生非预期的曲面形状,如图 4.27 和图 4.28 所示。

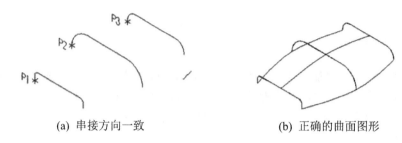

(a) 串接方向一致　　　　　　　　(b) 正确的曲面图形

图 4.25　截面外形串接方向一致曲面正确

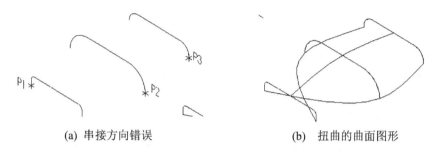

(a) 串接方向错误　　　　　　　　(b) 扭曲的曲面图形

图 4.26　截面外形串接方向不一致曲面扭曲

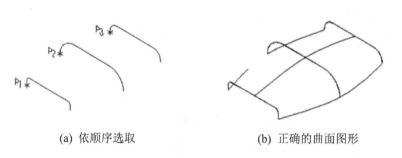

(a) 依顺序选取　　　　　　　　(b) 正确的曲面图形

图 4.27　依顺序正确选取截面外形曲面

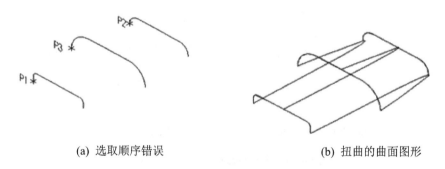

(a) 选取顺序错误　　　　　　　　(b) 扭曲的曲面图形

图 4.28　乱序选取截面外形曲面扭曲

(5) 当外形的数量很多时，可以采用俯视视角来选取外形。如果采用等角视图来选取外形，可能会使外形看起来混淆不清，如图 4.29 所示。

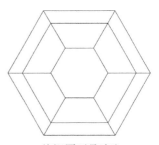

(a) 等角视图不易选取　　　　　　　　(b) 俯视图更易选取

图 4.29　采用俯视图选取截面外形更容易

4.2.3　范例(七)

例 4.2　绘制如图 4.30 所示的线型构架，并生成直纹曲面、举升曲面，其结果如图 4.31 所示。

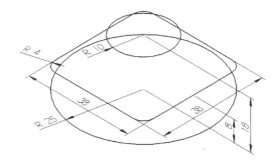

图 4.30　线型构架

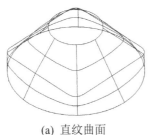
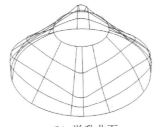

(a) 直纹曲面　　　　　　　　　　(b) 举升曲面

图 4.31　绘制曲面图形

操作步骤如下。

1)　在俯视构图面上绘制圆弧 C1、C2 和一个矩形

(1)　单击【等角视角】按钮，再单击【俯视构图面】按钮，设定深度 Z 为 0。

(2)　单击【圆弧】按钮，系统弹出圆弧工具条，在工具条中输入圆弧半径为 25，单击【原点】按钮，单击【应用】按钮，绘制圆弧 C1。

(3)　在如图 4.32 所示的圆弧工具条中输入圆心点 X 坐标为 0，Y 坐标为 0，Z 坐标为 18，输入圆弧半径为 10 来绘制圆弧 C2，再单击【确定】按钮。

图 4.32　设置圆弧工具条

(4) 单击【矩形】按钮 ▣，系统弹出如图 4.33 所示的矩形工具条，在工具条中输入基准点 X 坐标为 0，Y 坐标为 0，Z 坐标为 8，矩形的长为 38，高为 38，单击【基准点】按钮 ⊞，设置基准点为中心点，再单击【确定】按钮 ✓。结果如图 4.34 所示。

图 4.33　设置矩形工具条

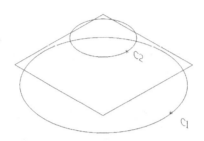

图 4.34　绘制圆和矩形

2) 矩形的四个角落上倒圆角

单击【串连倒圆角】按钮 ⌐，在绘图区选取矩形于点 P1，按 Enter 键确认，在串连倒圆角工具条中输入圆角半径 4，单击【确定】按钮 ✓。结果如图 4.35 所示。

3) 把矩形的右边打断

(1) 单击工具栏中【俯视视角】按钮 ⊕。

(2) 单击工具栏中【两点打断】按钮 ✳，选取矩形的右边于点 P1，捕捉直线的中点 P2 作为打断位置处，单击【确定】按钮 ✓，如图 4.36 所示。

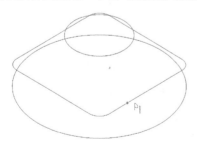

图 4.35　串连倒圆角

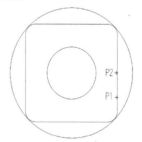

图 4.36　在中点处打断图素

4) 生成直纹曲面

(1) 单击状态栏中的【层别】按钮，系统弹出如图 4.37 所示的【层别管理】对话框，在【层别号码】文本框中输入 2，在【名称】文本框中输入"直纹曲面"，单击【确定】按钮 ✓。系统将黄颜色的 2 号层作为当前层。

图 4.37 【层别管理】对话框

(2) 单击顶部工具栏中的【直纹/举升】按钮 🗐，系统弹出如图 4.38 所示的【串连选项】对话框，单击【串连】按钮 ⬭，在绘图区选取大圆的右上方于点 P1，选取矩形的右上方于点 P2，选取圆的右上方于点 P3(见图 4.39)，单击【串连选项】对话框中的【确定】按钮 ✅。

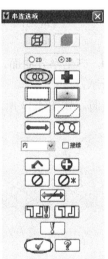

图 4.38 【串连选项】对话框

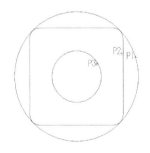

图 4.39 选取截面外形

(3) 单击如图 4.40 所示的直纹/举升曲面工具条中的【直纹曲面】按钮 🔲，产生直纹曲面，单击【应用】按钮 ➕，再单击【等角视角】按钮 ⬨，结果如图 4.31(a)所示。

图 4.40 直纹/举升曲面工具条

5) 生成举升曲面

(1) 单击状态栏中的【层别】按钮，系统弹出如图 4.41 所示的【层别管理】对话框，在【层别号码】文本框中输入 3，在【名称】文本框中输入"举升曲面"，系统将黄颜色的 3 号层作为当前层，然后在 2 层【突显】处单击，让 2 层不可见(即"X"消失)。单击【确定】按钮。

图 4.41　【层别管理】对话框

(2) 在系统弹出的【串连选项】对话框中单击【串连】按钮，在绘图区选取大圆的右上方于点 P1，选取矩形的右上方于点 P2，选取圆的右上方于点 P3(见图 4.39)，单击【串连选项】对话框中的【确定】按钮。

(3) 单击【直纹/举升】工具条中的【举升曲面】按钮，产生举升曲面，单击【确定】按钮，再单击【等角视角】按钮，结果如图 4.31(b)所示。

例 4.3　绘制如图 4.42 所示的线型构架，并生成直纹曲面，如图 4.43 所示。

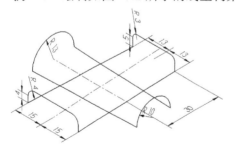

图 4.42　线型构架

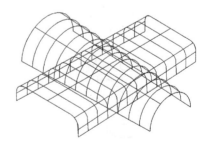

图 4.43　直纹曲面图

注：在作图之前先认定图形的中心(即两中心线的交点)所在的坐标为原点(0,0)。

1) 在前视构图面上绘制两个矩形

(1) 单击【等角视角】按钮，再单击【前视构图面】按钮，在状态栏中输入深度 Z 为 30。

(2) 执行【绘图】|【矩形形状设置】命令，系统弹出如图 4.44 所示的【矩形选项】对话框，设置矩形的长为 30，高为 8，选择定位点的位置为"下边的中点"，在坐标栏中设

置定位点 X 坐标为 0，Y 坐标为 0，Z 坐标为 30，在绘图区单击，再单击【确定】按钮 ✅。

(3) 在状态栏中输入深度 Z 为-30。

(4) 单击工具栏中的【矩形形状设置】按钮 ，弹出【矩形选项】对话框，设置矩形的长为 26，高为 8，选择定位点的位置为"下边的中点"，在坐标栏中设置定位点 X 坐标为 0，Y 坐标为 0，Z 坐标为-30，在绘图区单击，然后单击【确定】按钮 ✅。结果如图 4.45 所示。

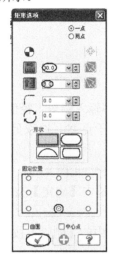

图 4.44 【矩形选项】对话框

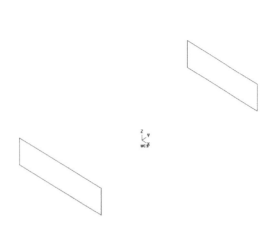

图 4.45 绘制两个矩形

2) 在侧视构图面上绘制两圆弧

(1) 单击顶部工具栏中的【侧视构图面】按钮 ，在状态栏中输入深度 Z 为 30。

(2) 单击顶部工具栏中的【极坐标圆弧】按钮 ，在圆弧极坐标工具条中设置定位点 X 坐标为 0，Y 坐标为 0，Z 坐标为 30，输入圆弧半径 10，输入起始角度 0°，输入终止角度 180°，单击【应用】按钮 ，如图 4.46 所示。

图 4.46 极坐标圆弧工具条

(3) 在状态栏中输入深度 Z 为-30。

(4) 单击顶部工具栏中的【极坐标圆弧】按钮 ，在圆弧极坐标工具条中设置定位点 X 坐标为 0，Y 坐标为 0，Z 坐标为-30，输入圆弧半径 13，输入起始角度为 0°，输入终止角度为 180°，单击【确定】按钮 ✅。结果如图 4.47 所示。

3) 绘制四条直线，并对矩形倒圆角

(1) 单击顶部工具栏中的【直线】按钮 ，系统弹出直线工具条，在如图 4.48 所示的绘图区捕捉点 P1，捕捉点 P2，单击【应用】按钮 。

(2) 在绘图区捕捉点 P3，捕捉点 P4，单击【应用】按钮 。

(3) 在绘图区捕捉点 P5，捕捉点 P6，单击【应用】按钮 。

(4) 在绘图区捕捉点 P7，捕捉点 P8，单击【确定】按钮 ✅。

结果如图 4.48 所示。

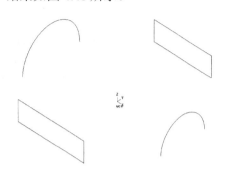

图 4.47　绘制两个圆弧　　　　　　　　　图 4.48　绘制直线

(5)　单击工具栏中的【倒圆角】按钮 ，在倒圆角工具条中输入圆角半径值为 4，选取图素于点 P1(见图 4.49)，选取另一个图素于点 P2；再选取图素于点 P3，选取另一个图素于点 P4。单击【应用】按钮 。

(6)　在倒圆角工具条中输入圆角半径值为 3，选取图素于点 P5 (见图 4.49)，选取另一个图素于点 P6；再选取图素于点 P7，选取另一个图素于点 P8。单击【确定】按钮 。

4)　删除两直线

在绘图区选取要删除的直线 L1、L2(见图 4.49)，单击工具栏中的【删除】按钮 ，结果如图 4.42 所示。

5)　生成直纹曲面

(1)　单击状态栏中的【层别】按钮，系统弹出【层别管理】对话框，在【层别号码】文本框中输入 2，在【名称】文本框中输入"直纹曲面"，单击【确定】按钮 。系统将黄颜色的 2 号层作为当前层。

(2)　单击顶部工具栏中的【直纹/举升】按钮 ，系统弹出【串连选项】对话框，单击【单体】按钮 ，在绘图区选取圆弧 C1 于点 P1(见图 4.50)，选取圆弧 C2 于点 P2，单击【串连选项】对话框中的【确定】按钮 ，再单击【直纹/举升】工具条中的【直纹曲面】按钮 ，产生直纹曲面，单击【应用】按钮 。

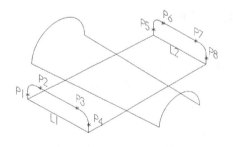　　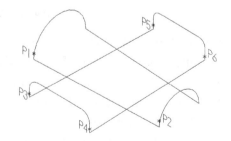

图 4.49　倒圆角操作　　　　　　　　　图 4.50　选取图素

(3)　系统弹出【串连选项】对话框，单击【部分串连】按钮 ，在绘图区选取直线的下端部分于点 P3，使箭头【朝上】(如果箭头朝下，选择【换向】按钮 ，将它反向)，选择最后图素于点 P4；选取直线的下端部分于点 P5，使箭头【朝上】，选取最后图素于点

P6，单击【串连选项】对话框中的【确定】按钮 ✓，单击【直纹/举升】工具条中的【确定】按钮 ✓。结果如图 4.43 所示。

例 4.4　绘制如图 4.51 所示的线型构架，并生成如图 4.52 所示的直纹曲面。

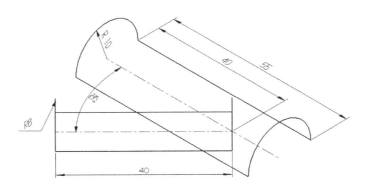

图 4.51　线型构架

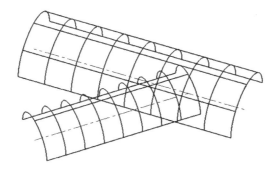

图 4.52　直纹曲面

操作步骤如下。

1)　在俯视构图面上绘制两个矩形

(1)　单击顶部工具栏中的【俯视视角】按钮 ，单击顶部工具栏中的【俯视构图面】按钮 ，设定深度 Z 为 0。

(2)　单击工具栏中的【矩形形状设置】按钮 ，系统弹出【矩形选项】对话框，设置矩形的长为 55，高为 20，选择定位点的位置为"左边线中点"，在坐标栏中设置定位点 X 坐标为 0，Y 坐标为 0，Z 坐标为 0，单击【应用】按钮 。

(3)　在坐标栏中设置定位点 X 坐标为 40，Y 坐标为 0，Z 坐标为 0，在【矩形选项】对话框中的设置如图 4.53 所示，矩形的长为 40，高为 16，旋转角度为 45°，选择定位点的位置为"右边线中点"，单击【确定】按钮 ✓。结果如图 4.54 所示。

2)　在侧视构图面上绘制两个圆弧

(1)　单击【等角视角】按钮 ，单击【侧视构图面】按钮 。

(2)　单击顶部工具栏中的【两点画弧】按钮 ，捕捉第一端点于 P1(见图 4.55)，捕捉第二端点于 P2，在两点画弧工具条中输入半径值为 10，在绘图区选择上半部分圆弧作为保留部分，单击【应用】按钮 。

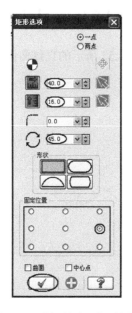

图 4.53 【矩形选项】对话框

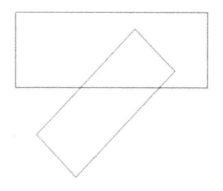

图 4.54 绘制两个矩形

(3) 捕捉第一端点于 P3(见图 4.55),捕捉第二端点于 P4,再在【两点画弧】工具条中输入半径值为 10,在绘图区选择上半部分圆弧作为保留部分,单击【确定】按钮 ✓。结果如图 4.55所示。

3) 在法线构图面上绘制两个圆弧

(1) 在状态栏中单击【构图面】按钮,单击【法向定面】按钮 ,选取直线 L1 作为标准线(见图 4.56),按 Enter 键确认;在【选择视角】对话框中单击【确定】按钮 ✓,在【新建视角】对话框中单击【确定】按钮 ✓。

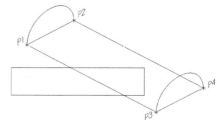

图 4.55 绘制两个圆弧

(2) 单击【两点画弧】按钮 ,捕捉第一端点于 P1(见图 4.56),捕捉第二端点于 P2,在【两点画弧】工具条中输入半径值为 8,并在绘图区选择上半部分圆弧作为保留部分,单击【应用】按钮 。

(3) 捕捉第一端点于 P3(见图 4.56),捕捉第二端点于 P4,在【两点画弧】工具条中输入半径值为 8,并在绘图区选择上半部分圆弧作为保留部分,单击【确定】按钮 ✓。结果如图 4.56 所示。

4) 删除多余的直线

(1) 单击【动态旋转视角】按钮 ,在绘图区拾取一点 P1(见图 4.57),按住鼠标左键向左拖动,再次单击【确认】按钮 ✓,结果如图 4.57 所示。

(2) 在绘图区选取要删除的直线 L1、L2、L3 和 L4(见图 4.57),单击工具栏中的【删除】按钮 ✓。结果如图 4.51 所示。

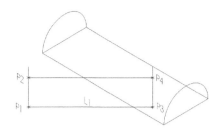

图 4.56　在法线构面上绘制两个圆弧

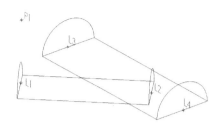

图 4.57　删除多余的线

5)　生成直纹曲面

(1)　单击状态栏中的【层别】按钮，系统弹出【层别管理】对话框，在【层别号码】文本框中输入 2，在【名称】文本框中输入"直纹曲面"，单击【确定】按钮✔。系统将黄颜色的 2 号层作为当前层。

(2)　单击顶部工具栏中的【直纹/举升】按钮⧆，系统弹出【串连选项】对话框，单击【单体】按钮⧸，在绘图区选取圆弧 C1 于点 P1(见图 4.58)，选取圆弧 C2 于点 P2，单击【串连选项】对话框中的【确定】按钮✔，再单击【直纹/举升】工具条中的【直纹曲面】按钮⧆，产生直纹曲面，单击【应用】按钮➕。

(3)　在绘图区选取圆弧 C3 于点 P3(见图 4.58)，选取圆弧 C4 于点 P4，单击【串连选项】对话框中的【确定】按钮✔，再次单击【直纹曲面】工具条中的【确定】按钮✔。结果如图 4.52 所示。

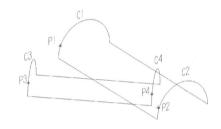

图 4.58　选取图素

4.2.4　旋转曲面

旋转曲面是将一个或多个几何图素绕着某一轴旋转而生成的曲面。单击顶部工具栏【旋转曲面】按钮⧀，当选取完构造曲面图素后，系统弹出如图 4.59 所示的【旋转曲面】工具条。

图 4.59　【旋转曲面】工具条

在绘制旋转曲面过程中，可以选取多个几何图素，所生成的曲面数量等于所选取的几何图素的数量。旋转的方向可以通过单击【切换】按钮⟷进行切换，也可由右手法则决定，即用右手的大拇指的方向表示旋转轴的指向，四个手指的弯曲方向就为旋转的角度方向。如图 4.60(a)所示，选取矩形为旋转图素，旋转轴选取直线下方于点 P1，这时旋转轴的指向为上，则大拇指朝上，四个手指的弯曲方向为曲面旋转方向，设置旋转的起始角为 0°，终止角为 90°，产生曲面结果如图 4.60(b)所示。如果选取旋转轴时，选取的是直线的上方于点 P2，则旋转轴的指向为下，大拇指朝下，四个手指的弯曲方向为曲面旋转方向，如图 4.61(a)所示；旋转角度不变，则产生曲面如图 4.61(b)所示。

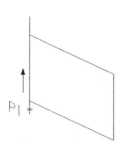

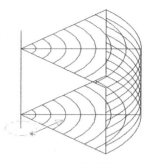

(a) 靠近直线的下端点选取　　(b) 旋转方向为逆时针方向

图 4.60　逆时针旋转

(a) 靠近直线的上端点选取　　(b) 旋转方向为顺时针方向

图 4.61　顺时针旋转

4.2.5　范例(八)

例 4.5　绘制如图 4.62 所示的图形，并生成如图 4.63 所示的旋转曲面。

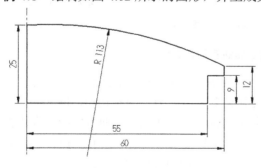

图 4.62　线型构架

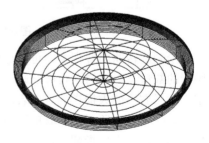

图 4.63　旋转曲面

操作步骤如下。

1)　在前视构图面上绘制一个矩形

(1)　单击【前视视角】按钮 ⬚，单击【前视构图面】按钮 ⬚。

(2) 单击【矩形形状设置】按钮 ⊡，系统弹出【矩形选项】对话框，设置矩形的长为 60，高为 25，选择定位点的位置为"左下角点"，在坐标栏中设置定位点 X 坐标为 0，Y 坐标为 0，Z 坐标为 0，在绘图区单击，单击【确定】按钮 ✓。结果如图 4.64 所示。

2) 绘制两条水平线、一条垂直线和圆弧

(1) 单击【直线】按钮 ✎，系统弹出【直线】工具条，单击工具条中的【水平线】按钮 ↦，在如图 4.64 所示的绘图区大概的位置上拾取点 P1，拾取点 P2，输入 Y 坐标为 9，单击【应用】按钮 ⊕。

(2) 在如图 4.64 所示的绘图区大概的位置上拾取点 P3，拾取点 P4，输入 Y 坐标为 12，单击【应用】按钮 ⊕。

(3) 单击工具条中的【垂直线】按钮 ↕，在如图 4.64 所示的绘图区大概的位置上拾取点 P5，拾取点 P6，输入 X 坐标为 55，单击【确定】按钮 ✓。

(4) 单击【两点画弧】按钮 ⊕，捕捉第一端点于 P1(见图 4.65)，捕捉第二端点于 P2，在【两点画弧】工具条中输入半径值为 113，在绘图区选择【从上往下数第二个圆弧】保留。选择上半部分圆弧作为保留部分，单击【确定】按钮 ✓。

图 4.64　绘制一个矩形

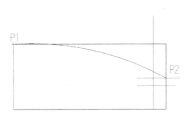

图 4.65　绘制线架

3) 修剪并删除多余的线段

(1) 单击【修剪】按钮 ✂，系统弹出【修剪】工具条，单击【修剪二个物体】按钮 ⊤，单击状态栏中 3D 按钮，将它变为 2D，选取要修整的图素于点 P1(见图 4.66)，并选取修整到的图素于点 P2。

(2) 选取要修整的图素于点 P3，选取修整到的图素于点 P4。

(3) 选取要修整的图素于点 P5，选取修整到的图素于点 P6。

(4) 选取要修整的图素于点 P7，选取修整到的图素于点 P8。

(5) 在绘图区选取要删除的直线 L1、L2，单击工具栏中的【删除】按钮 ✐。

结果如图 4.67 所示。

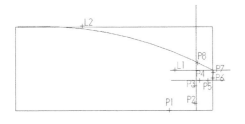

图 4.66　修整图素

图 4.67　选取图素

4) 绘制旋转曲面

(1) 单击状态栏中的【层别】按钮，系统弹出【层别管理】对话框，在【层别号码】

栏中输入 2，在【名称】文本框中输入"旋转曲面"，单击【确定】按钮 ✔。系统将黄颜色的 2 号层作为当前层。

(2) 单击【旋转曲面】按钮 🔃，系统弹出【串连选项】对话框，单击【串连】按钮 ⚙，在绘图区选取封闭框于点 P1(见图 4.67)；单击【串连选项】对话框中的【确定】按钮 ✔，选取直线 L1 作为旋转轴。在旋转曲面工具条中设置起始角度 0°，终止角度 360°，单击【确定】按钮 ✔。结果如图 4.63 所示。

4.2.6 扫描曲面

扫描曲面是由截面外形沿着引导曲线平移而生成的曲面。

单击顶部工具栏中的【扫描曲面】按钮 ⬦，当选取完构造曲面图素后，系统弹出如图 4.68 所示的扫描曲面工具条。

图 4.68 扫描曲面工具条

Mastercam 中提供了 3 种形式的扫描曲面，分别如下。

- 一个截断方向外形，一个切削方向外形：将截断方向外形沿切削方向外形平移或旋转如图 4.69(a)所示。用于生成需保持截断方向外形不变的曲面。
- 一个截断方向外形，两个切削方向外形：截断方向外形随着两个切削方向外形做放大或缩小，如图 4.69(b)所示。用于生成截断方向外形是需要随着两个切削方向外形缩放形状的曲面。
- 两个或多个截断方向外形，一个切削方向外形：在两个或多个截断方向外形之间，沿着一个切削方向外形做线性熔接，如图 4.69(c)所示。用于生成截断方向外形是以线性方式沿着一个导引切削方向外形缩放的曲面。

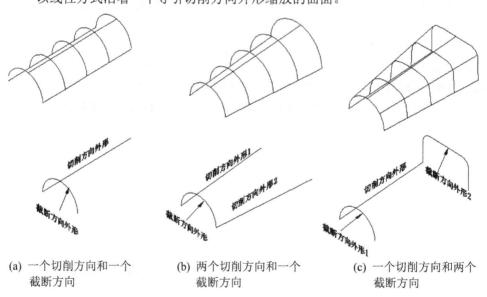

(a) 一个切削方向和一个 截断方向	(b) 两个切削方向和一个 截断方向	(c) 一个切削方向和两个 截断方向

图 4.69 三种形式的扫描曲面

4.2.7　范例(九)

例 4.6　绘制如图 4.70 所示的线型框架，并扫描曲面生成如图 4.71 所示的图形。

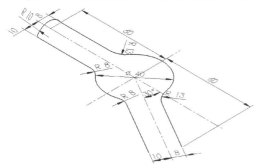

图 4.70　线型构架

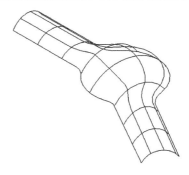

图 4.71　扫描曲面

操作步骤如下。

1)　在俯视构图面绘制 1 个圆和 8 条直线

(1)　单击顶部工具栏中的【俯视视角】按钮，单击顶部工具栏中的【俯视构图面】按钮，设定深度 Z 为 0。

(2)　单击【圆弧】按钮，系统弹出【圆弧】工具条，在工具条中输入圆弧直径为 40，单击【原点】按钮，单击【确定】按钮。

(3)　单击【直线】按钮，系统弹出【直线】工具条，单击工具条中的【水平线】按钮，在如图 4.72 所示绘图区大概的位置上拾取点 P1，拾取点 P2，输入 Y 坐标为 0，单击【应用】按钮，绘制直线 L1。

(4)　在绘图区大概的位置上拾取点 P3，拾取点 P4，输入 Y 坐标为 8，单击【应用】按钮，绘制直线 L2。

(5)　在绘图区大概的位置上拾取点 P5，拾取点 P6，输入 Y 坐标为 8，单击【应用】按钮，绘制直线 L3。

(6)　在绘图区大概的位置上拾取点 P7，拾取点 P8，输入 Y 坐标为-10，单击【应用】按钮，绘制直线 L4。

(7)　在绘图区大概的位置上拾取点 P9，拾取点 P10，输入 Y 坐标为-10，单击【应用】按钮，绘制直线 L5。

(8)　单击工具条中的【垂直线】按钮，在绘图区大概的位置上拾取点 P11，拾取点 P12，输入 X 坐标为 0，单击【确定】按钮，绘制直线 L6。

(9)　在绘图区大概的位置上拾取点 P13，拾取点 P14，输入 X 坐标为-60，单击【应用】按钮，绘制直线 L7。

(10)　在绘图区大概的位置上拾取点 P15，拾取点 P16，输入 X 坐标为 60，单击【确定】按钮，绘制直线 L8。

结果如图 4.72 所示。

2)　旋转 3 条水平线并绘制 1 条法线

(1)　单击工具栏中【旋转】按钮，选取直线 L1、L3、L4(见图 4.72)作为旋转的图素，按 Enter 键确认，系统弹出如图 4.73 所示的【旋转】对话框，选择处理方式为【移动】，次数为 1 次，设置旋转角度为-30°，单击【设定旋转中心】按钮⊕，捕捉圆心点，单击【确定】按钮✓。

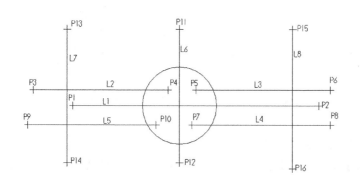

图 4.72　绘制线架

图 4.73　【旋转选项】对话框

(2) 执行【绘图】|【任一直线】|【绘制垂直正交线】命令，在绘图选择直线 L1(见图 4.74)作相垂直的直线，捕捉直线 L9 与直线 L1 的交点为起始点，在【法线】工具条中输入线段长度为 30，选择法线的【下半部分】作为保留的线段，单击【确定】按钮✓。结果如图 4.74 所示。

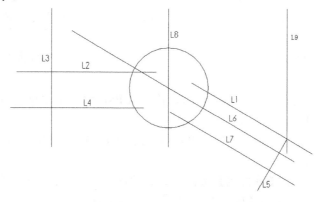

图 4.74　选取图素进行修整

3)　对多条直线进行修整

(1) 单击【修剪】按钮，系统弹出【修剪】工具条，单击【修剪单一物体】按钮，选取要修整直线 L2(见图 4.74)的【保留部分】，修整到直线 L3。

(2) 选取要修整直线 L4 的【保留部分】，修整到直线 L3。

(3) 选取要修整直线 L1 的【保留部分】，修整到直线 L5。

(4) 选取要修整直线 L6 的【保留部分】，修整到直线 L5。

(5) 选取要修整直线 L7 的【保留部分】，修整到直线 L5。

(6) 选取要修整直线 L6 的【保留部分】，修整到直线 L8。

修整后的结果如图 4.75 所示。

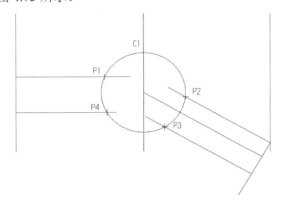

图 4.75　将圆打断为 4 段

4)　将圆打断为 4 个部分

(1) 单击工具栏中的【两点打断】按钮 ✳·，选取圆 C1(见图 4.75)，捕捉交点 P1 作为打断位置处。

(2) 选取圆 C1，捕捉交点 P2 作为打断位置处。

(3) 选取圆 C1，捕捉交点 P3 作为打断位置处。

(4) 选取圆 C1，捕捉交点 P4 作为打断位置处，单击【确定】按钮 ✓。

5)　绘制圆弧与直线之间倒圆角

(1) 单击工具栏中的【倒圆角】按钮 ，在【倒圆角】工具条中输入圆角半径值为 13，选取图素于点 P1(见图 4.76)，再选取另一个图素于点 P2；选取图素于点 P3，再选取另一个图素于点 P4。单击【应用】按钮 ⊕。

(2) 在【倒圆角】工具条中输入圆角半径值为 8，选取图素于点 P5(见图 4.76)，再选取另一个图素于点 P6；选取图素于点 P7，再选取另一个图素于 P8 点。单击【确定】按钮 ✓。

6)　删除几个不需要的直线和圆弧

在绘图区选取要删除的直线 L1、L2、L3、L4、L5 和圆弧 C1、C2(见图 4.76)，单击工具栏中的【删除】按钮 ✓ 进行删除。

7)　在侧视构图面上绘制截断方向外形圆弧

(1) 单击【等角视角】按钮 ，单击【侧视构图面】按钮 。

(2) 单击【两点画弧】按钮 ，捕捉第一端点于 P1(见图 4.77)，捕捉第二端点于 P2，在两点画弧工具条中输入半径值 10，在绘图区选择上半部分圆弧作为保留部分，单击【应用】按钮 ⊕。

8)　绘制扫描曲面

(1) 单击顶部工具栏【扫描曲面】按钮 ，系统弹出【串连选项】对话框，单击【单体】按钮 ，选取截断方向外形圆弧于点 P1(见图 4.78)，单击【串连选项】对话框中的

【确定】按钮 ✓。

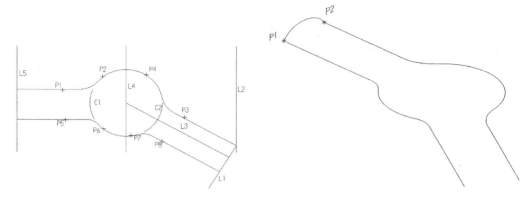

图 4.76　倒圆角　　　　　　　　　　　　图 4.77　绘制截断方向圆弧

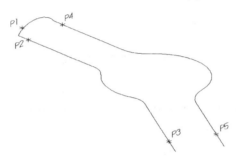

图 4.78　选取扫描图素

（2）系统弹出【串连选项】对话框，单击【部分串连】按钮 OO，定义切削方向外形 1，选取串连图素的起始部分于点 P2，选取串连图素的终止部分于点 P3；定义切削方向外形 2，选取串连图素的起始部分于点 P4，选取串连图素的终止部分于点 P5，单击【串连选项】对话框中的【确定】按钮 ✓。

（3）系统弹出【扫描曲面】工具条，单击【两条引导线】按钮，再单击【确定】按钮 ✓，结果如图 4.71 所示。

例 4.7　绘制如图 4.79 所示的线型构架，并用扫描曲面生成如图 4.80 所示的曲面图形。

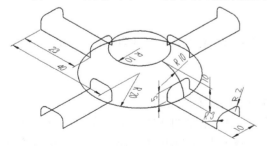

图 4.79　线型构架

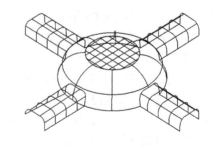

图 4.80　扫描曲面

操作步骤如下。

1）　在俯视构图面上绘制两个圆和两个矩形

（1）单击顶部工具栏中的【俯视视角】按钮，单击顶部工具栏中的【俯视构图面】

按钮 。

(2) 单击【圆弧】按钮 ，系统弹出【圆弧】工具条，在工具条中输入圆弧半径为 20，单击【原点】按钮 ，单击【确定】按钮 。

(3) 单击【矩形形状设置】按钮 ，系统弹出【矩形选项】对话框，设置矩形的长为 40，高为 20，选择定位点的位置为"右边的中点"，捕捉原点坐标。单击【应用】按钮 。

(4) 在【矩形选项】对话框中设置矩形的长为 23，高为 10，选择定位点的位置为"左边的中点"，捕捉中点 P1(见图 4.81)，单击【确定】按钮 。

(5) 在状态栏中输入深度 Z 为 10。

(6) 单击【圆弧】按钮 ，系统弹出【圆弧】工具条，在【圆弧】工具条中输入圆心点 X 坐标为 0，Y 坐标为 0，输入圆弧半径 10，单击【确定】按钮 。

2) 删除辅助矩形

在绘图区选取大的矩形(辅助矩形)，单击工具栏中【删除】按钮 ，结果如图 4.82 所示。

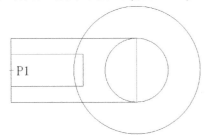

图 4.81　绘制线型构架

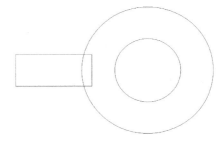

图 4.82　修整后的图形

3) 在前视构图面上绘制一圆弧

(1) 单击【等角视角】按钮 ，单击【前视构图面】按钮 。

(2) 单击【两点画弧】按钮 ，捕捉第一端点于 P1(见图 4.83)，捕捉第二端点于 P2，在【两点画弧】工具条中输入半径值 10，由上往下选择第二个圆弧，单击【确定】按钮 。

4) 在俯视构图面上平移矩形，生成长方体

(1) 单击顶部工具栏中【俯视构图面】按钮 。

(2) 在绘图区串连选取矩形框于点 P3(见图 4.83)，单击工具栏中的【平移】按钮 ，系统弹出【平移】对话框，选择【连接】选项，输入 Z 方向移动距离 5，单击【确定】按钮 ，再单击顶部工具栏中【等角视角】按钮 ，结果如图 4.84 所示。

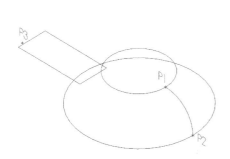

图 4.83　在前视图上绘制一圆弧

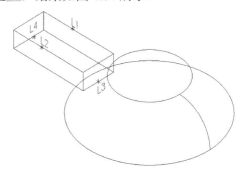

图 4.84　生成长方体

5) 删除多余的直线

在绘图区选取直线 L1、L2、L3 和 L4(见图 4.84),单击工具栏中的【删除】按钮，结果如图 4.85 所示。

6) 倒圆角并绘制一条直线

(1) 单击工具栏中的【倒圆角】按钮，在【倒圆角】工具条中输入圆角半径为 3,选取图素于 P1 点(见图 4.85),再选取另一个图素于点 P2;选取图素于点 P5,再选取另一个图素于点 P6。单击【应用】按钮。

(2) 在【倒圆角】工具条中输入圆角半径为 2,选取图素于点 P3(见图 4.85),再选取另一个图素于点 P4;选取图素于点 P7,再选取另一个图素于点 P8。单击【确定】按钮。

(3) 单击【直线】按钮，捕捉圆心于点 P1(见图 4.86),捕捉端点于点 P2。

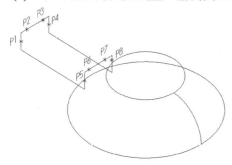

图 4.85　选取图素倒圆角　　　　　　图 4.86　修整图素

7) 用扫描曲面命令绘制两曲面

(1) 单击顶部工具栏中的【扫描曲面】按钮，系统弹出【串连选项】对话框,单击【部分串连】按钮，选取截断方向外形,选取串连图素的起始部分于直线的下端点 P1(见图 4.87),选取串连图素的终止部分于直线的下端点 P2,单击【串连选项】对话框中的【确定】按钮。

(2) 系统弹出【串连选项】对话框,单击【单体】按钮，定义切削方向外形,选取直线于点 P3,单击【串连选项】对话框中的【确定】按钮。

(3) 系统弹出扫描曲面工具条,单击【旋转 2】按钮，单击【应用】按钮。

(4) 系统弹出【串连选项】对话框,单击【部分串连】按钮，选取截断方向外形,选取串连图素的起始部分于直线的左端点 P4,选取串连图素的终止部分于圆弧的下端点 P5,单击【串连选项】对话框中的【确定】按钮。

(5) 系统弹出【串连选项】对话框,选择【单体】按钮，定义切削方向外形,选取圆弧于点 P6,单击【串连选项】对话框中的【确定】按钮。

(6) 系统弹出扫描曲面工具条,单击【旋转 2】按钮，再单击【确定】按钮。

结果如图 4.88 所示。

8) 在俯视构图面上用旋转命令绘制另三个相同的图形曲面

单击工具栏中的【旋转】按钮，选取曲面于点 P1(见图 4.88)作为旋转的图素,按 Enter 键确认,系统弹出【旋转】对话框,选择处理方式为【复制】,次数为 3 次,设置旋转角度为 90°,单击【设定旋转中心】按钮，捕捉圆心点,单击【确定】按钮。结果如

图 4.80 所示。

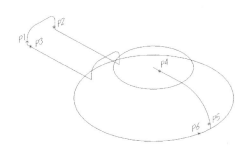

图 4.87　选取图素作扫描曲面

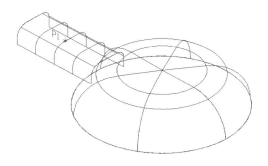

图 4.88　生成扫描曲面

4.2.8　网状曲面

网状曲面是由一系列引导方向(横向)和截断方向(纵向)曲线组成的网格状线架生成的曲面,如图 4.89 所示。横向和纵向曲线在三维空间可以不相交,各曲线的端点也可以不相交,如图 4.90 所示。

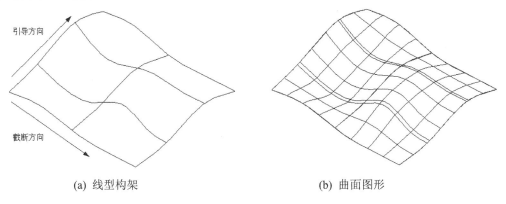

(a) 线型构架　　　　　　　　　　　　(b) 曲面图形

图 4.89　由网格状线架生成网状曲面

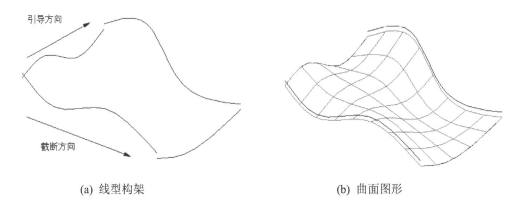

(a) 线型构架　　　　　　　　　　　　(b) 曲面图形

图 4.90　不相交曲线生成网状曲面

单击工具栏中【网状曲面】按钮 ⊞，出现如图 4.91 所示的网状曲面工具条，工具条中的主要选项含义如下。

图 4.91   网状曲面工具条

- ◾按钮：顶点按钮。
- ◾按钮：当构成网状曲面的线架在三维空间不相交时(见图 4.92(a))，可以用此选项来控制网状曲面的深度，它有以下三种方式，具体如图 4.92 所示。

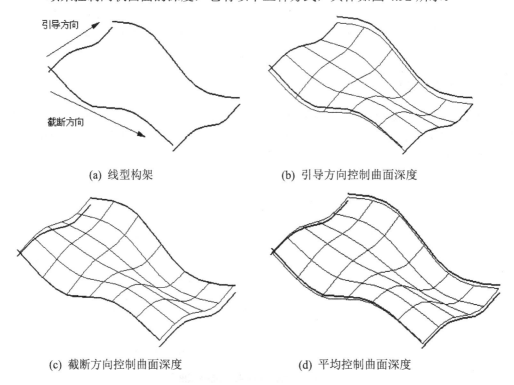

(a) 线型构架

(b) 引导方向控制曲面深度

(c) 截断方向控制曲面深度

(d) 平均控制曲面深度

图 4.92   网状曲面深度控制方式

- ◆ 引导方向：曲面深度由横向方向曲线控制。曲面与引导方向曲线相重合，与截断方向曲线相平行，如图 4.92(b)所示。
- ◆ 截断方向：曲面深度由纵向方向曲线控制。曲面与截断方向曲线相重合，与引导方向曲线相平行，如图 4.92(c)所示。
- ◆ 平均：曲面深度由横向和纵向方向曲线共同控制，取其深度平均值。曲面与引导方向、截断方向曲线相平行，如图 4.92(d)所示。

网状曲面引导方向和截断方向的曲线组成可以通过如图 4.93 所示的【串连选项】对话框来定义选取。曲线选取可采用以下两种方式。

图 4.93 【转换参数】对话框

1. 自动方式

通过单击【串连选项】对话框中的【窗口】按钮或【多边形】按钮等，一次性选择所有线架图素，并输入一个"搜寻点"，系统自动定义引导方向和截断方向的所有曲线，一般用于构造相对简单并且串连图素定义无歧义的情况，如图 4.94 所示。

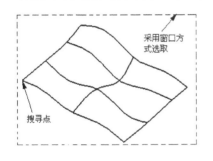
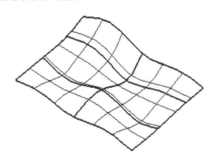

(a) 窗口方式选取线型构架　　　　(b) 网状曲面

图 4.94 用窗口方式创建网状曲面

2. 手动方式

并不是所有曲面都可以用窗选方式自动完成的，有时对于一些复杂的曲面就会出现"断面曲线超出序列"的提示，这时可以考虑用手动选取的方式来解决。

手动方式的功能相当强大，大部分的曲面都可用它生成，网状曲面手动选取线架的过程与网状曲面的引导、截断方向定义相关，对于开放式边界的它的引导方向与截断方向定义如图 4.95(a)所示(注：这两个方向可以互换)。对于封闭式边界的它的引导方向与截断方向定义如图 4.95(b)所示(注：这两个方向可以互换)。在选取外形时，一般可以通过同时单击【串连选项】对话框中的【部分串连】按钮和选中【接续】复选框来选取定义引导、截断方向，注意每一个串连图素应选取一个完整的引导(或截断)方向外形，然后再选取下一个完整的引导(或截断)方向外形，直到所有的引导(或截断)方向外形选完为止。

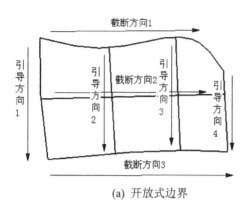

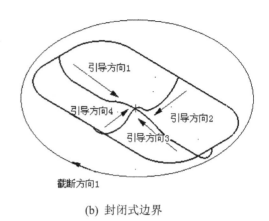

(a) 开放式边界 (b) 封闭式边界

图 4.95　引导方向、截断方向的定义

4.2.9　范例(十)

例 4.8　绘制如图 4.96 所示的图形，并用网状曲面生成如图 4.97 所示的图形。

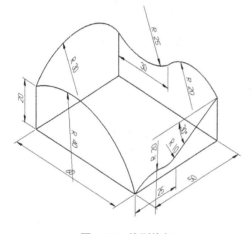

图 4.96　线型构架

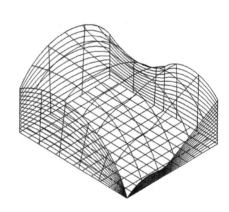

图 4.97　网状曲面

操作步骤如下。

1)　在俯视构图面上绘制一个矩形并往上平移，生成长方体

(1)　单击顶部工具栏中的【俯视视角】按钮 ，单击顶部工具栏中的【俯视构图面】按钮 ，设定深度 Z 为 0。

(2)　单击顶部工具栏中的【矩形】按钮 ，系统弹出如图 4.98 所示的矩形工具条，在工具条中输入矩形的长为 60，高为 50，单击【基准点】按钮 ，设置基准点为中心点，单击【原点】按钮 ，再单击【确定】按钮 。

图 4.98　矩形工具条

(3) 在绘图区域用窗口方式选取绘制的矩形，单击顶部工具栏中的【平移】按钮 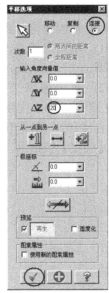，系统弹出如图 4.99 所示的【平移选项】对话框，选中【连接】单选按钮，输入 Z 方向的移动距离为 20，单击【确定】按钮 ，再单击顶部工具栏中的【等角视角】按钮 ，结果如图 4.100 所示。

2) 在前视构图面上绘制 3 个圆弧

(1) 单击顶部工具栏中的【前视构图面】按钮 ，在状态栏中输入深度 Z 为 0。

(2) 单击顶部工具栏中的【极坐标圆弧】按钮 ，系统提示输入第一点，捕捉端点 P1(见图 4.100)；系统提示输入第二点，捕捉端点 P2；在两点画弧坐标工具条中输入圆弧半径为 40，系统提示选择任意圆弧，选取从上往下数【第二个圆弧】。单击【应用】按钮 。

(3) 选择 Z，用鼠标捕捉端点 P3(Z=-50)。

(4) 系统提示输入第一点，捕捉端点 P3(见图 4.100)；系统提示输入第二点，捕捉直线中点 P4；输入半径为 25，选择任意圆弧，选取从上往下数【第三个圆弧】，单击【应用】按钮 。

图 4.99 【平移选项】对话框

(5) 系统提示输入第一点，捕捉直线中点 P4(见图 4.100)；系统提示输入第二点，捕捉端点 P5；输入半径 20，提示选择任意圆弧，选取从上往下数【第二个圆弧】，单击【确定】按钮 ，结果如图 4.101 所示。

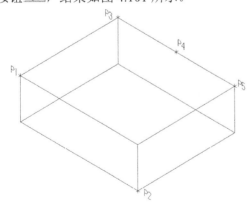

图 4.100 绘制长方体

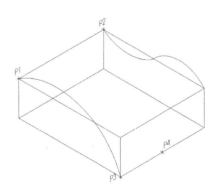

图 4.101 在前视图上绘制圆弧

3) 在侧视构图面上绘制 2 个圆弧

(1) 单击顶部工具栏中的【侧视视角】按钮 ，单击顶部工具栏中的【侧视构图面】按钮 。

(2) 单击顶部工具栏中的【两点画弧】按钮 ，捕捉第一端点于 P1(见图 4.101)，捕捉第二端点于 P2，在两点画弧工具条中输入半径值为 30，选择任意圆弧，选取从上往下数【第二个圆弧】，单击【应用】按钮 。

(3) 选择 Z，用鼠标捕捉端点 P3(Z= 60)。

(4) 系统提示输入第一点，捕捉端点 P3；系统提示输入第二点，捕捉中点 P4；输入半径 20，选择任意圆弧，选取从上往下数【第二个圆弧】，单击【确定】按钮 ✔。结果如图 4.102 所示。

　　4)　在侧视构图面上用旋转命令将直线向下旋转

　　(1)　单击顶部工具栏中的【侧视视角】按钮，单击顶部工具栏中的【侧视构图面】按钮。

　　(2)　单击顶部工具栏中的【旋转】按钮，提示选择要旋转的图素，选取直线 L1(见图 4.102)，按 Enter 键确认，单击【基准点】按钮选择旋转的基准点，捕捉端点 P1(见图 4.102)，在弹出的对话框中设置处理方式为【移动】，次数为 1 次，旋转角度为 30°，单击【确定】按钮 ✔，结果如图 4.103 所示。

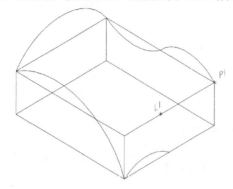

图 4.102　在侧视构图上绘制圆弧　　　　　　图 4.103　生成 30°夹角的直线

　　5)　在直线和圆弧之间倒圆角并删除多余的线段

　　(1)　单击顶部工具栏中的【倒圆角】按钮，在绘图区选取点 P1 和点 P2(见图 4.103)，在倒圆角工具条中输入圆角半径 10，单击【确定】按钮 ✔，倒圆角参数设置如图 4.104 所示。

图 4.104　倒圆角参数设置

　　(2)　单击【删除】✔按钮，选择要删除的图素，选取直线 L1、L2、L3 和 L4(见图 4.103)，结果如图 4.105 所示。

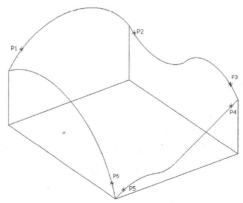

图 4.105　编辑图素

6)　生成网状曲面

(1)　单击顶部工具栏中的【网状曲面】按钮 田，系统弹出【串连选项】对话框，单击【单体】按钮 ╱，选取圆弧于点 P1，如图 4.105 所示。

(2)　单击【串连选项】对话框中的【部分串连】按钮 ∞，选取第一个图素，选取圆弧于点 P2，如图 4.105 所示；选取最后一个图素，选取圆弧于点 P3，如图 4.105 所示。

(3)　选取第一个图素，选取圆弧于点 P4，如图 4.105 所示；选取最后一个图素，选取圆弧于点 P5，如图 4.105 所示。

(4)　单击【串连选项】对话框中的【单体】按钮 ╱，选取圆弧于点 P6，如图 4.105 所示。

(5)　单击【串连选项】对话框中的【确定】按钮 ✓。系统弹出【警告】对话框，由于该警告不影响结果，单击【确定】按钮即可，结果如图 4.97 所示。

例 4.9　绘制如图 4.106 所示的图形，并用网状曲面、曲面修整延伸生成如图 4.107 所示的图形。

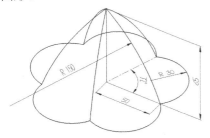

图 4.106　线型构架

图 4.107　网状曲面

操作步骤如下。

1)　在俯视构图面绘制一个圆，并将它六等分

(1)　单击顶部工具栏中的【俯视构图面】按钮 ⬡，设定深度 Z 为 0。

(2)　单击顶部工具栏中的【圆弧】按钮 ⊙，在系统弹出的【圆弧】工具条中输入圆弧半径为 50，提示输入圆心点，单击【原点】按钮 ⚒，单击【确定】按钮 ✓。

(3)　单击顶部工具栏中的【绘制等分点】按钮 ⯅，画图素等分点：提示选取一图素，选取上一步骤生成的圆，输入数量或间距，在图 4.108 所示的工具条中输入点数 6，结果如图 4.109 所示。

图 4.108　绘制剖切点工具条

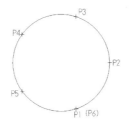

图 4.109　等分圆

2) 在俯视图上绘制出五段圆弧

单击顶部工具栏中的【两点画弧】按钮 ，系统提示输入第一点，捕捉端点 P1(见图 4.109)；系统提示输入第二点，捕捉端点 P2；输入半径 30(见图 4.110)，提示选择任意圆弧，选取从上往下数【第二个圆弧】，单击【应用】按钮 。然后依次选取 P2、P3，P3、P4，P4、P5，P5、P1 点绘制其他的四段圆弧。结果如图 4.111 所示。

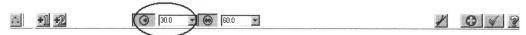

图 4.110　两点画弧参数设置

3) 在前视构面上绘制直线和圆弧

(1) 单击顶部工具栏中的【前视构图面】按钮 ，设定深度 Z 为 0。

(2) 单击顶部工具栏中的【绘制任意线】按钮 ，指定第一个端点，捕捉圆的圆心于点 P1(见图 4.112)，指定第二个端点，输入线长为 65，角度为 90°，单击【确定】按钮 。

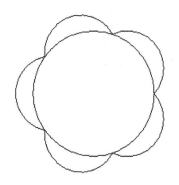

图 4.111　绘制五段圆弧

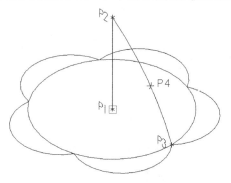

图 4.112　在前视图上绘制图形

(3) 单击顶部工具栏中的【两点画弧】按钮 ，系统提示输入第一点，捕捉端点 P2(见图 4.112)；系统提示输入第二点，捕捉端点 P3；输入半径 150，提示选择任意圆弧，选取从上往下数【第一个圆弧】，单击【确定】按钮 。

4) 在俯视构图面上用旋转命令复制其他 4 个圆弧

(1) 单击顶部工具栏中的【俯视构图面】按钮 。

(2) 单击工具栏中的【旋转】按钮 ，提示选择要旋转的图素，选取圆弧于点 P4(见图 4.112)，按 Enter 键，在【旋转】对话框设置参数如图 4.113 所示，处理方式设为【复制】，次数为 4 次，旋转角度为 72°，单击【确定】按钮 。单击【基准点】按钮 指定旋转基准点，捕捉端点 P2(见图 4.112)，单击【确定】按钮 。结果如图 4.114 所示。

5) 删除多余的直线和圆弧

单击顶部工具栏中的【删除】按钮 ，提示选择要删除的图素，选取直线 L1 和圆 C1(见图 4.114)，结果如图 4.115 所示。

6) 生成网状曲面

(1) 单击顶部工具栏中的【网状曲面】按钮 ，系统弹出【串连选项】对话框，单击【部分串连】按钮 以及选中【接续】复选框，然后依次选取下面五段圆弧于点 P1 至点 P5，将五段圆弧连接成一个串连图素(见图 4.115)，单击【应用】按钮。

图 4.113　【旋转】对话框

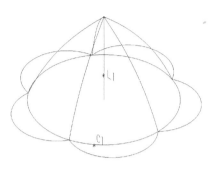

图 4.114　旋转复制其他圆弧

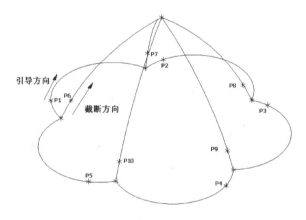

图 4.115　选取网状曲面的外形

(2)　单击【串连选项】对话框中的【单体】按钮，选取圆弧于点 P6 至点 P10 (见图 4.115)；单击【串连选项】对话框中的【确定】按钮。系统弹出【警告】对话框，由于该警告不影响结果，单击【确定】按钮即可。结果如图 4.107 所示。

4.2.10　牵引曲面

牵引曲面的形状是由断面外形和一条直线决定的。用于牵引的断面外形可以由直线、圆弧、样条曲线或高阶曲线组成，牵引曲面的数量等于断面外形所串连图素的数量。牵引曲面的方向是由牵引角度决定的，通常情况下，牵引方向是垂直于当前构图面的方向，有时根据需要，可以通过改变构图面来改变牵引方向，也可以通过改变角度来改变牵引方向，牵引的角度可正可负。牵引长度表示牵引曲面要在牵引方向上的延伸长度。牵引的长度可以为负值，它表示的意思是沿牵引方向的反向拉升。

如图 4.116 所示，曲线所在的构图面都是俯视图，现在将它们沿不同的方向和不同的长度牵引。

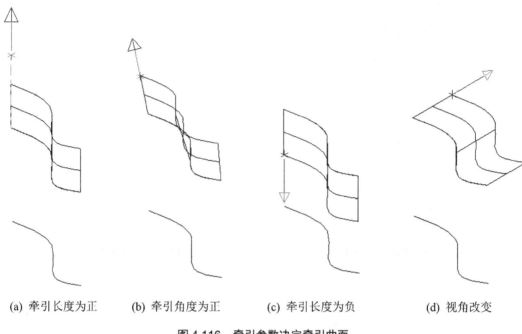

(a) 牵引长度为正　　(b) 牵引角度为正　　(c) 牵引长度为负　　(d) 视角改变

图 4.116　牵引参数决定牵引曲面

(1) 视角不改变(俯视)，牵引长度为 15，牵引角度为 0°，得出的牵引曲面如图 4.116(a) 所示。

(2) 视角不改变(俯视)，牵引长度为 15，牵引角度为 15°，得出的牵引曲面如图 4.116(b) 所示。

(3) 视角不改变(俯视)，牵引长度为-15，牵引角度为 0°，得出的牵引曲面如图 4.116(c) 所示。

(4) 视角变为前视，牵引长度为-15，牵引角度为 0°，得出的牵引曲面如图 4.116(d) 所示。

4.2.11　范例(十一)

例 4.10　绘制如图 4.117 所示的线型构架，并用牵引曲面生成如图 4.118 所示图形。

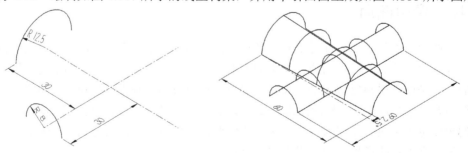

图 4.117　线型构架　　　　　　　　　　图 4.118　牵引曲面

1) 绘制两个圆弧

(1) 单击顶部工具栏中的【前视构图面】按钮，在状态栏中输入深度 Z 为 30。

(2) 单击顶部工具栏中的【极坐标圆弧】按钮，在圆弧极坐标工具条中设置如图 4.119 所示，定位点 X 坐标为 0，Y 坐标为 0，Z 坐标为 30，输入圆弧半径为 8，输入起始角度为 0°，输入终止角度为 180°，单击【应用】按钮。

图 4.119 极坐标圆弧工具条

(3) 单击顶部工具栏中的【侧视构图面】按钮，在状态栏中输入深度 Z 为-30。

(4) 单击顶部工具栏中的【极坐标圆弧】按钮，在【圆弧极坐标】工具条中的设置如图 4.120 所示，设置定位点 X 坐标为 0，Y 坐标为 0，Z 坐标为-30，输入圆弧半径为 12.5，输入起始角度为 0°，输入终止角度为 180°，单击【应用】按钮，结果如图 4.121 所示。

图 4.120 极坐标圆弧工具条

2) 绘制牵引曲面

(1) 单击顶部工具栏中的【等角视图】按钮，单击【前视构图面】按钮。

(2) 单击顶部工具栏中的【牵引曲面】按钮，系统弹出【串连选项】对话框，单击【单体】按钮，选取 R8 圆弧 C1(见图 4.121)，单击【确定】按钮。系统弹出【牵引曲面】对话框(见图 4.122)，设置牵引长度为 60，牵引角度为 0°，若方向相反则单击对话框中的【换向】按钮，单击【确定】按钮。

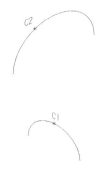

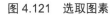

图 4.121 选取图素

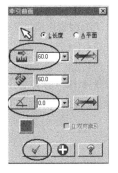

图 4.122 【牵引曲面】对话框

(3) 单击【侧视构图面】按钮，单击顶部工具栏中的【牵引曲面】按钮，系统弹出【串连选项】对话框，单击【单体】按钮，选取 R12.5 圆弧 C2(见图 4.121)，单击【确定】按钮。系统弹出【牵引曲面】对话框(见图 4.122)，设置牵引长度为 60，牵引角度为 2.5°，若方向相反则单击对话框中的【换向】按钮，单击【确定】按钮。结果如图 4.118 所示。

4.2.12　习题

1. 绘出如图 4.123(a)所示的线型构架，两圆柱曲面用直纹曲面(或举升曲面，或网状曲面)生成，如图 4.123(b)所示。

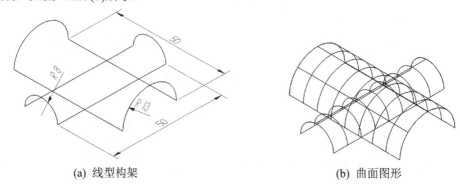

(a)　线型构架　　　　　　　　　　　　　　(b)　曲面图形

图 4.123　三维模型(习题 1)

2. 绘出如图 4.124(a)所示的线型构架，两圆柱曲面用直纹曲面生成，如图 4.124(b)所示。

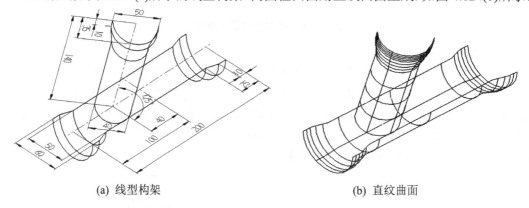

(a)　线型构架　　　　　　　　　　　　　　(b)　直纹曲面

图 4.124　三维模型(习题 2)

3. 绘出如图 4.125(a)所示的线型构架，用举升曲面或者用网状曲面中的自动串接或手动串接生成如图 4.125(b)所示的曲面图形。

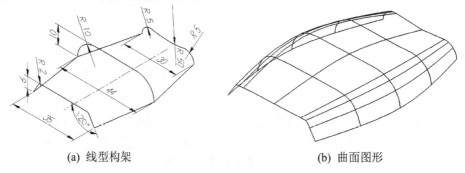

(a)　线型构架　　　　　　　　　　　　　　(b)　曲面图形

图 4.125　三维模型(习题 3)

4. 绘出如图 4.126(a)所示的线型构架,底部和 4 个侧面用直纹曲面或曲面修整生成,顶部用网状曲面生成,如图 4.126(b)所示。

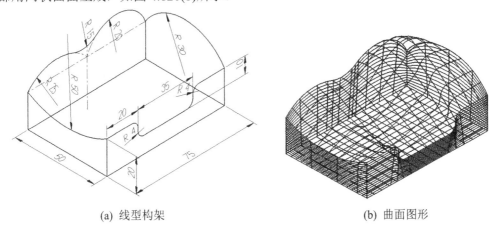

(a) 线型构架　　　　　　　　　　　　　　　(b) 曲面图形

图 4.126　三维模型(习题 4)

5. 绘出如图 4.127(a)所示的线型构架,用网状曲面生成如图 4.127(b)所示的曲面。

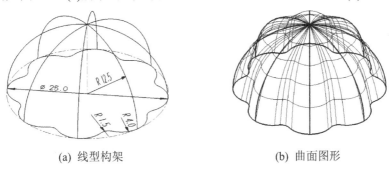

(a) 线型构架　　　　　　　　　　　　　　　(b) 曲面图形

图 4.127　三维模型(习题 5)

6. 绘出如图 4.128(a)所示的线型构架,用旋转曲面生成如图 4.128(b)所示的曲面图形。

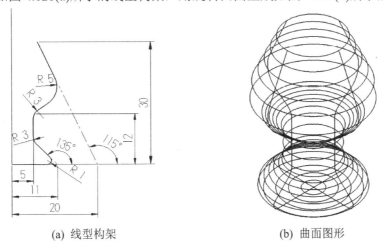

(a) 线型构架　　　　　　　　　　　　　　　(b) 曲面图形

图 4.128　三维模型(习题 6)

7. 绘出如图 4.129(a)所示的线型构架，如图 4.129(b)所示曲面图形。其中，底部用直纹曲面或曲面修整生成，侧面用举升或网状曲面生成，边缘用扫描曲面生成。

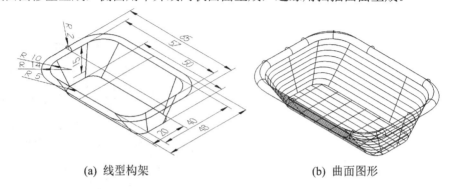

(a) 线型构架   (b) 曲面图形

图 4.129 三维模型(习题 7)

8. 绘出如图 4.130(a)所示的线型构架，用直纹曲面或平面修整生成如图 4.130(b)所示的曲面。

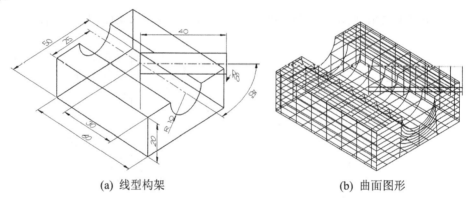

(a) 线型构架   (b) 曲面图形

图 4.130 三维模型(习题 8)

9. 绘出如图 4.131(a)所示的吹风机的线型构架，出风口和把手用直纹曲面或网状曲面生成，顶部用平面修整，本体用扫描曲面生成，如图 4.131(b)所示。

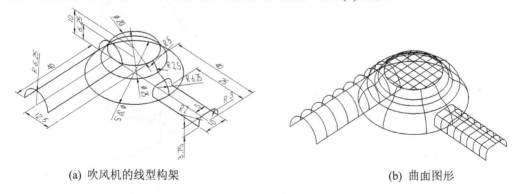

(a) 吹风机的线型构架   (b) 曲面图形

图 4.131 三维模型(习题 9)

4.3　曲面的编辑

曲面的编辑是指对已经存在的曲面进行编辑操作，得到一个新的曲面。Mastercam 提供了 4 种曲面编辑操作命令，即曲面倒圆角、曲面修整、曲面补正和曲面熔接。其中，曲面倒圆角和曲面修整是最常用的曲面编辑命令，下面就这两个命令操作进行详细的介绍。

4.3.1　曲面倒圆角

曲面倒圆角用于在两个相交曲面之间建立一个圆角过渡或者在物体的端平面上的边缘产生一个过渡圆角。执行【绘图】|【绘制曲面】|【倒圆角】命令或单击工具栏上的【倒圆角】按钮 即可进入倒圆角命令。Mastercam 提供了 3 种曲面倒圆角的方法：平面与曲面倒圆角、曲线与曲面倒圆角以及曲面与曲面倒圆角。

1．平面与曲面倒圆角

平面与曲面倒圆角是在一个平面和曲面之间产生一个曲面倒圆角。

1)　Mastercam 提供了 8 种定义平面的方法(见图 4.132)

- 【X 平面】文本框 ：定义一个平行于 ZX 平面且 Y 向距离等于常数的平面。
- 【Y 平面】文本框 ：定义一个平行于 XY 平面且 Z 向距离等于常数的平面。
- 【Z 平面】文本框 ：定义一个平行于 YZ 平面且 X 向距离等于常数的平面。
- 【牵引面】按钮 ：定义一个包含已存在直线且垂直于当前构图平面的平面。
- 【三点定面】按钮 ：定义一个由三个不共线的点确定的平面。
- 【图素定面】按钮 ：定义一个由图素(圆弧、样条曲线、两个不平行直线和三个不共线点)确定的平面。
- 【法线面】按钮 ：定义一个由已存在直线作为法线且过直线端点的平面。
- 【已定义的平面】按钮 ：定义一个与目前 Z 向距离相同且已定义了的平面。

　在定义 XY、ZX、YZ 平面时，它们的方位与当前构图面有关，一般情况下先设置构图面为空间构图面，再来选择平面。

2)　平面与曲面的法线方向

在 Mastercam 中，平面与曲面是有方向的，其方向是由它们法线的朝向来决定的。平面可以通过单击【正向】按钮 来改变，如图 4.132 所示；曲面可以通过单击【曲面法向切换】按钮 来改变，如图 4.133 所示。

3)　倒圆角的计算方式

单击【选项】按钮 ，弹出如图 4.134 所示的【曲面倒圆角选项】对话框，从中可以对倒圆角参数进行进一步的设置。

4)　修剪曲面

在进行倒圆角时，系统不仅可以产生一组圆角曲面，还可以对原始曲面进行修剪，如图 4.134 所示。在【修剪曲面选项】选项组中，选中【是】复选框，选中【删除平面其他边上的曲面】复选框，对原始曲面有两种处理方式。

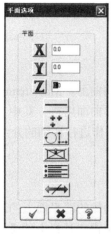

图 4.132 【平面选项】
对话框

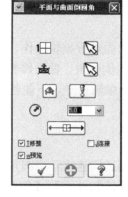

图 4.133 【平面与曲面倒圆角】
对话框

图 4.134 【曲面倒圆角选项】
对话框

- 【保留】：在创建圆角曲面及修整曲面后，仍然保持原有曲面。
- 【删除】：在创建圆角曲面及修整曲面后，删除平面另一边的原始曲面。

5) 在平面与曲面之间产生倒圆角曲面

其操作的步骤如下。

(1) 单击顶部工具栏中的【等角视图】按钮 。

(2) 单击顶部工具栏中的【空间构图】按钮 。

(3) 执行【绘图】|【绘制曲面】|【倒圆角】命令或单击顶部工具栏中的【平面与曲面
倒圆角】按钮 。

(4) 选取一个曲面：执行【已存在曲面】命令(见图 4.135)，按 Enter 键结束曲面选取。

(5) 在图 4.132 所示的对话框中选择 Z 平面，单击【确定】按钮 。

(6) 在图 4.133 所示的对话框中输入圆角半径为 5.0，单击【确定】按钮 。

(7) 单击图 4.133 所示对话框中的【曲面法向切换】按钮 ，改变所选曲面的法线
方向。

(8) 单击如图 4.133 所示对话框中的【确定】按钮 ，结果如图 4.136 所示。

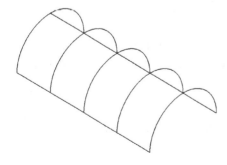

图 4.135 已存在曲面

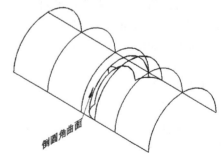

图 4.136 平面与曲面之间倒圆角

2. 曲线与曲面倒圆角

曲线与曲面倒圆角用于一条曲线和曲面之间产生一个圆角曲面。一般情况下，倒圆角的半径值必须大于曲线与曲面之间最长的距离，否则会生成间断的圆角曲面。当曲线被选定时，在绘图区会有箭头出现，系统会提示【右】或【左】来指示圆角曲面的加入方向，有时方向不对会出现无法倒圆角的提示。

3. 曲面与曲面倒圆角

曲面与曲面倒圆角是在两个或多个曲面之间产生曲面倒圆角，要做到两组曲面之间倒圆角必须满足以下要求。

● 两组曲面的法线方向朝向相交(见图 4.137(a))，如果不相交(见图 4.137(b))，就需要通过切换来改变曲面法线的朝向，否则不能倒出圆角。

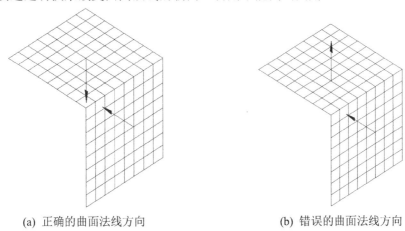

(a) 正确的曲面法线方向　　　　　　　　(b) 错误的曲面法线方向

图 4.137　倒圆角时曲面的法线方向要相交

● 倒圆角的半径不能太大，否则就不能倒出圆角。

4.3.2　范例(十二)

例 4.11　按如图 4.138(a)、(b)所示的尺寸要求，绘制出如图 4.139(a)所示的线型框架，并生成如图 4.139(b)所示的曲面图形，然后对曲面图形进行倒圆角处理，结果如图 4.140 所示。

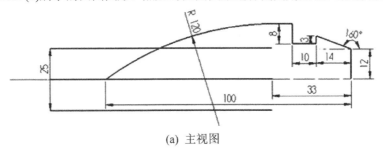

(a) 主视图

图 4.138　尺寸图形

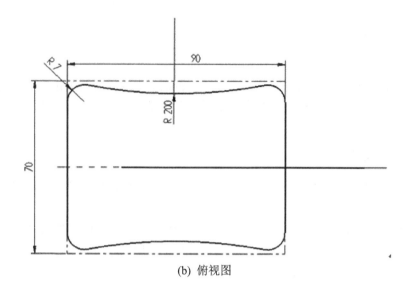

(b) 俯视图

图 4.138　尺寸图形(续)

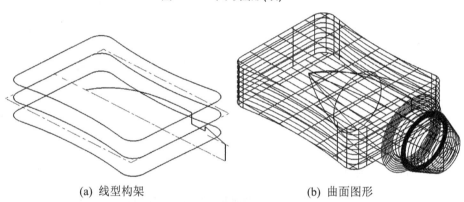

(a) 线型构架 　　　　　　　(b) 曲面图形

图 4.139　三维模型

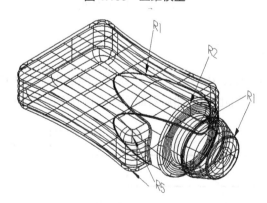

图 4.140　曲面倒圆角

操作步骤如下。

1)　在俯视构图面上绘制一个矩形

(1)　单击顶部工具栏中的【俯视视角】按钮，单击顶部工具栏中的【俯视构图面】

按钮，设定深度 Z 为 0。

(2) 单击顶部工具栏中的【矩形】按钮，系统弹出如图 4.141 所示的【矩形】工具条，在工具条中输入矩形的长为 90，高为 70，单击【基准点】按钮，设置基准点为中心点，单击【原点】按钮，再单击【确定】按钮。结果如图 4.142 所示。

图 4.141 　【矩形】工具条

2) 绘制两圆弧并删除多余的图素

(1) 单击顶部工具栏中的【两点画弧】按钮，捕捉点 P1、点 P2(见图 4.142)，输入半径为 200，画弧 C1，单击【应用】按钮；捕捉点 P3、P4，输入半径为 200，画弧 C2。单击【确定】按钮。

(2) 选择要删除的图素，选取矩形的上下两条直线，单击顶部工具栏中的【删除】按钮。结果如图 4.143 所示。

图 4.142 　绘制矩形

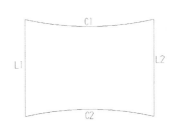

图 4.143 　绘制两圆弧

3) 对图形进行倒圆角

单击工具栏中的【串连图素倒圆角】按钮，单击【串连】按钮选取图素，将图素 L1、C1、L2、C2 全部串连，单击【确定】按钮。在如图 4.144 所示的圆弧工具条中输入圆角半径为 7，单击【确定】按钮，结果如图 4.145 所示。

图 4.144 　圆弧工具条

4) 将图 4.145 的所示图形进行平移复制

(1) 选取图 4.145 所示的图素，单击工具栏中的【平移】按钮，系统弹出如图 4.146 所示的【平移选项】对话框。输入平移向量 Z 为 12.5，在对话框中选中【复制】单选按钮，【次数】设置为 1，单击【应用】按钮。同样的方法，再将图 4.145 所示的图素向下平移向量 Z 为 -12.5。

(2) 单击顶部工具栏中的【前视视角】按钮，结果如图 4.147 所示。

图 4.145 对图素进	图 4.146 平移参数栏	图 4.147 进行平移复制

5) 在前视图上绘制若干图素

(1) 单击顶部工具栏中的【前视视角】按钮，单击顶部工具栏中的【前视构图面】按钮，设定深度 Z 为 0。

(2) 单击顶部工具栏中【绘制任意线】按钮，系统弹出如图 4.148 所示的任意直线工具条，指定起始位置点，捕捉点 P1(见图 4.147)，输入角度为 0°，输入长度为 33，单击【应用】按钮。

图 4.148 任意直线工具条

(3) 同样的方法，指定起始位置点，捕捉点 P1(见图 4.149)，输入角度为 90°，输入长度为 12。单击【应用】按钮。

图 4.149 绘制任意线

(4) 指定起始位置点，捕捉点 P2(作直线 L1)，输入角度为 160°，输入长度为 20(任意长度)，单击【应用】按钮。

(5) 指定起始位置点，捕捉点 P2(作辅助线 L3)，输入角度为 180°，输入长度为 14，单击【应用】按钮。

(6) 指定起始位置点，捕捉点 P3(作辅助线 L2)，输入角度为 90°，输入长度为 20(任意长度)，单击【确定】按钮。

6)　对图形进行修整延伸，并删除辅助线

(1)　单击工具栏中的【修剪延伸】按钮 ，单击【修剪单一物体】按钮 ，选取要修整的图素，选取直线 L1 的保留部分，修整到某一图素，选取直线 L2 的保留部分。

(2)　选取要删除的图素，选取直线 L2、L3，单击顶部工具栏中的【删除】按钮 ，结果如图 4.150 所示。

图 4.150　对图形进行编辑

7)　继续绘制若干直线

(1)　单击顶部工具栏中的【绘制任意线】按钮 ，指定起始位置点，捕捉点 P1(见图 4.150)，输入角度为 180°，输入长度为 100，单击【应用】按钮 。

(2)　指定起始位置点，捕捉点 P2，输入角度为-90°，输入长度为 3，单击【应用】按钮 。

(3)　指定起始位置点，捕捉点 P1(见图 4.151)，输入角度为 180°，输入长度为 10.0。

(4)　指定起始位置点，捕捉点 P2，输入角度为 90°，输入长度为 8，单击【确定】按钮 ，结果如图 4.151 所示。

8)　绘制圆弧

单击顶部工具栏中的【两点画弧】按钮 ，捕捉端点 P3、端点 P4(见图 4.151)，输入半径为 120，选取适合圆弧，结果如图 4.151 所示。

9)　用平面修整绘制瓶体上下底曲面

(1)　单击顶部工具栏中的【等角视角】按钮 ，单击状态栏中的【层别】按钮，系统弹出【层别管理】对话框，在【层别号码】文本框中输入 2，在【名称】文本框中输入"平面修整"，单击【确定】按钮 。结果如图 4.152 所示。

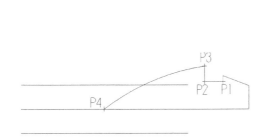

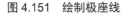

图 4.151　绘制极座线

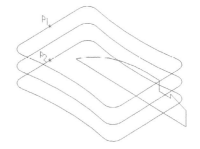

图 4.152　用等角视图观看

(2)　执行【绘图】|【曲面】|【曲面修整】|【平面修整】命令或单击【平面修整】按钮 ，系统弹出如图 4.153 所示的平面修整工具条，单击【串连】按钮 选取串连物体 1，选取图素于点 P1(见图 4.152)，再单击如图 4.153 所示的平面修整工具条的【应用】按钮 ；选择串连物体 2，选取图素于点 P2(见图 4.152)，单击【确定】按钮 ，结果如图 4.154 所示。

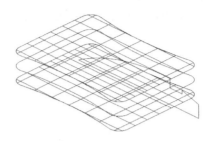

图 4.153　平面修整工具条

图 4.154　绘制平面

10)　用直纹曲面操作生成瓶体四侧曲面

(1)　单击状态栏中的【层别：】按钮，系统弹出【层别管理】对话框，在【层别号码】文本框中输入 3，在【名称】文本框中输入"直纹曲面"，再取消选中 2 层【突显】复选框，使得 2 层不可见。单击【确定】按钮 ✅ 。

(2)　单击顶部工具栏中的【直纹/举升曲面】按钮 ≣ ，系统弹出【串连选项】对话框，单击【串连】按钮 ⫯⫯⫯ ，在绘图区依次选取点 P1，点 P2(见图 4.155)，单击【串连选项】对话框中的【确定】按钮 ✅ ，再单击【直纹/举升】工具条中的【直纹曲面】按钮 ▦ ，产生直纹曲面，如图 4.156 所示。

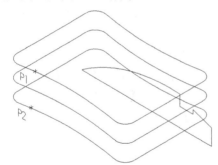

图 4.155　选取图素作直纹曲面

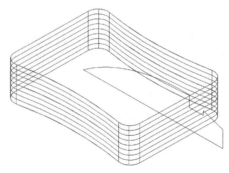

图 4.156　生成瓶体四侧曲面

11)　用旋转曲面作瓶口

(1)　单击状态栏中的【层别】按钮，系统弹出【层别管理】对话框，在【层别号码】文本框中输入 4，在【名称】文本框中输入"旋转曲面"，再取消选中 3 层【突显】复选框，使得 3 层不可见，结果如图 4.157 所示。

(2)　单击【旋转曲面】按钮 ⟲ ，系统弹出【串连选项】对话框，单击【串连】按钮 ⫯⫯⫯ ，在绘图区选取圆弧点 P1(见图 4.157)，单击【串连选项】对话框中的【确定】按钮 ✅ ，选取直线 L1 作为旋转轴。在【旋转曲面】工具条中设置起始角度为 0°，终止角度为 360°，单击【确定】按钮 ✅ 。结果如图 4.158 所示。

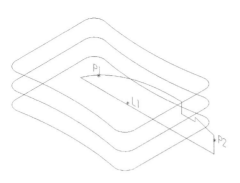

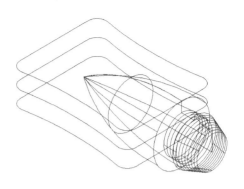

图 4.157　关闭 2、3 层后的图形　　　　　图 4.158　生成瓶口曲面

12)　对瓶口曲面进行倒圆角

(1)　单击状态栏中的【层别】按钮，系统弹出【层别管理】对话框，在【层别号码】文本框中输入 5，在【名称】文本框中输入"瓶口倒圆角曲面"，再取消选中 1 层【突显】复选框，使得 1 层不可见，结果如图 4.159 所示。

(2)　单击【曲面倒圆角】按钮 📎·，选择【曲面/曲面】命令，系统弹出【两曲面倒圆角】对话框，如图 4.160 所示；单击第一个曲面选取按钮 🔍，选取曲面 1；单击第二个曲面选取按钮 🔍，选取曲面 2(见图 4.159)；输入半径为 1，再用【切换正向】按钮 ⟵⊞⟶ 来调整曲面的法线方向，使得两曲面的法线方向朝向瓶口内部。单击【确定】按钮 ✓。

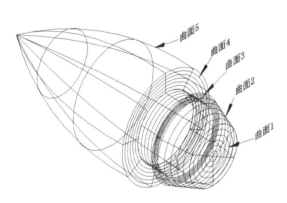

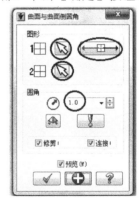

图 4.159　选取曲面倒圆角　　　　　　　图 4.160　【两曲面倒圆角】对话框

(3)　单击【曲面倒圆角】按钮 📎·，执行【曲面/曲面】命令，系统弹出【两曲面倒圆角】对话框；单击第一个曲面选取按钮 🔍，选取曲面 2；单击第二个曲面选取按钮 🔍，选取曲面 3(见图 4.159)；输入半径为 1，再用【切换正向】按钮 ⟵⊞⟶ 来调整曲面的法线方向，使得两曲面的法线方向朝向瓶口内部。单击【确定】按钮 ✓。

(4)　单击【曲面倒圆角】按钮 📎·，执行【曲面/曲面】命令，系统弹出【两曲面倒圆角】对话框，单击第一个曲面选取按钮 🔍，选取曲面 4；单击第二个曲面选取按钮 🔍，选取曲面 5(见图 4.159)；输入半径为 2，再用【切换正向】按钮 ⟵⊞⟶ 来调整曲面的法线方向，使得两曲面的法线方向朝向瓶口内部。单击【确定】按钮 ✓。结果如图 4.161 所示。

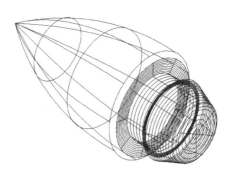

图 4.161　对瓶口倒圆角

13)　对瓶体进行倒圆角

(1)　单击状态栏中的【层别】按钮，系统弹出【层别管理】对话框，在【层别号码】文本框中输入6，在【名称】文本框中输入"瓶体倒圆角曲面"，再取消选中4、5层【突显】复选框，使得4、5层不可见，再选中2、3层【突显】复选框使得2、3层可见，如图4.162所示。

(2)　单击【曲面倒圆角】按钮，执行【曲面/曲面】命令，系统弹出【两曲面倒圆角】对话框，单击第一个曲面选取按钮，选取曲面1；单击第二个曲面选取按钮，选取曲面2(上顶面)、曲面3(下底面)(图4.162)；输入半径为5,再单击【切换正向】按钮来调整曲面的法线方向，使得曲面的法线方向朝向瓶体内部。单击【确定】按钮。结果如图4.163所示。

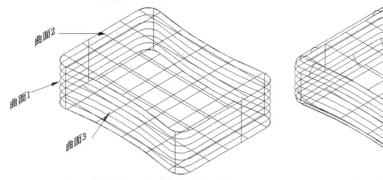
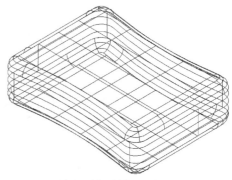

图 4.162　选取曲面倒圆角　　　　　　　图 4.163　瓶体倒圆角

14)　对瓶体与瓶口曲面再进行倒圆角修整

(1)　单击状态栏中的【层别】按钮，系统弹出【层别管理】对话框，在【层别号码】文本框中输入7，在【名称】文本框中输入"整体倒圆角曲面"，再选中4、5层【突显】复选框，此时使2、3、4、5层均可见。

(2)　单击【曲面倒圆角】按钮，执行【曲面/曲面】命令，系统弹出【两曲面倒圆角】对话框，选择第一组曲面，选取曲面1(上顶面)、曲面2(上圆角曲面)、曲面3(侧面)、曲面4(下圆角曲面)和曲面5(下底面)，如图4.164所示；选择第二组曲面，选取曲面6(瓶口锥面)(见图4.164)；输入半径1.0,再用【切换正向】按钮来调整曲面的法线方向，将所有曲面的法线向方向都朝向瓶体的外部。此时，系统会在六曲面之间倒圆角，并对六曲面进行修整(如遇到不好选取曲面或不好确定方向时，可以通过动态旋转来进行观看，还可对曲面进行着色处理来进行观看)。单击【确定】按钮 ✓。结果如图 4.140 所示。

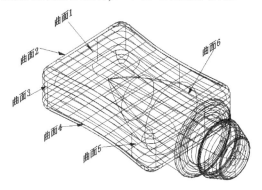

图 4.164   选取曲面倒圆角

4.3.3   曲面修整

曲面修整是指将已存在的曲面根据另一个已存在的曲面或曲线型成的边界进行修整。执行【绘图】|【曲面】|【曲面修整】命令或单击【曲面修整】按钮 ⊕ 即可进入曲面修整功能。Mastercam 提供了 8 种曲面修整或延伸的方向。

1. 修整至曲线

修整至曲线是指将曲面修整到指定的曲线。将图 4.165(a)所示的曲面修整成图 4.165(b)所示的曲面，其操作步骤如下。

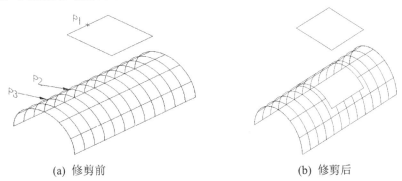

(a) 修剪前   (b) 修剪后

图 4.165   修整至曲线

(1) 执行【绘图】|【曲面】|【曲面修整】|【修整至曲线】命令或单击工具栏中的【修整至曲线】按钮 ⊕。

(2) 选取曲面：选取【圆柱曲面】，按 Enter 键。

(3) 选取曲线：单击【串连】按钮 ⚬⚬⚬，再选取矩形于点 P1(见图 4.165)，单击【确定】按钮 ✓。

(4) 指出保留区域—选取曲面去修剪，选取曲面于点 P2，将箭头移置修整后要保留的位置：放置于点 P3，单击【确定】按钮 ✓。结果如图 4.165(b)所示。

单击如图 4.166 所示的【修整至曲线】工具条中相应的按钮可重新设置修整参数。

图 4.166　【修整至曲线】工具条

2. 修整至平面

修整至平面是指将曲面修整到指定的平面。将如图 4.167(a)所示的曲面修整成如图 4.167(b)所示的曲面，其操作步骤如下。

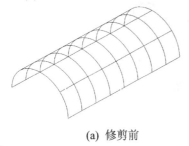　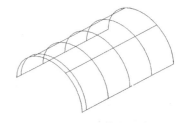

(a) 修剪前　　　　　　　　　　　　　(b) 修剪后

图 4.167　修整至平面

(1)　单击视角中的【等角视角】按钮。

(2)　单击视图中的【等角构图面】按钮。

(3)　执行【绘图】|【曲面】|【曲面修整】|【修整至平面】命令或单击工具栏中的【修整至平面】按钮。

(4)　选取曲面：选取【圆柱曲面】，按 Enter 键。

(5)　选取平面：选取【ZX 平面】，并输入平面的 Y 坐标：30。

(6)　平面的法向：【向右】，单击【确定】按钮。

(7)　在工具条上设置曲面修剪，原始曲面为【删除】，单击【确定】按钮，结果如图 4.167(b)所示。

3. 修整至曲面

修整至曲面是指将曲面修整到指定的曲面。将如图 4.168(a)所示的曲面修整成如图 4.168(b)所示的曲面，其操作步骤如下。

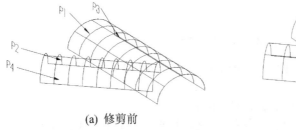

(a) 修剪前　　　　　　　　　　　　　(b) 修剪后

图 4.168　修整至曲面

(1)　执行【绘图】|【曲面】|【曲面修整】|【修整至曲面】命令或单击工具栏中的【修

整至曲面】按钮。

(2) 选取第一组曲面：选取圆柱曲面于点 P1(见图 4.168(a))，按 Enter 键。

(3) 选取第二组曲面：选取另一圆柱曲面于点 P2(见图 4.168(a))，按 Enter 键。

(4) 在工具条上设置曲面修剪，原始曲面为【删除】，修剪曲面为【两者】，如图 4.169 所示。

图 4.169　修整至曲面工具条

(5) 指定要保留的位置：选取曲面于点 P1，如图 4.168 所示。

(6) 将箭头移置修整后要保留的位置：放置于点 P3，如图 4.168 所示。

(7) 指定要保留的位置：选取曲面于点 P2，如图 4.168 所示。

(8) 将箭头移置修整后要保留的位置：放置于点 P4 的位置处，如图 4.168 所示。

(9) 单击工具条的【确认】按钮。

4. 平面修整

平面修整是指在指定的平面封闭曲线内产生一个曲面(操作方法见 4.3.2 节的瓶体上下底曲面创建过程)。

5. 分割曲面

分割曲面(打断曲面)是指将一曲面沿一个固定的参数分割为两个曲面。分割后的曲面多了一条分割线，用删除命令就可以观察出曲面打断前后的区别。将图 4.170(a)所示的曲面修整成图 4.170(b)所示的曲面，其操作步骤如下。

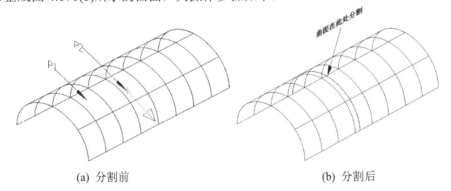

(a) 分割前　　　　　　　　　　　　　(b) 分割后

图 4.170　曲面分割

(1) 执行【绘图】|【曲面】|【曲面修整】|【打断曲面】命令或单击工具栏上的【打断曲面】按钮。

(2) 选取欲分割之曲面：选取曲面于点 P1。

(3) 将游标移置欲分割之位置：将光标位于点 P2。

(4) 指定分割线方向：通过【切换方向】按钮，使箭头指向图 4.170(a)所示，单击【确认】按钮，结果如图 4.170(b)所示。

6. 恢复修整

恢复修整是指恢复已经修整过的曲面。其中【处理方式 D】表示删除原修整的曲面，将如图 4.171(a)所示的图形恢复修整成如图 4.171(b)所示。

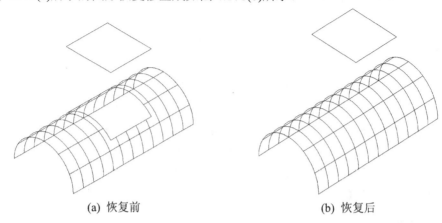

(a) 恢复前   (b) 恢复后

图 4.171　曲面恢复修整

7. 恢复边界

恢复边界是指将修整过的曲面沿所选边界恢复。如图 4.172(a)所示，选取曲面，将光标置于"曲线 C1"处，让曲线 C1 作为边界来恢复曲面，系统出现提示"是否恢复所有的边界？"，单击【否】按钮，结果如图 4.172(b)所示。

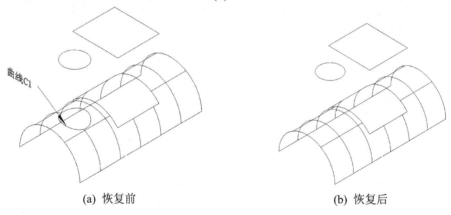

(a) 恢复前   (b) 恢复后

图 4.172　曲面恢复修整至曲线

8. 曲面延伸

曲面延伸是指将曲面沿指定的边缘延伸指定的长度或延伸到指定的平面。例如，将如图 4.173(a)所示的曲面修整成图 4.173(b)的样子，当【至一平面】选项为 N 时，可设置【指定长度】的数值；当【至一平面】选项为 Y 时，可选择【选取平面】作为延伸指定平面。

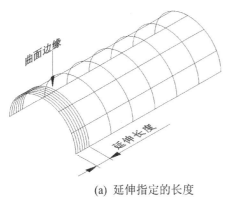 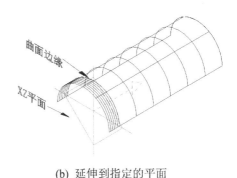

(a) 延伸指定的长度　　　　　(b) 延伸到指定的平面

图 4.173　曲面延伸

4.3.4　范例(十三)

例 4.12　按图 4.174(a)所示的尺寸要求，绘制出马鞍型线型框架，并生成如图 4.174(b)所示的曲面图形。

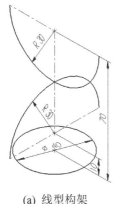 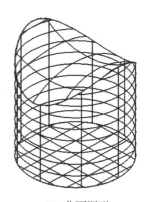

(a) 线型构架　　　　　　　　(b) 曲面图形

图 4.174　三维模型

操作步骤如下。

1)　在前视图上绘制圆弧

(1)　单击顶部工具栏中的【前视视角】按钮，单击顶部工具栏中的【前视构图面】按钮，设定深度 Z 为 0。

(2)　单击顶部工具栏中的【极坐标绘制圆弧】按钮，在如图 4.175 所示的极坐标绘制圆弧的工具条上输入圆心点(0，70)，输入半径为 30，输入起始角度为 180°，输入终止角度为 360°。结果如图 4.176 所示。

图 4.175　极坐标绘制圆弧工具条

2) 在侧视图上绘制出另一个圆弧

(1) 单击顶部工具栏中的【侧视视角】按钮，单击顶部工具栏中的【侧视构图面】按钮，设定深度 Z 为 0。

(2) 单击顶部工具栏中的【极坐标绘制圆弧】按钮，指定圆心点为(0，10)，输入半径为 30，输入起始角度为 0°，输入终止角度为 180°。结果如图 4.177 所示。

图 4.176　在前视图上绘制圆弧　　　　　　图 4.177　在侧视构图面上绘制圆弧

3) 在俯视图上绘制圆弧

(1) 单击顶部工具栏中的【俯视视角】按钮，单击顶部工具栏中的【俯视构图面】按钮，在状态栏中输入深度 Z 为 0。

(2) 单击顶部工具栏中的【圆心+点绘制圆弧】按钮，输入直径为 40，指定圆心点为(0，0)。

(3) 单击顶部工具栏中的【等角视角】按钮，结果如图 4.178 所示。

4) 将圆弧 C1 打断为两段

单击顶部工具栏中的【两点打断】按钮，选择要打断的图素，选取圆弧 C1(见图 4.178)，输入断点，捕捉中点 P1。

5) 用扫描曲面功能生成马鞍型曲面

(1) 单击状态栏中的【层别】按钮，系统弹出【层别管理】对话框，在【层别号码】文本框中输入 2，单击【确定】按钮。

(2) 单击顶部工具栏中的【扫描曲面】按钮，系统弹出【串连选项】对话框；单击【单体】按钮，选取圆弧 C1 于点 P1，按 Enter 键；单击【单体】按钮，选取圆弧 C2 于点 P2(见图 4.179)，按 Enter 键；单击【确定】按钮。结果如图 4.180 所示。

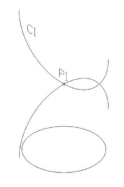

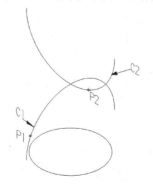

图 4.178　在俯视图上绘制圆　　　　　　图 4.179　选取图素作扫描曲面

(3) 同样做法，单击【单体】按钮，选取圆弧 C1 于点 P1，按 Enter 键；单击【单体】按钮，选取圆弧 C2 于点 P2(见图 4.180)，按 Enter 键；单击【确定】按钮。结果如图 4.181 所示。

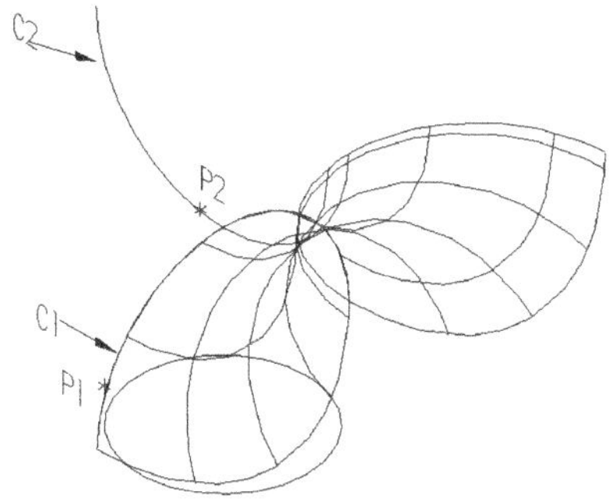

图 4.180　扫描曲面

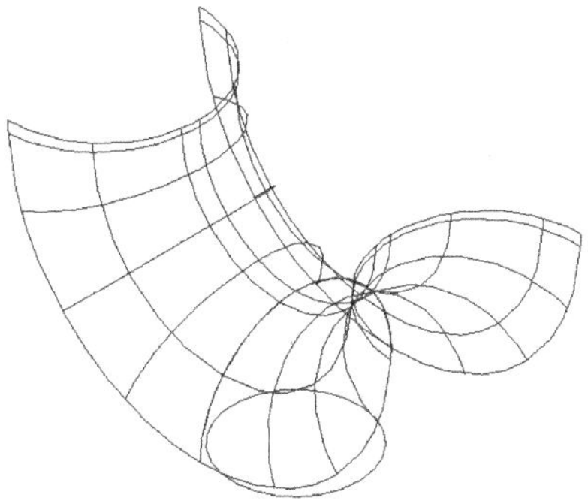

图 4.181　扫描曲面

6) 用牵引曲面功能生成圆柱曲面

(1) 在【层别管理】对话框的【层别号码】文本框中输入 3，再取消选中 2 层【突显】复选框，使得 2 层不可见，单击【确定】按钮。结果如 4.182 所示。

(2) 单击顶部工具栏中【牵引曲面】按钮，选择【牵引曲面】命令，系统弹出【串连选项】对话框，单击【单体】按钮，选取圆弧 C1，按 Enter 键，系统弹出【牵引曲面】对话框(见图 4.183)，在长度下拉列表框中输入 60，角度输入 0，按 Enter 键，单击【确定】按钮。结果如图 4.184 所示。

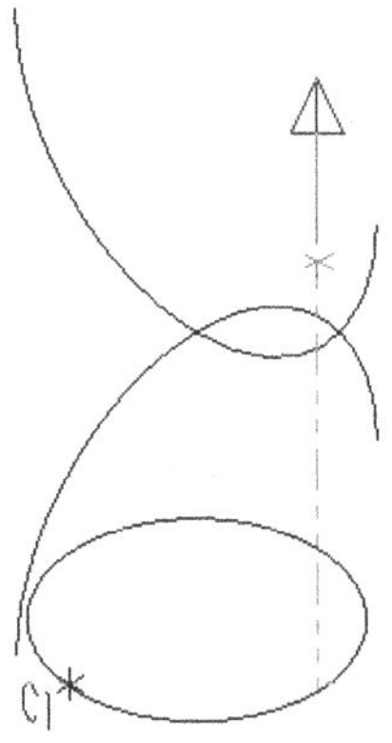

图 4.182　选取图素作牵引曲面

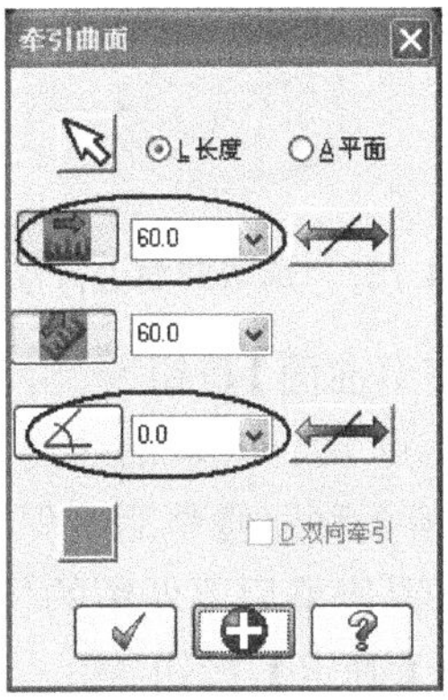

图 4.183　【牵引曲面】对话框

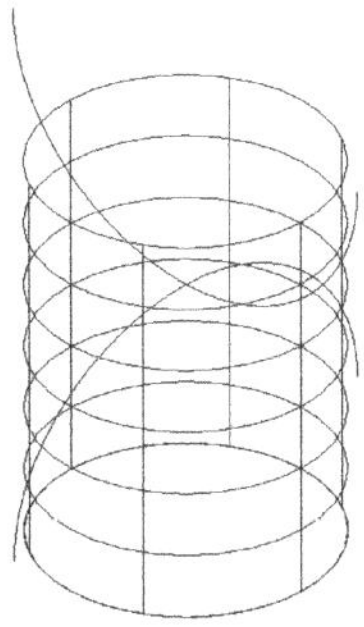

图 4.184　绘制牵引曲面

7) 用平面修整功能生成底平面

(1) 在【层别管理】对话框的【层别号码】文本框中输入 4，再取消选中 3 层【突显】复选框，使得 3 层不可见，单击【确定】按钮。结果如 4.185 所示。

(2) 单击顶部工具栏中的【平面修剪】按钮，执行【平面修剪】命令，系统弹出【串连选项】对话框，单击【单体】按钮，选取圆弧 C1(见图 4.185)，单击【确定】按钮。结果如图 4.186 所示。

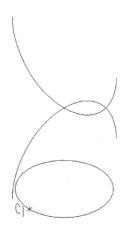

图 4.185　选取平面修整图素

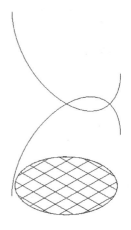

图 4.186　生成底平面

8)　用曲面修整功能将曲面进行修剪

(1)　选中 2、3 层【突显】复选框，使得 2、3 层可见，单击【确定】按钮 ✔️ 。结果如图 4.187 所示。

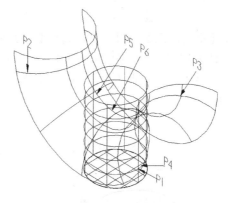

图 4.187　选取曲面进行修剪

(2)　单击顶部工具栏中的【修整至曲面】按钮 ，选取圆柱曲面于点 P1(见图 4.187)，按 Enter 键；选取左边马鞍型曲面于点 P2，选取右边马鞍型曲面于点 P3，按 Enter 键；指定保留区域，选取曲面于点 P1，将箭头移置修整后要保留的位置，放置于点 P4，指定保留区域，选取曲面于 P5 点，将箭头移置修整后要保留的位置，放置于点 P6(必要时可用动态旋转来进行保留曲面的选取)；单击【确定】按钮 ✔️ 。结果如图 4.174(b)所示。

4.3.5　习题

1. 将如图 4.188(a)所示的曲面进行曲面倒圆角，圆角半径为 5，倒出圆角曲面的结果如图 4.188(b)所示，具体尺寸如图 4.51 所示。

2. 将如图 4.189(a)所示的曲面进行曲面倒圆角，圆角半径为 5，倒出圆角曲面的结果如图 4.189(b)所示，具体尺寸如图 4.124(a)所示。

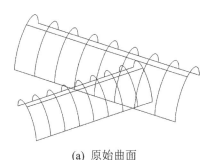

(a) 原始曲面　　　　　　　　　　(b) 曲面倒圆角

图 4.188　曲面倒圆角(习题 1)

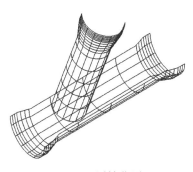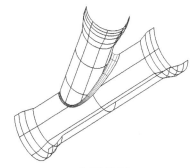

(a) 原始曲面　　　　　　　　　　(b) 曲面倒圆角

图 4.189　曲面倒圆角(习题 2)

3. 将如图 4.190(a)所示的曲面进行曲面修整，修整后的曲面结果如图 4.190(b)所示。具体尺寸如图 4.130(a)所示。

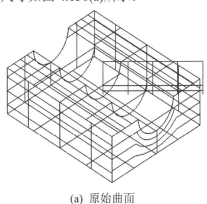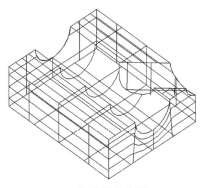

(a) 原始曲面　　　　　　　　　　(b)修整后的曲面

图 4.190　曲面修整(习题 3)

提示：上顶面与斜圆柱面的边界曲线之间进行曲面与曲线修整后，右下角面被删除，它可以通过平面修整将它补上，但先要用打断命令将三条直线打断，然后用串连命令连接起来即可，如图 4.191 所示；也可以重新再做直纹曲面生成上顶面，然后再做一次修整，但保留部分不同。

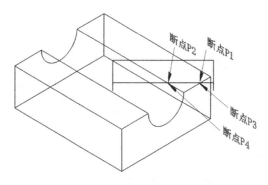

图 4.191　选取断点(习题 3)

4.4　曲面与曲线

在 Mastercam 中绘制曲线的方法比较简单，在前面介绍的绘制直线、圆弧的操作中，选取空间构图面上的点，或采用空间坐标方式输入坐标，即可绘制三维曲线。同时，Mastercam 还提供了单独的样条曲线(具体见 2.1.4 节)命令和在曲面或实体上绘制三维曲线的命令。

4.4.1　曲线与曲面

执行【绘图】|【曲面曲线】命令就可进入该功能。在【曲面曲线】子菜单中有 9 个选项，如图 4.192 所示。下面就各种选项的功能一一进行说明。

图 4.192　曲面曲线子菜单

1. 指定边界

【指定边界】命令可以绘制出曲面、实体或实体表面的一条边线。如图 4.193(a)所示，选取曲面图形，并将光标移至点 P1 处，系统会自动绘制出所选边缘的边界曲线，如图 4.193(b)所示。

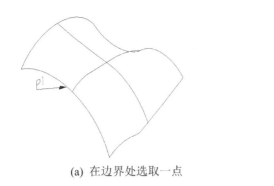

(a) 在边界处选取一点　　　　　　　　　　(b) 绘制单一边界线

图 4.193　在曲面上生成曲面单一边界曲线

2. 所有边界

【所有边界】命令可以绘制出曲面、实体或实体表面的所有边线。如图 4.194(a)所示，选取曲面图形于点 P1，按 Enter 键，系统会自动绘制出曲面的所有边界曲线，如图 4.194(b)所示。

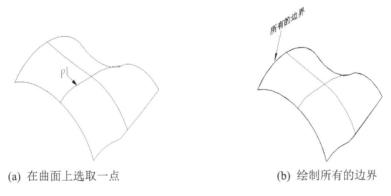

(a) 在曲面上选取一点　　　　　　　　　　(b) 绘制所有的边界

图 4.194　在曲面上生成曲面所有的边界曲线

3. 缀面边线

【缀面边线】命令可以在选取的参数型曲面的基础上绘制出缀面的边界，如图 4.195 所示。

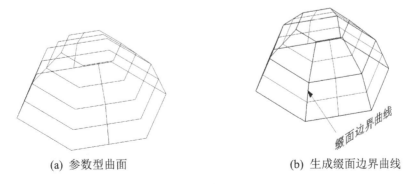

(a) 参数型曲面　　　　　　　　　　(b) 生成缀面边界曲线

图 4.195　在曲面上绘制缀面边界曲线

4. 曲面流线

【曲面流线】命令可以在曲面或实体的表面上同时绘制多条曲面的方向曲线，如图 4.196 所示。曲线的多少由参数曲线数目决定，可以对曲线数目进行修改。

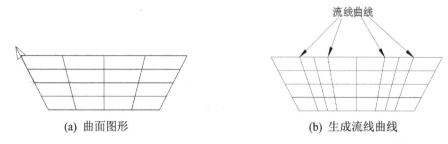

(a) 曲面图形　　　　　　　　　　　(b) 生成流线曲线

图 4.196　在曲面上绘制多条曲面方向曲线

5. 动态绘线

【动态绘线】命令可以通过在曲面或实体的表面上动态地选取曲线要通过的点，使用这些点和设置的参数来绘制动态曲线。在图 4.197(a)上选取点 P1、P2、P3、P4 点来绘制如图 4.197(b)所示的曲线，用的就是动态绘线法。

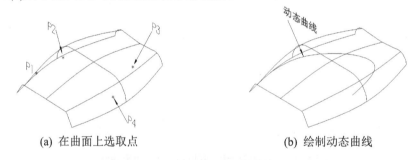

(a) 在曲面上选取点　　　　　　　　(b) 绘制动态曲线

图 4.197　在曲面上绘制任意曲线

6. 剖切线

【剖切线】命令可以绘制出曲面或实体表面与平面的交线。在如图 4.198(a)所示的曲面图形上绘制出如图 4.198(b)所示的剖切线。

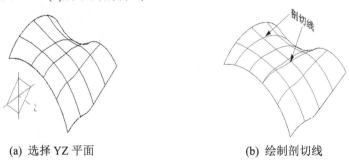

(a) 选择 YZ 平面　　　　　　　　　(b) 绘制剖切线

图 4.198　在曲面上绘制曲面与平面相交的曲线

其操作步骤如下。

(1) 单击工具栏中的【等角视图构图面】按钮 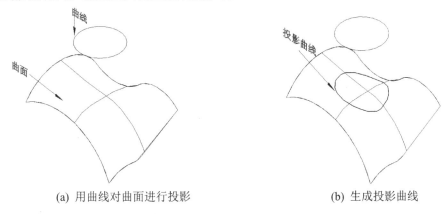。

(2) 执行【绘图】|【曲面曲线】|【剖切线】命令。

(3) 指定一个曲面：选取图中【曲面】(见图 4.198(a))，单击【应用】按钮 。

(4) 定义平面：选择【YZ 平面】。

(5) 输入平面的 X 坐标为 10。

(6) 剖切间距设置为 25；修整延伸设置为 N。

(7) 单击【确定】按钮 ，结果如图 4.198(b)所示。

7. 曲面曲线

【曲面曲线】命令可以绘制出曲线在曲面或实体表面的投影曲线。如图 4.199(a)所示，将曲线向曲面进行投影，这时构图面应设置为俯视构图面，投影方式设置为 V，修整延伸设为 N，则得出的投影结果如图 4.199(b)所示。如果将修整延伸设为 Y，则修整的过程和曲面与曲线修整相同，而且在曲面上生成投影线。

(a) 用曲线对曲面进行投影　　　　　　　(b) 生成投影曲线

图 4.199　在曲面上绘制出投影曲线

8. 分模线

【分模线】命令可以绘制出曲面、实体或实体表面的分割线。将如图 4.200(a)所示的曲面进行分模线处理，生成如图 4.200(b)所示的曲面，其操作步骤如下。

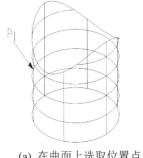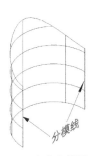

(a) 在曲面上选取位置点　　　　　　　(b) 生成分模线

图 4.200　在曲面上绘制分模曲线

(1) 单击工具栏中的【等角视角】按钮⊕。

(2) 单击工具栏中的【侧视构图面】按钮⬜。

(3) 执行【绘图】|【曲面曲线】|【分模线】命令。

(4) 选取曲面：选取图曲面于点 P1(见图 4.200(a))，单击【应用】按钮➕。

(5) 设置【修剪延伸】为 Y，单击【应用】按钮➕。

(6) 指出曲面修整后要保留的地方：选取位置于点 P1，结果如图 4.200(b)所示。

9. 交线

【交线】命令可以绘制出两组曲面的交线。如图 4.201(a)所示，选择曲面 1 作为第一组曲面，曲面 2 作为第二组曲面，将修整延伸设为 N，则会在两曲面之间生成交线，如图 4.201(b)所示。如果将修整延伸设为 Y，则修整的过程和曲面与曲面修整相同，而且在两修剪曲面之间会有两条交线。

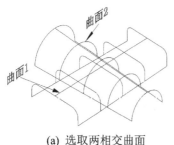
(a) 选取两相交曲面

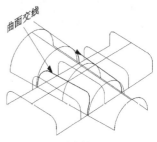
(b) 绘制交线

图 4.201　在曲面上绘制曲面与曲面的相交的曲线

4.4.2　范例(十四)

例 4.13　将如图 4.202(a)所示的曲面图形进行修整，修整后的曲面如图 4.202(b)所示。具体尺寸如图 4.79 所示。

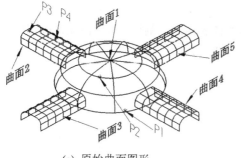
(a) 原始曲面图形

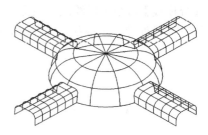
(b) 修整后的曲面图形

图 4.202　曲面修整

操作步骤如下。

(1) 执行【层别】|【2 层】命令(在弹出的对话框中双击标号 2)。

(2) 执行【绘图】|【曲面曲线】|【交线】命令，选取第一组曲面，选取【曲面 1】(见图 4.202(a))，单击【应用】按钮 ⊕；选取第二组曲面，选取【曲面 2】、【曲面 3】、【曲面 4】和【曲面 5】，单击【应用】按钮 ⊕。

(3) 将【修剪延伸】设为 Y，按 Enter 键；指定要保留的位置，选取曲面 1 于点 P1，将箭头移置修整后要保留的位置，放置于点 P2；指定要保留的位置，选取曲面于点 P3，将箭头移置修整后要保留的位置，放置于点 P4。结果如图 4.202(b)所示。

4.4.3 习题

1. 将如图 4.203(a)所示的曲面图形进行修整，修剪的结果如图 4.203(b)所示。具体尺寸如图 4.131(a)所示。

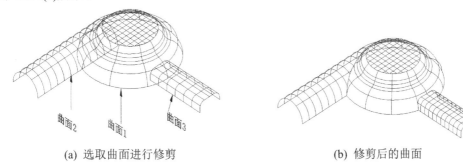

(a) 选取曲面进行修剪   (b) 修剪后的曲面

图 4.203 曲面修整(习题 1)

2. 如图 4.204(a)所示的曲面图形，用曲面曲线中的剖切线功能对该图形进行修剪，修剪的结果如图 4.204(b)所示。具体尺寸如图 4.128(a)所示。

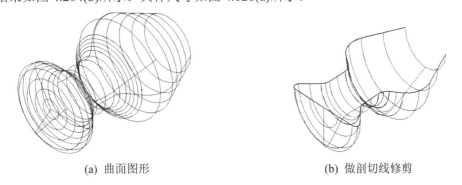

(a) 曲面图形   (b) 做剖切线修剪

图 4.204 曲面修剪(习题 2)

第5章 实体的构建与编辑

在 Mastercam 中提供了 5 种基本实体造型方法，可以方便地生成简单的实体；还提供了挤出、举升、旋转、扫描等造型方法，可以生成较复杂的实体；除此之外，还具有对实体进行编辑操作的功能，如倒圆角、倒角、抽壳、修剪以及布尔运算等，这样可以生成更加复杂的实体。利用 Mastercam 所提供的实体功能基本可以满足人们的造型需要。

5.1 实体的构建

Mastercam 中的实体是指一个封闭的三维几何图素，它占有一定的空间，包含一个或多个面，这些面构成实体的封闭边界。除基本实体外的所有创建及编辑实体命令均包含在【实体】菜单或工具条中，如图 5.1 所示。

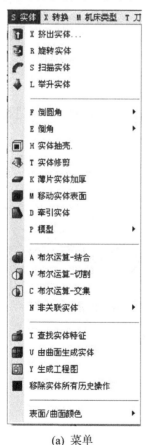

(a) 菜单

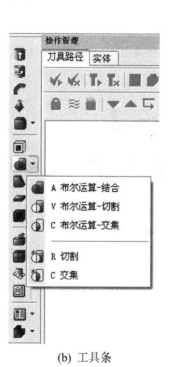

(b) 工具条

图 5.1 【实体】菜单及工具条

5.1.1 基本实体

Mastercam 提供了圆柱体、圆锥体、立方体、圆球及圆环体 5 种形状的基本实体。其创建方法和创建基本曲面的方法相同，只需选中相应对话框中的【实体】单选按钮即可，如图 5.2 所示。这些实体的创建已模块化，通过选择或输入 5 种基本实体的特征参数，系统将自动产生唯一相应的实体。同时，系统还支持光标在绘图区直接动态绘制实体，或通过单击【动态输入】按钮对正在绘制的实体的某个参数进行动态修改，应用起来很方便。

图 5.2 【圆柱体】对话框

1. 圆柱体

单击工具栏中的【画圆柱体】按钮，打开创建【圆柱体】对话框，单击对话框左上角的【展开】按钮，如图 5.2 所示。其参数输入从上到下依次为半径、高度、轴的方向、扫描起始角度和终止角度以及圆柱体轴的定位，其中圆柱体轴的定位可分别使用坐标轴、直线和两点定位。

例如，构建如图 5.3 所示的实体，其操作步骤如下。

(1) 打开创建【圆柱体】对话框并输入参数，如图 5.2 所示。

(2) 根据系统提示依次捕捉点 P1 和点 P2。当弹出【是否以线长代替高度】对话框的提示时，单击【否】按钮。

(3) 当提示选取圆柱体的基准点时，单击【快速绘点】按钮，输入点 P3 的坐标值 (0，0)，单击【确定】按钮 即可。

2. 圆锥体

圆锥体造型用于构建标准的圆台。构建标准圆台的操作方法与圆柱的构建方法相同，操作步骤与构建圆柱的操作步骤类似，主要是增加了圆锥角或圆锥顶部半径的输入 (见图 5.4)，因此可参照圆柱体的构建方法去构建圆台。

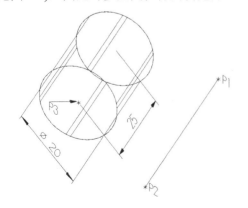

图 5.3 绘制圆柱体

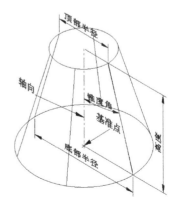

图 5.4 圆锥体

3. 立方体

单击工具栏中的【立方体】按钮 ✏·，打开创建【立方体选项】对话框，如图 5.5 所示。

创建立方体所需要定义的参数有长度、宽度、高度、轴向、立方体的旋转角度、基准点(固定的位置)等。在默认状态下，长度与 X 轴对应，宽度与 Y 轴对应，高度与 Z 轴对应。创建立方体的方法有两种：一种是根据输入以上特征参数确定立方体，如图 5.6(a)所示，其操作步骤与构建圆柱体的操作步骤类似，可参照圆柱体的构建方法来创建；另一种方法是打开【立方体选项】对话框后进行动态绘图，即在绘图区拾取立方体的底部两对角点，然后动态设置高度来绘制立方体，如图 5.6(b)所示。

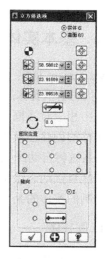

图 5.5　【立方体选项】对话框

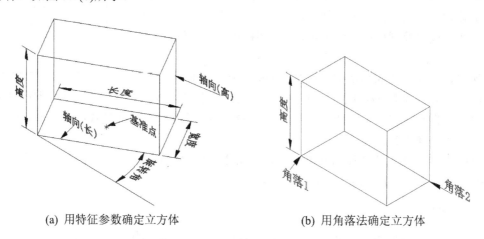

(a) 用特征参数确定立方体　　　　　　(b) 用角落法确定立方体

图 5.6　立方体的两种参数设定法

4. 圆球

圆球的构建比较简单，最少有两个特征参数就可唯一确定一个球体，它们是圆球的半径和球心的位置。构建标准圆球(见图 5.7)的方法与圆柱体的构建方法相同，操作步骤与构建圆柱体的操作步骤类似。可参照圆柱实体造型方法。

5. 圆环体

圆环体的构建主要是确定圆环的半径🔲和圆管的半径🔲，如图 5.8 所示。其他参数的意义和前面几个基本实体相同，可参照进行操作。

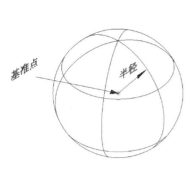

图 5.7 圆球

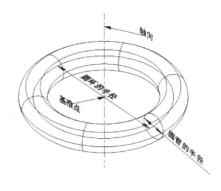

图 5.8 圆环

5.1.2 挤出实体与举升实体

1. 挤出实体

挤出实体是对串连曲线进行挤出生成实体的操作方法。用于串连的曲线可以是封闭的,也可以是开放的。当为封闭的曲线时,可以挤出产生实体或薄壁实体;当为开放曲线时,则只能挤出产生薄壁实体。两种曲线产生的挤出实体如图 5.9 所示,其中,如图 5.9(a)所示为挤出封闭曲线产生的实体,如图 5.9(b)所示为挤出开放曲线产生的薄壁实体。

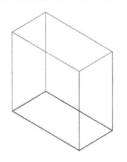

(a) 挤出封闭曲线产生的实体

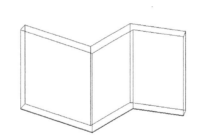

(b) 挤出开放曲线产生的薄壁实体

图 5.9 两种曲线产生的挤出实体

通过执行【实体】|【挤出实体】命令或单击工具栏中的【挤出实体】按钮 🔃 即可进入创建挤出实体的操作。首先,系统弹出【串连选项】对话框,如图 5.10 所示。

选择需要挤出的串连图素后,单击【确定】按钮 ✅。此时,系统会在绘图区高亮显示所选的串连图素和将要挤出实体的方向,同时弹出【挤出串连】对话框,该对话框包括【挤出】和【薄壁设置】两个选项卡,其中【挤出】选项卡如图 5.11 所示。

1) 【挤出】选项卡中的参数

【挤出】选项卡中各选项的意义及设置如下。

● 【名称】文本框:输入挤出操作的名称,可以使用系统的默认值,也可以自己设定。

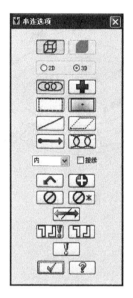

图 5.10 【串连选项】对话框

图 5.11 【挤出】选项卡

- 【挤出操作】选项组：用来设定挤出操作的模式，共有三个单选按钮，第一个是【创建主体】单选按钮，用于新实体的构建；第二个是【切割实体】单选按钮，将生成的实体作为工件主体在选取的目标主体上进行切除操作；第三个是【增加凸缘】单选按钮，将生成的实体作为工件主体和选取的目标主体进行叠加操作。当操作模式为"切割实体"或"增加凸缘"时，用户可以对【合并操作】复选框进行设置，当选中【合并操作】复选框时，那么挤出操作合并为一个操作；当取消选中该复选框时，挤出操作相互独立，即通过多个挤出操作生成多个工件主体。在 Mastercam 中，一般创建三维实体时均有以上三种模式，即可以直接生成新的独立实体，也可以在已有实体的基础上对实体进行减去(切割实体)或增加(增加凸缘)操作。

- 【拔模】选项组：用来设置挤出操作是否倾斜及倾斜的方向和角度。它有【拔模】和【朝外】两个复选框。当选中【拔模】复选框时，挤出操作为倾斜，只有该复选框选中时才能设置倾斜方向及倾斜角度；选中【朝外】复选框时，挤出操作设置为向外倾斜，否则为向内倾斜。【角度】文本框用来设置倾斜角度大小。

- 【挤出的距离/方向】选项组：用来设置挤出距离和方向。
    - 【按指定的距离延伸距离】单选按钮：可直接输入数值来设置挤出距离。
    - 【全部贯穿】单选按钮：只有在进行"切割实体"操作时有效，是指沿着挤出方向完全贯穿切除选取的目标主体。
    - 【延伸到指定点】单选按钮：是沿着挤出方向挤出至所选取的点，必要时挤出方向可反向。
    - 【按指定的向量】单选按钮：是通过设定一个向量来确定挤出的方向和距离。
    - 【重新选取】按钮：是重新进行挤出方向的选择。
    - 【修剪到指定的曲面】复选框：是将挤出的工件主体修整至目标主体的一个面上，只有在切割实体或增加凸缘的模式下才能进行设置。

◆　【更改方向】复选框：可以设置挤出方向与绘图区显示的挤出方向反向。

◆　【两边同时延伸】复选框：是在挤出方向的正反两个方向同时进行挤出操作。

◆　【双向拔模】复选框：表示正反两个方向的挤出操作倾斜角度相反，它只有在选中【两边同时延伸】复选框时才有效。

2)　【薄壁设置】选项卡中的参数

【薄壁设置】选项卡(见图 5.12)中各选项意义及设置如下。

单击【薄壁设置】选项卡，系统会切换到【薄壁参数】选项卡。当选中【薄壁实体】复选框时，其他薄壁挤出的参数设置有效。

● 　【厚度朝内】单选按钮：是指挤出的实体厚度延伸的方向为向内延伸。

● 　【厚度朝外】单选按钮：是指挤出的实体厚度延伸的方向为向外延伸。

● 　【双向】单选按钮：是指挤出的实体厚度延伸方向为向内和向外两个方向同时延伸。

● 　【朝内的厚度】文本框：用来设置向内延伸的厚度值。

● 　【朝外的厚度】文本框：用来设置向外延伸的厚度值。

● 　【开放轮廓的两端同时产生拔模角】复选框：用来产生带有倾斜角度的面，该复选框只有在【挤出】选项卡中的【拔模角】复选框选中时才有效。

2. 举升实体

举升/直纹构建实体的方法是一种将两个或两个以上的曲线(截面)进行线性连接或平滑连接而产生实体的一种操作方法。在举升/直纹中选取的每一个截面必须封闭且共面，但各截面间可以不平行。在构建举升/直纹实体时的注意事项与构建举升/直纹曲面时一样。

执行【实体】|【举升实体】命令或单击工具栏中的【举升实体】按钮 ↓，可进入创建举升/直纹实体的操作。选择举升的截面后，单击【确定】按钮 ✓，系统弹出如图 5.13 所示的【举升实体】对话框，【举升操作】选项组中的三个单选按钮的含义与前面挤出操作的含义相同。当【以直纹方式产生实体】复选框被选中时，是采用线性熔接方式生成直纹实体；当取消选中该复选框时采用光滑熔接生成举升实体。单击【确定】按钮 ✓，系统即按所设定参数进行操作，生成举升实体或直纹实体。

图 5.12　【薄壁设置】选项卡

图 5.13　【举升实体】对话框

5.1.3 范例(十五)

例5.1 根据如图5.14所示的支架零件图绘制相应的线架,并通过挤出操作创建零件实体。

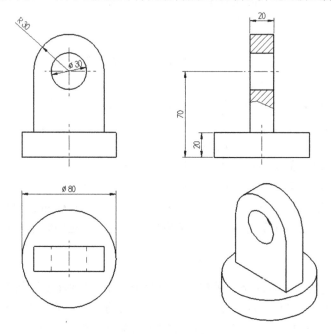

图5.14 支架零件图

操作步骤如下。

1) 在俯视图上绘制一个圆

(1) 单击工具栏中的【等角视图】按钮 ⊗,设置屏幕视角为等角视图;单击工具栏中的【俯视图】构图面按钮 ■,设置构图面为俯视,设定深度 Z 为0。

(2) 执行【绘图】|【圆弧】|【圆心+点】命令或单击工具栏中的【圆心+点】按钮 ⊕,系统弹出如图5.15所示的工具条,输入直径为80,单击【原点】按钮 ■ 指定圆心点(0,0),单击【确定】按钮 ☑。

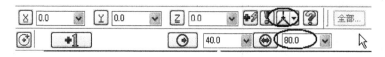

图5.15 三点画圆参数栏

2) 在前视图上绘制一个矩形和两个圆弧并删除多余的线型

(1) 单击工具栏中的【前视图】构图面按钮 ■,设置构图面为前视,设定深度 Z 为0。

(2) 执行【绘图】|【矩形形状设置】命令或单击工具栏中的【矩形形状设置】按钮 ⊕,在系统弹出的【矩形选项】对话框中输入参数,如图5.16所示;单击【原点】按钮 ■ 指定基准点(0,0),单击【确定】按钮 ☑,绘图结果如图5.17所示。

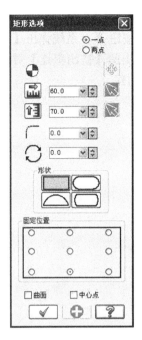

图 5.16 【矩形选项】对话框

(3) 执行【绘图】|【圆弧】|【两点画弧】命令或单击工具栏中的【两点画弧】按钮 ✛·，在工具条中输入半径为 30，依次捕捉点 P1 和点 P2，选择需要保留的圆弧上半部并单击【确定】按钮 ✅。再单击工具栏中的【圆心+点】按钮 ⊕·，在参数栏输入直径为 30，捕捉点 P3 为圆心点，单击【确定】按钮 ✅。

(4) 单击工具栏中的【删除】按钮 ✎，选择矩形的上边线 L1 并按 Enter 键确定删除，结果如图 5.18 所示。

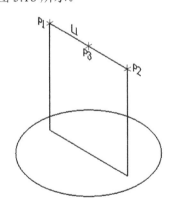

图 5.17 绘制圆和矩形

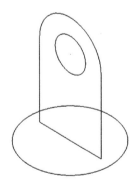

图 5.18 绘制圆弧

3) 对直径为 φ80 的圆弧进行挤出实体操作

单击工具栏中的【挤出实体】按钮 🔲，系统弹出【串连选项】对话框时选择 φ80 圆并确定，在弹出的【挤出串连】对话框中选中【按指定的距离延伸】单选按钮，并输入距离值为 20，调整挤出方向为向上挤出后单击【确定】按钮 ✅。

4) 对前视图上的图形进行挤出实体操作

单击工具栏中的【挤出实体】按钮 🔒，系统弹出【串连选项】对话框，选择如图 5.19 所示的点 P1 和点 P2 并确定，在弹出的【挤出串连】对话框中设置如图 5.20 所示的参数，单击【确定】按钮 ✔，完成实体创建。

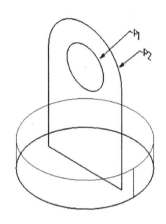

图 5.19　生成挤出实体

图 5.20　设置挤出实体的参数

例 5.2　根据如图 5.21 所示的平台零件图绘制相应的线架，并通过举升操作创建零件实体。

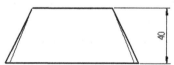

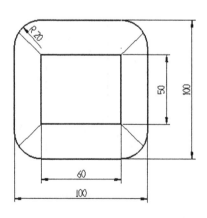

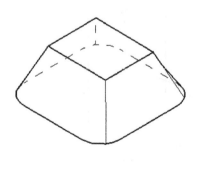

图 5.21　平台零件图

操作步骤如下。

1)　在俯视图上绘制两个矩形

(1)　单击工具栏中的【等角视图】按钮 ⊕，设置屏幕视角为等角视图；单击工具栏中的【俯视图】构图面按钮，设置构图面为俯视，设定深度 Z 为 0。

(2) 单击工具栏中的【矩形】按钮，在系统弹出的工具条中输入矩形的宽度为 100，高度为 100；单击【基准点为中心点】按钮，设置基准点为中心点；单击【原点】按钮，输入中心点的位置为(0,0)，再单击【确定】按钮。

(3) 单击工具栏中的【串连倒圆角按钮】，选取矩形为串连的图素并确定，调整圆角半径为 20，单击【确定】按钮。

(4) 设定深度 Z 为 40。

(5) 单击工具栏中的【矩形】按钮，在系统弹出的工具条中输入矩形的宽度为 60，高度为 50，并单击【Z 坐标】按钮，将坐标值 Z 为 40 固定下来(数值背景变为红色即可)；单击【基准点为中心点】按钮，设置基准点为中心点；单击【快速绘点】按钮，输入中心点的位置为(0,0)；再单击【确定】按钮，结果如图 5.22 所示。

2) 将两个矩形在中点处打断

单击工具栏中的【两点打断】按钮，依次选择要打断的直线和该直线要打断的位置，单击【确定】按钮，打断后的断点如图 5.22 所示的中点 P1 和中点 P2。

3) 对图形进行举升实体操作

单击工具栏中的【举升实体】按钮，系统弹出【串连选项】对话框时依次选择如图 5.22 中的点 P1 和点 P2 左侧(或右侧)的直线。为保证两个串连起点和方向一致，所选两条直线最好同侧并且选取位置要靠近中点(点 P1 或点 P2)，单击【确定】按钮。

系统弹出【举升实体】对话框，设置如图 5.23 所示，单击【确定】按钮，完成实体创建。

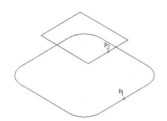

图 5.22 在绘制的两矩形处打断

图 5.23 设置举升实体的参数

5.1.4 旋转实体与扫描实体

1. 旋转实体

旋转实体是将曲线串连绕选择的旋转轴进行旋转而产生实体的一种操作方法。用于串连的曲线既可以是封闭的，也可以是开放的。当为封闭的曲线时，产生的是实体；当为开放的曲线时，产生的是薄壁。由旋转构建产生的实体可以是直接生成的，也可以是在已有的实体上增加或减去生成的。

执行【实体】|【旋转实体】命令或单击工具栏中的【旋转实体】按钮可进入创建旋转实体的操作。首先，系统弹出【串连选项】对话框，在选择了需要旋转的串连图素后，

单击【确定】按钮 ☑，随后系统提示选择一条直线作为旋转轴，选取一条直线后，系统将弹出【方向】对话框，如图5.24所示。

- 【重新选取轴(直线)】按钮：重新选取一条直线作为旋转轴，并用箭头表示出旋转操作的旋转方向(旋转方向的确定可以用右手定则来判断，参见4.2.4节)。
- 【反向】按钮：将旋转方向反向。
- 【确定】按钮 ☑：当轴线和方向确定后，单击该按钮。

图5.24 【方向】对话框

操作完后，系统会弹出【旋转实体的设置】对话框，对话框中有两个选项卡下面将分别进行介绍。

1) 【旋转】选项卡

在如图5.25所示的【旋转】选项卡中，【旋转操作】选项组中的参数设置与挤出实体的对应部分相同，在这里不作介绍。下面仅对【角度/轴向】选项组中的各参数的含义进行介绍。

- 【起始角度】文本框：在该文本框输入旋转操作的起始角度。
- 【终止角度】文本框：在该文本框输入旋转操作的终止角度。
- 【反向】复选框：选中该复选框，旋转方向与设置的旋转方向反向。

2) 【薄壁设置】选项卡

在【旋转实体的设置】对话框中的【薄壁设置】选项卡下，包含的选项及其功能与【挤出串连】对话框中的【薄壁设置】选项卡完全一样，如图5.26所示，在这里不作介绍。

图5.25 【旋转】选项卡

图5.26 【薄壁设置】选项卡

2. 扫描实体

扫描实体是将串连曲线(截面)沿选择的导引曲线(路径)平移或旋转而生成实体的一种操作方法。由扫描构建产生的实体可以是直接生成的，也可以是在已有的实体上增加或减去而生成的。在扫描操作中选取的每一个截面都必须是封闭的且要共面。

执行【实体】|【扫描实体】命令或单击工具栏中的【扫描实体】按钮 可进入创建扫描实体的操作。首先，系统弹出【串连选项】对话框，选择要扫描的截面后，单击【确定】

按钮 ✔；系统再次弹出【串连选项】对话框提示选择扫描路径的串连图素，选取完成后弹出如图 5.27 所示的【扫描实体】对话框，【扫描操作】选项组中的三个单选按钮的含义与前面挤出操作的含义相同。进行相应的设置后再单击【确定】按钮 ✔，系统即按所设定参数进行扫描操作并生成实体。

图 5.27　【扫描实体】对话框

5.1.5　范例(十六)

例 5.3　根据如图 5.28 所示的杯子零件图绘制相应的线架，并通过旋转和扫描操作创建零件实体。

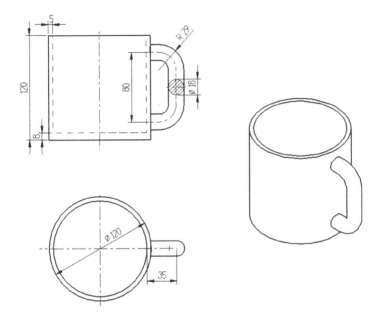

图 5.28　杯子零件图

操作步骤如下。

1)　在前视构图面上绘制杯体的线型构架

(1)　单击工具栏中的【前视图】按钮 ，设置屏幕视角为前视图；单击工具栏中的【前视图】按钮 ，设置构图面为前视，设定深度 Z 为 0。

(2)　单击工具栏中的【矩形】按钮 ，设置矩形的宽度为 60，高度为 8，基准点的位置为左下角点，单击【原点】按钮 指定基准点(0,0)。

(3)　单击工具栏中的【矩形形状设置】按钮 ，系统弹出【矩形选项】对话框，在弹出的对话框中设置矩形的宽度为 5，高度为 112，基准点的位置为右下角点，然后捕捉前一个矩形的右上角点 P1(见图 5.29)定位，单击【确定】按钮 ✔。

(4)　执行【绘图】|【任意直线】|【绘制任意线】命令或单击工具栏中的【绘制任意线】按钮 ，输入 X 坐标为 0 并单击【X 轴坐标锁定】按钮 锁定该坐标，在绘图屏幕上合适的位置选择 P2、P3 两点，结果如图 5.29 所示。

(5) 删除第二个矩形的下边线 L1。

(6) 执行【编辑】|【修剪/打断】|【修剪/打断/延伸】命令或单击工具栏中的【修剪/打断/延伸】按钮，再单击【两物体修剪】按钮，选择直线 L2 和 L3 完成修剪。

(7) 执行【分析】|【分析图素属性】命令或单击工具栏中的【分析图素属性】按钮，选择直线 L4，弹出【线的属性】对话框，如图 5.30 所示，将直线型式改为中心线。结果如图 5.31 所示。

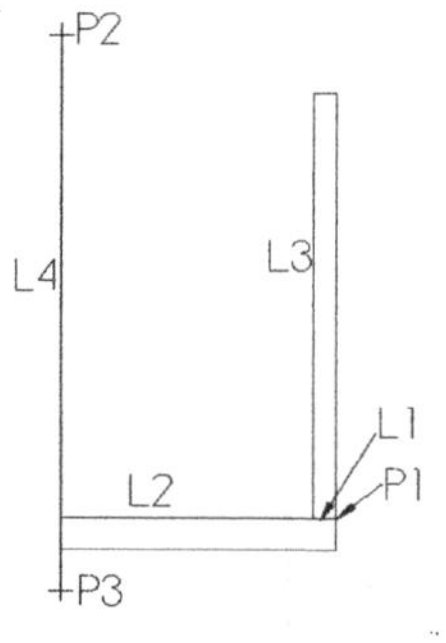

图 5.29 绘制辅助矩形

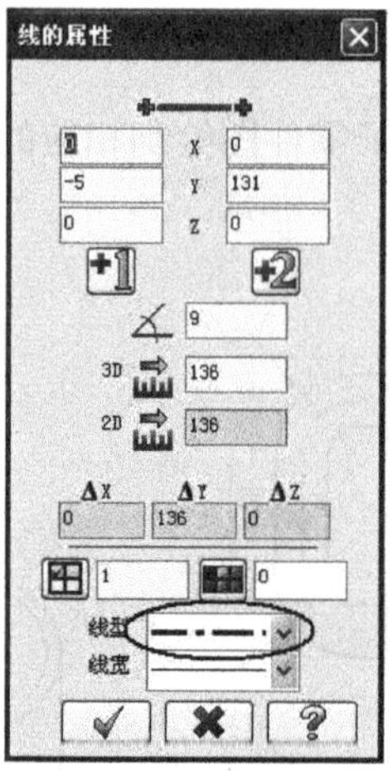

图 5.30 【线的属性】对话框

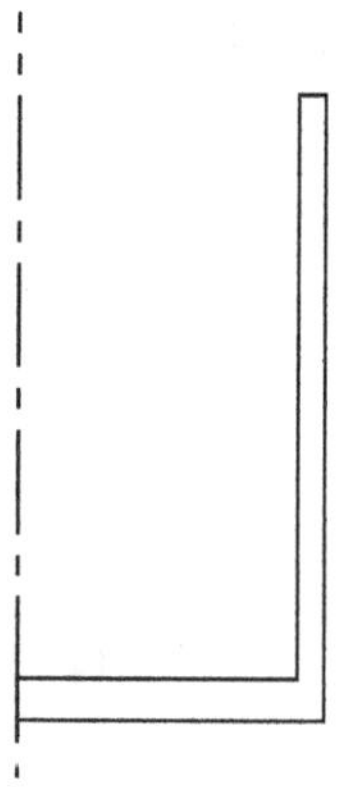

图 5.31 杯体构架

2) 在前视构图面上绘制把手的线型构架

(1) 单击工具栏中的【矩形】按钮，设置矩形的宽度为 35，高度为 80，基准点的位置为左下角点，单击【快速绘点】按钮并输入坐标(55,20)。

(2) 删除矩形的左边线 L4，如图 5.32 所示。

(3) 执行【绘图】|【倒圆角】|【串连倒圆角】命令或单击工具栏中的【串连倒圆角】按钮，系统弹出【串连选项】对话框，选取 L1、L2 、L3 组成的串连图素并确定，输入圆角半径为 20，单击【确定】按钮，结果如图 5.33 所示。

(4) 单击工具栏中的【等角视图】按钮，设置屏幕视角为等角视图，单击工具栏中的【右视图】构图面按钮，设置构图面为右视，设定深度 Z，捕捉端点 P1(Z=55)，如图 5.33 所示。

(5) 单击工具栏中的【圆心+点】按钮，输入直径为 18，捕捉圆心点 P1(见图 5.33)，单击【确定】按钮，结果如图 5.34 所示。

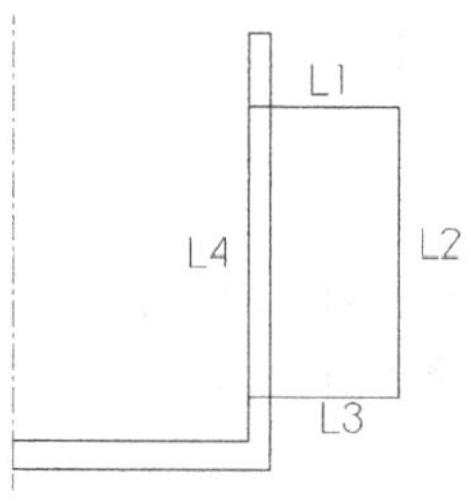

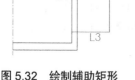

图 5.32 绘制辅助矩形

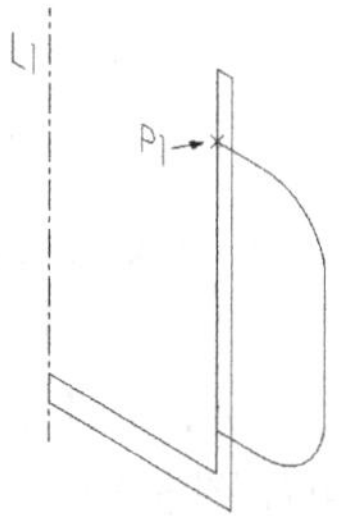

图 5.33 绘制把手的扫描路径

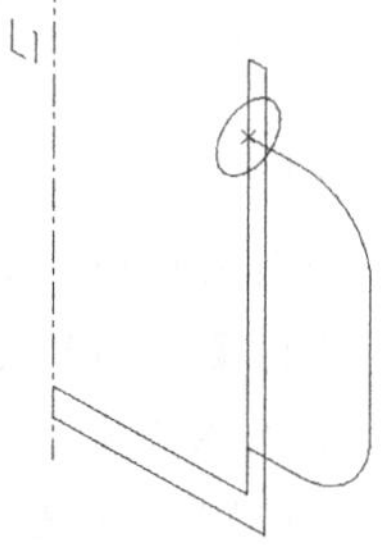

图 5.34 生成把手的截面图形

3)　采用旋转实体构建杯体

(1)　在底部状态栏选择【层别】，在层别编号输入 2 并确定。

(2)　单击工具栏中的【旋转实体】按钮 ，进入创建旋转实体的操作。选择需要旋转的串连图素，如图 5.35 所示，选取串连图素于点 P1，单击【确定】按钮 ；选择直线 L1 作为旋转轴线并确定方向，然后在弹出的【旋转实体的设置】对话框中设置旋转的起始角为 0°，旋转的终止角为 360°，单击【确定】按钮 ，结果如图 5.36 所示。

(3)　在底部状态栏选择【层别】，在层别编号输入 3 并确定。

(4)　单击工具栏中的【扫描实体】按钮 ，进入创建扫描实体的操作。首先，选取要扫描的图素，在弹出的对话框中单击【单体】按钮 ，选取圆 C1(见图 5.36)，单击【确定】按钮 ；然后选择扫描路径的串连图素，选取曲线于点 P1，在弹出的【扫描实体】对话框中设置扫描的操作为"增加凸缘"，再单击【确定】按钮 ，结果如图 5.37 所示。

图 5.35　选取旋转图素　　　　图 5.36　生成杯体　　　　图 5.37　用扫描实体生成把手

(5)　在底部状态栏选择【层别】，在弹出的对话框中取消 1 层的可见性，结果如图 5.28 所示。

5.1.6　薄片实体

薄片实体是一种不具有厚度的实体，构建薄片实体的方法有两种：一种是转换未封闭的曲面构建薄片实体；另一种是移除封闭实体的一个面后再构建薄片实体。另外，还可以将薄片实体转换为封闭实体。下面就介绍这三种操作方法。

1．曲面转换

曲面转换为实体操作，是将一个或多个曲面转换为实体。生成的实体有两种形式：如果选择的曲面为封闭曲面，则转换生成封闭实体；如果曲面为未封闭的曲面，则生成薄片实体。

执行【实体】|【由曲面生成实体】命令或单击工具栏中【由曲面生成实体】按钮 可进入由曲面转换实体的操作。此时系统会弹出如图 5.38 所示的【曲面转为实体】对话框，该对话框用于设置曲面转换为实体操作中的有关参数。

图 5.38　【曲面转为实体】对话框

对话框中的各项参数的功能如下。

- 【使用所有可以看见的曲面】复选框：若选中该复选框，系统将选取所有曲面并转换为一个或多个实体；若取消选中该复选框，在完成该对话框的设置后，需选择要进行转换的曲面。
- 【边界误差】文本框：用于指定转换操作中生成的实体与原曲面间的边界误差。误差值设置得越小，则生成的实体外形越接近原曲面。
- 【原始的曲面】选项组：用于设置完成转换操作后是否保留原始曲面。有保留、隐藏和删除三种选择。
- 【实体的层别】选项组：用于设置转换操作生成实体所在的图层，用户可以选中【使用当前层别】复选框，也可取消选中【使用当前层别】复选框，而自由选择层别号。
- 【实体颜色】选项组：用于设置转换操作生成实体的颜色，用户可以选中【使用曲面颜色】复选框设定为所使用曲面颜色，或取消选中该复选框使用系统设置的颜色。

选择完成后单击【确定】按钮 ✓。

如果选择的曲面有非封闭曲面，则会生成薄片实体。这时系统会弹出询问是否要创建边界曲线的对话框，如果单击【是】按钮创建边界曲线，则弹出颜色选项框，提示用户定义边界曲线的颜色。

封闭曲面转换成实体如图 5.39 所示，其中，如图 5.39(a)所示为一个封闭的曲面图形。当选择所有的曲面进行曲面转换为实体操作时，所有的曲面都进行了转换，生成了一个结果如图 5.39(b)所示的封闭实体。

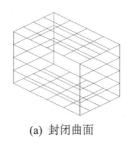   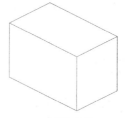

(a) 封闭曲面   (b) 封闭实体

图 5.39   封闭曲面转换成实体

开放曲面转换成薄片实体如图 5.40 所示，其中，如图 5.40(a)所示为立方体的三个侧面。它们并没有组成一个封闭曲面。当选择所有的曲面进行曲面转换为实体操作时，所有的曲面都进行了转换，生成了一个结果如图 5.40(b)所示的薄片实体。

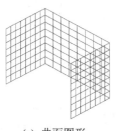   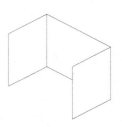

(a) 曲面图形   (b) 薄片实体

图 5.40   开放曲面转换成薄片实体

2. 移除实体面

移除实体面操作可以移除选择实体的一个或多个面而生成一个薄片实体。进行移除实体面操作的实体既可以为封闭实体，也可以为薄片实体。

执行【实体】|【移动实体表面】命令或单击工具栏中【移动实体表面】按钮，可进入移除实体面的操作。这时系统会提示选择要进行移除面的实体(如当前只有一个实体则直接进入下一步)，然后提示选择要移除的实体面，用户可以选择一个或多个要移除的实体面，选择完后，按 Enter 键确定，系统会弹出如图 5.41 所示的【移除实体表面】对话框，该对话框用于设置移除实体面生成的薄片实体操作中的有关参数。该对话

图 5.41　【移除实体表面】对话框

框中各项参数与【曲面转为实体】对话框中的各项参数含义相同，在这里就不作介绍了。

删除封闭实体面转换成薄片实体如图 5.42 所示，其中，如图 5.42(a)所示为立方体，它是一个封闭实体。当选择前侧面和右侧面进行移除面生成薄片实体操作时，剩下的所有曲面都转换生成了薄片实体，结果如图 5.42(b)所示。

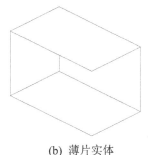

(a)　封闭实体　　　　　　　　　(b)　薄片实体

图 5.42　删除封闭实体面转换成薄片实体

3. 薄片实体加厚

薄片实体加厚操作是将选择的薄片实体按设定的方向增加指定的厚度后转换为封闭实体。

执行【实体】|【实体加厚】命令或单击工具栏中【实体加厚】按钮可进入薄片实体加厚的操作。此时系统提示选择进行加厚操作的薄片实体(如当前只有一个薄片实体则直接进入下一步)，选择一个薄片实体后，系统弹出如图 5.43 所示的【增加薄片实体的厚度】对话框。该对话框中的【名称】文本框用于指定加厚操作的名称；【厚度】文本框用

图 5.43　【增加薄片实体的厚度】对话框

于指定加厚操作的厚度；【方向】选项组用于设置沿一个方向加厚或沿两个方向加厚。设置完成后，系统会显示默认的加厚方向，如果方向与要求的方向相反，则可以在随后弹出

的【厚度方向】对话框中选择【切换】进行换向，选择执行后，系统会对薄片实体加厚转换为封闭的实体。

　　将薄片实体转换成封闭实体如图 5.44 所示，其中，如图 5.44(a)所示为一个薄片实体，对它进行薄片实体加厚操作，加厚方向如图 5.44(a)所示，加厚的厚度为 5，结果如图 5.44(b)所示，薄片实体转换生成了封闭实体。

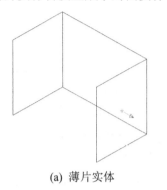 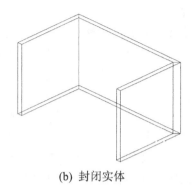

(a) 薄片实体　　　　　　　　　　　　　　(b) 封闭实体

图 5.44　将薄片实体转换成封闭实体

5.1.7　习题

　　1. 根据如图 5.45 所示的零件图绘制相应的线架，并通过挤出实体操作创建零件实体。

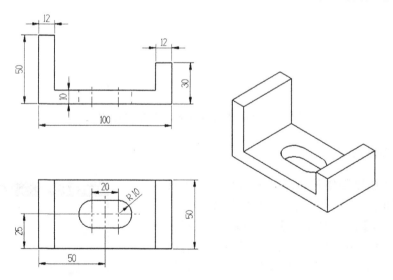

图 5.45　零件图(习题 1)

　　2. 根据如图 5.46 所示的零件图绘制相应的线架，并通过举升实体操作创建零件实体。

　　3. 根据如图 5.47 所示的零件图绘制相应的线架，并通过旋转实体操作创建零件实体。

　　4. 根据如图 5.48 所示的零件图绘制相应的线架，并通过扫描实体操作创建零件实体。

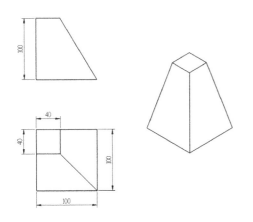

图 5.46　零件图(习题 2)

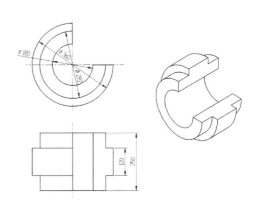

图 5.47　零件图(习题 3)

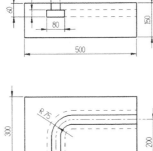

图 5.48　零件图(习题 4)

5. 根据如图 5.49 所示的支架零件图绘制零件线型构架，并生成实体。

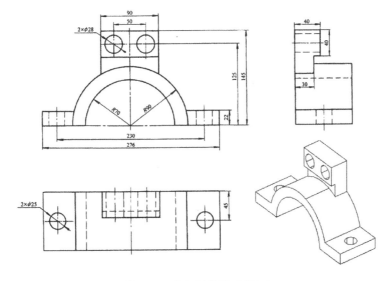

图 5.49　支架零件图(习题 5)

6. 根据如图 5.50 所示的底座零件图绘制零件线型构架，并生成实体。

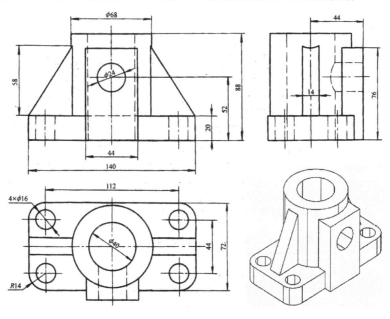

图 5.50　底座零件图(习题 6)

5.2　实体的编辑

创建实体后，通过倒圆角、倒角、抽壳、牵引实体和修剪等操作可以对实体进行编辑。

5.2.1　倒圆角、倒角和抽壳

1. 倒圆角操作

倒圆角命令用来对实体的边进行倒圆角操作。倒圆角操作是将实体的边进行熔接，该操作按设置的曲率半径生成实体的一个圆形表面，该表面与边的两个面相切。

执行【实体】|【倒圆角】|【实体倒圆角】命令或单击工具栏中【实体倒圆角】按钮 ⬛可进入实体倒圆角的操作。此时系统提示选择要倒圆角的图素，移动鼠标可根据光标的变化选择实体边界、实体面或实体主体进行倒圆角操作，具体说明如下。

- 【实体边界】按钮：当光标变化为【实体边界】按钮 时，可以选取实体的边，系统对该选取实体的单边进行倒圆角操作。
- 【实体面】按钮：当光标变化为【实体面】按钮 时，可以选取实体的面，选取面后参加倒圆角操作的边为选取面的所有边。
- 【实体主体】按钮：当光标变化为【实体主体】按钮 时，可以选取整个实体，参加倒圆角操作的边为选取实体的所有边。

如果要选择实体背面的图素，则可同时单击工具条上的【验证选择】按钮，则在选择时系统将对所选取的对象进行验证，此时会出现一个确认菜单项，有【上一个】按钮、【下一个】按钮和【确定】按钮3个选项，从而对选取图素进行选择确认。

图 5.51 【倒圆角参数】对话框

当选择完要倒圆角的图素后，按 Enter 键确认执行，系统弹出如图 5.51 所示的【倒圆角参数】对话框，该对话框各选项的含义分别如下。

● 【固定半径】单选按钮：当选中该单选按钮时，系统用同一个圆角半径。

● 【变化半径】单选按钮：当选中该单选按钮时，系统采用变化的圆角半径。圆角半径的变化形式有两种：一种是线性，圆角半径采用线性变化；一种是平滑，圆角半径采用平滑变化。

● 【编辑】按钮：当采用"变化半径"形式时可以单击该按钮，单击该按钮后将有动态菜单提示选择采用几种不同的半径变化形式。

● 【半径】文本框：当采用固定半径倒圆角时，用于输入倒圆角操作的半径；当采用变化半径倒圆角时，可以在右边的半径点列表中选取一个点来输入该半径点处的半径值。

● 【超出的处理】下拉列表框：该下拉列表框用来选择当倒圆角面溢出时的溢出方式。

● 【角落斜接】复选框：只有采用"固定半径"时才能对该复选框选中。该复选框用来设置对相交于一个角点的 3 条或 3 条以上的边进行倒圆角操作时，角点处倒圆角的方式。【角落斜接】复选框对倒圆角的影响如图 5.52 所示，当取消选中该复选框时，生成一个光滑的表面，如图 5.52(a)所示；否则生成的结果为对各边分别进行倒圆角操作，如图 5.52(b)所示。

　　　　　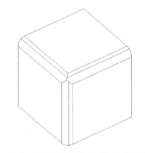

(a) 取消选中【角落斜接】复选框倒圆角　　　　(b) 选中【角落斜接】复选框倒圆角

图 5.52 【角落斜接】复选框对倒圆角的影响

● 【沿切线边界延伸】复选框：选中该复选框时，系统自动选取与选取的边相切的其他边。

【沿切线边界延伸】复选框对倒圆角的影响如图 5.53 所示，其中，如图 5.53(a)所示为立方体的 4 条边倒圆角后的图形，当选取棱边 L1 后，取消选中【沿切线边界延伸】复选框时，倒圆角操作的结果如图 5.53(b)所示；当选中该复选框时，倒圆角操作的结果如图 5.53(c)所示。设置完后，单击【确定】按钮。

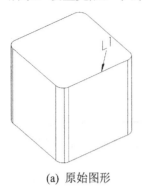

(a) 原始图形

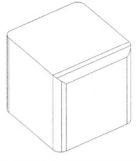

(b) 取消选中【沿切线边界延伸】
复选框倒圆角

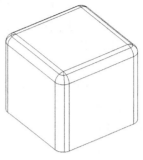

(c) 选中【沿切线边界延伸】
复选框倒圆角

图 5.53 【沿切线边界延伸】复选框对倒圆角的影响

2. 倒角操作

倒角操作命令可用来对实体的边进行倒角操作。该操作生成的实体表面到所选取的边的距离等于设定值，并且该表面是采用线性熔接方式生成的。

倒角操作有三种设置距离的方法，在执行【实体】|【倒角】命令后弹出的子菜单中的三条命令对应工具栏中的三个相应按钮(分别是【单一距离倒角】按钮 ，【不同距离】按钮 和【距离/角度】按钮)，具体说明如下。

- 【单一距离倒角】：用于设定倒角的两个距离相等，如图 5.54(a)所示。
- 【不同距离】：用于设定倒角的两个不相等距离。在设定数值时先要选定【距离 1】所在的参考平面，如图 5.54(b)所示。
- 【距离/角度】：通过设定一个倒角距离和角度值进行倒角。在设定数值时先要选定参考平面，输入的距离值和角度值都是相对于参考面来确定的，如图 5.54(c)所示。

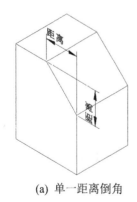

(a) 单一距离倒角

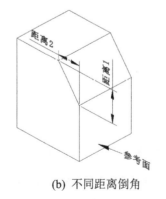

(b) 不同距离倒角

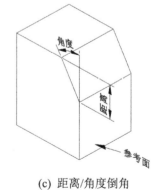

(c) 距离/角度倒角

图 5.54 设置倒角距离的三种方法

3. 实体抽壳

实体抽壳命令操作是将实体变为开放的空心实体或封闭的空心实体。

执行【实体】|【实体抽壳】命令或单击工具栏中【实体抽壳】按钮◙可进入实体抽壳的操作。此时系统提示选择要抽壳的图素，移动鼠标可根据光标的变化选择实体面或实体主体进行抽壳操作(选择方法与倒圆角选择图素的方法相同)。

(1) 当选择实体面并在弹出的【实体抽壳】对话框中设置抽壳的方向和厚度后，则生成的抽壳实体有一个面(或多个)为开放的，这个面(或多个)即为前面操作选中的面，如图 5.55 所示。

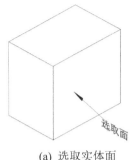

(a) 选取实体面

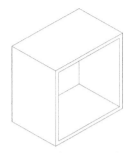

(b) 开放的实体抽壳

图 5.55　选取实体面对实体进行抽壳操作

(2) 当选择实体主体并在弹出的对话框中设置抽壳的方向和厚度后，则生成的抽壳实体为封闭的，如图 5.56 所示。

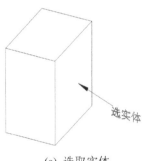

(a) 选取实体

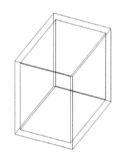

(b) 封闭的实体抽壳

图 5.56　选取实体对实体进行抽壳操作

5.2.2　范例(十七)

例 5.4　如图 5.57 所示，对杯口内外边缘进行半径为 R2 的倒圆角操作，杯底内边缘进行半径为 R3 的倒圆角操作(杯子实体的具体尺寸和绘制过程见 5.1.5 节中的例 1)。

操作步骤如下。

1)　对杯口边缘进行倒圆操作

(1) 单击工具栏中的【实体倒圆角】按钮◙进入实体倒圆角的操作。此时系统提示选择要倒圆角的图素，移动鼠标选择实体面 1(见图 5.58)并按 Enter 键确定。

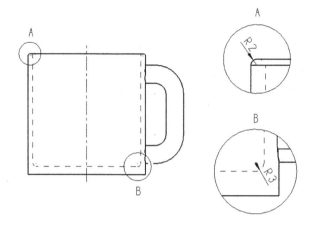

图 5.57　杯子倒圆角

(2)　系统弹出【倒圆角参数】对话框，设置圆角半径为 2，其他参数不改变，单击【确定】按钮 ✔，结果如图 5.59 所示。

图 5.58　选取实体面倒圆角

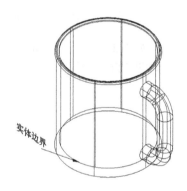

图 5.59　选取实体边界倒圆角

2)　对杯底内边缘进行倒圆操作

(1)　单击工具栏中的【实体倒圆角】按钮 ▣ 进入实体倒圆角的操作。此时系统提示选择要倒圆角的图素，移动鼠标选择实体边界(见图 5.59)并按 Enter 键确定。

(2)　系统弹出【倒圆角参数】对话框，设置圆角半径为 3，其他参数不改变，单击【确定】按钮 ✔，结果如图 5.57 所示。

例 5.5　根据图 5.60 所示的瓶体零件图绘制线型构架并生成实体，然后对实体按图示要求的尺寸进行倒圆角及抽壳。

操作步骤如下。

1)　根据零件的结构特征绘制线型构架

根据零件的结构特征绘制线型构架如图 5.61 所示，操作步骤详见第 4 章。

2)　用举升实体操作生成瓶体

(1)　在底部状态栏选择【层别】，在层别编号输入 2 并确定。

(2)　单击工具栏中的【举升实体】按钮 ⬇，当系统弹出【串连选项】对话框时，依次选择图 5.62 中的曲线 1 和曲线 2，注意保证两个串连的起点和方向一致，单击【确定】按

钮 。

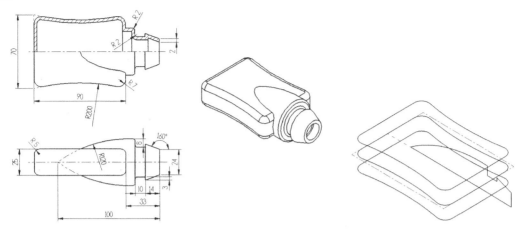

图 5.60　瓶体零件图　　　　　　　　图 5.61　线型构架

(3)　系统弹出【举升实体】对话框，直接单击【确定】按钮 。结果如图 5.63 所示。

3)　对实体进行倒圆角处理

(1)　在底部状态栏选择【层别】，在层别编号输入 3 并确定。

(2)　单击工具栏中的【实体倒圆角】按钮进入实体倒圆角的操作。此时系统提示选择要倒圆角的图素，移动鼠标选择实体面(见图 5.63)并按 Enter 键确定。

(3)　系统弹出【倒圆角参数】对话框，设置圆角半径为 5，其他参数不改变，单击【确定】按钮 ，结果如图 5.64 所示。

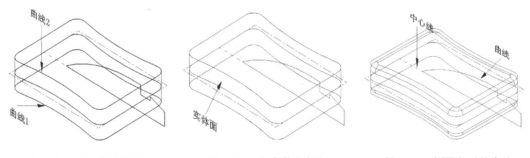

图 5.62　选取举升图素　　　　图 5.63　生成举升实体　　　　图 5.64　倒圆角后的实体

4)　用旋转实体操作生成瓶口

(1)　在底部状态栏选择【层别】，在层别编号输入 4 并确定，单击工具栏中的【旋转实体】按钮进入创建旋转实体的操作。选择需要旋转的曲线(见图 5.64)，单击【确定】按钮 ，选择中心线作为旋转轴线并确定方向。

(2)　在弹出的【旋转实体的设置】对话框中设置旋转操作为"增加凸缘"，旋转的起始角度为 0°，旋转的终止角度为 360°，单击【确定】按钮 。

(3)　在底部状态栏选择【层别】，在层别编号输入 5 并关闭【1 层】。结果如图 5.65 所示。

5)　对实体进行倒圆角处理

(1)　单击工具栏中的【实体倒圆角】按钮进入实体倒圆角的操作。此时系统提示选择要倒圆角的图素，移动鼠标选择实体面(见图 5.65)并按 Enter 键确定。

(2) 系统弹出【倒圆角参数】对话框，设置圆角半径为 2，其他参数不改变，单击【确定】按钮 ✓，结果如图 5.66 所示。

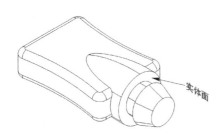

图 5.65　旋转实体 　　　　　　　　　　　　　　图 5.66　倒圆角处理

6)　对实体进行抽壳操作

(1) 在底部状态栏选择【层别】，在层别编号输入 6 并确定。

(2) 单击工具栏中的【实体抽壳】按钮 ▣ 进入实体抽壳的操作。此时系统提示选择要抽壳的图素，移动鼠标选择相应的实体面(见图 5.66)并按 Enter 键确定。

(3) 在弹出的【实体抽壳】对话框中设置抽壳的方向为【朝内】，抽壳的厚度为 2，单击【确定】按钮 ✓，结果如图 5.60 所示。

5.2.3　实体修剪与牵引实体

1. 实体修剪

【实体】子菜单中的【修剪实体】命令可用来对实体进行修剪操作。修剪操作是以选取的平面或曲面为边界对选取的一个或多个实体进行修剪并生成新的实体。

执行【实体】|【修剪实体】命令或单击工具栏中【修剪实体】按钮 ✋ 可进入实体修剪操作。此时系统会弹出如图 5.67 所示的【修剪实体】对话框，该对话框用于设置曲面转换为实体操作中的有关参数。对话框中的各项参数说明分别如下。

- 【名称】文本框：对修剪实体命名。
- 【修剪到】(修剪方式)选项组：包括三个单选按钮，分别如下。
  - ◆ 【平面】单选按钮：选取平面作为修剪面对实体进行修剪。
  - ◆ 【曲面】单选按钮：选取曲面作为修剪面对实体进行修剪。
  - ◆ 【薄片实体】单选按钮：选取薄片实体作为修剪面对实体进行修剪。
- 【全部保留】复选框：当选中该复选框时，系统将被修剪的部分作为一个新的实体保留下来。
- 【修剪另一侧】按钮：对系统默认的修剪方向(法线方向)进行反向处理。

选择修剪方式后，系统会出现平面、曲面或薄片实体的选择(或定义)提示，其中曲面或薄片实体直接在绘图区选择即可，而选择平面修剪方式时系统会弹出如图 5.68 所示的【平面选择】对话框，通过该对话框可以定义作为修剪面的平面，包括坐标平面及其平行面、直线定面、三点定面、法线面以及已命名的平面等多种方式。

图 5.67　【修剪实体】对话框

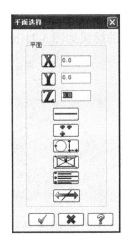

图 5.68　【平面选择】对话框

完成平面、曲面或薄片实体的选择(或定义)之后，系统将再次弹出如图 5.67 所示的【修剪实体】对话框进行确认，单击【确定】按钮 ✔ 即可完成修剪。

用平面对实体进行修剪，如图 5.69 所示，其中，如图 5.69(a)所示为实体被平面修剪，生成的结果如图 5.69(b)所示。

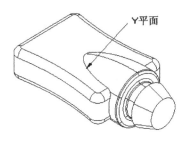

(a) 用 Y 平面对实体修剪

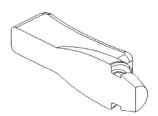

(b) 修剪后的实体

图 5.69　用平面对实体进行修剪

用曲面对实体进行修剪，如图 5.70 所示，其中，如图 5.70(a)所示为实体被曲面修剪，生成的结果如图 5.70(b)所示。

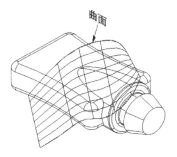

(a) 用曲面对实体修剪

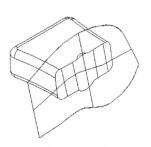

(b)修剪后的实体

图 5.70　用曲面对实体进行修剪

用薄片实体对实体进行修剪，如图 5.71 所示，其中，如图 5.71(a)所示为实体被薄片实体修剪，生成的结果如图 5.71(b)所示。

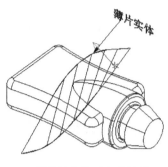

(a) 用薄片实体对实体修剪

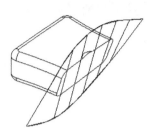

(b) 修剪后的实体

图 5.71　用薄片实体对实体进行修剪

2. 牵引实体面

执行【实体】|【牵引实体】命令可以对实体的面进行牵引操作并生成新的实体。牵引实体面操作是将选取的面绕着旋转轴按设定的方向和角度进行旋转后生成新的面，其他面以新生成的面为边界进行修剪或延伸后生成新的实体。

执行【实体】|【牵引实体】命令或单击工具栏中
【牵引实体】按钮可进入牵引实体面的操作。此时
系统提示选择要牵引的实体面，在绘图区移动光标可
选择一个或多个实体面，选择完成后按回车键确认，
系统将弹出【实体牵引面的参数】对话框，如图 5.72
所示。

该对话框中有【牵引到实体面】、【牵引到指定
平面】和【牵引到指定边界】三个单选按钮。下面就
以"牵引到实体面"为例来介绍牵引实体面的做法。

图 5.72　【实体牵引面的参数】对话框

用牵引实体操作将如图 5.73 所示的立方体生成如图 5.74 所示的图形。

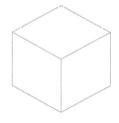

图 5.73　立方体

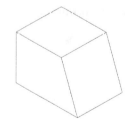

图 5.74　牵引操作后的实体

操作步骤如下。

(1) 单击工具栏中的【牵引实体】按钮进入牵引实体面的操作。当系统提示选择要牵引的实体面时，在绘图区移动光标选择"牵引实体面"(见图 5.75)并按 Enter 键确认。

(2) 在系统弹出的【实体牵引面的参数】对话框中选中【牵引到实体面】单选按钮，

并设牵引的角度为 20°，然后单击【确定】按钮。系统提示"选择平的实体面来指定牵引平面"，在绘图区选取"参考实体面"(见图 5.75)。此时系统用一带箭头的圆台表示出实体面的牵引方向并弹出【拔模方向】对话框以更改牵引方向，单击【换向】按钮可改变牵引方向，如图 5.76 所示；单击【确定】按钮 ✓，牵引结果如图 5.77 所示。

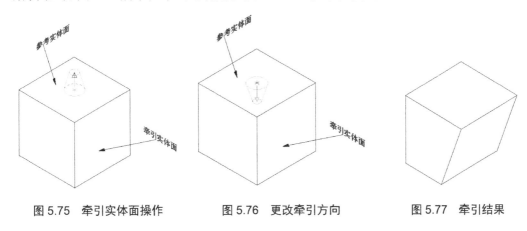

图 5.75　牵引实体面操作　　　　图 5.76　更改牵引方向　　　　图 5.77　牵引结果

5.2.4　布尔运算与实体管理员

1. 布尔运算

布尔运算可以对两个或两个以上的三维实体进行求和、求差、求交等布尔操作，从而得到一个新实体。在布尔运算中，第一个被选中的实体为目标主体，第二个及以后被选中的实体统称为工件主体。对应【实体】菜单下的三条命令和工具栏中的三个相应按钮分别是【布尔运算-结合】按钮 、【布尔运算-切割】按钮 和【布尔运算-交集】按钮 ，其具体功能如下。

- 【布尔运算-结合】命令：将目标主体与工件主体相加，结果是目标主体与工件主体公共部分和各自不同部分的总和。
- 【布尔运算-切割】命令：将目标主体与工件主体相减，结果是目标主体与工件主体公共部分从目标主体中去除后的部分。
- 【布尔运算-交集】命令：求出目标主体与工件主体公共部分，结果是目标主体与工件主体的公共部分。

对如图 5.78 所示的两个实体进行布尔运算，三种布尔运算方式如图 5.79 所示。其中，如图 5.79(a)所示是布尔结合运算的结果，如图 5.79(b)所示是布尔切割运算的结果，如图 5.79(c)所示是布尔交集运算的结果。

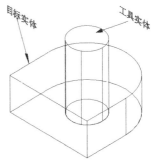

图 5.78　原始图形

另外，对应【实体】|【非关联实体】下的两条命令和工具栏中的两个相应按钮——切割按钮 和交集 按钮与前面布尔运算的区别在于：运算结果生成的实体与目标主体和工件主体不再有任何联系，但用户可以通过【实体非关联的布尔运算】对话框选择保留(或删

除)原始目标主体和工件主体。

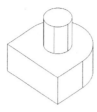
(a) 布尔运算-结合

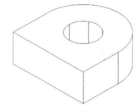
(b) 布尔运算-切割

(c) 布尔运算-交集

图 5.79　三种布尔运算方式

2. 实体管理员

在 Mastercam 提供的实体管理员中，用户可以很方便地对文件中的实体及实体操作进行编辑，如图 5.80 所示。实体管理员子窗口位于用户界面的左侧，如图 5.80(a)所示：选中窗口中任何实体操作并右击，系统会弹出如图 5.80(b)所示的快捷菜单。下面介绍菜单中的常用命令。

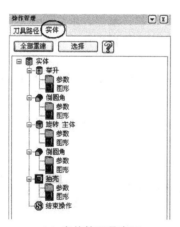
(a) 实体管理员窗口

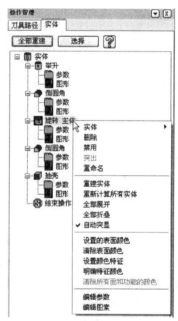
(b) 快捷菜单

图 5.80　对实体管理员进行操作

- 【删除】命令：用来删除实体或删除操作。
- 【禁用】命令：可将个别的操作不纳入整个实体的运算之中，如果其他的操作与被禁用的操作有关联，系统也会自动一起禁用。
- 【突出】命令：当图形复杂时，可以使用该命令来显示所选择的操作，图形将会在绘图区中以线结构显示出来。
- 【重命名】命令：系统会自动为每一项操作命名，用户可以借助该命令自行为操作命名，以便于区别。

- 【重建实体】命令：当操作中的参数或图形有变化时，可以随时利用该命令产生正确的实体，使用时系统会根据正确的参数与图形进行计算；若重新计算后仍无法产生实体，系统会自动回复到计算前的状态。并在操作图标上显示一个红色的"？"记号，帮助用户确认有问题的操作。
- 【重新计算所有实体】命令：根据用户进行的操作对整个实体进行重新运算。
- 【编辑参数】命令：可以利用该命令来修改实体的设置参数。当完成一个实体参数的修改后，需重新计算后才可以得到正确的实体。
- 【编辑图素】命令：当选择该命令时，可以用来重新设置实体的选择图素，当完成图素变更设置后，需重新计算后才可以将修改后的图形产生到实体上。

在实体管理员中有一些常见的符号，下面就列举一下这几种符号的含义。

- ⚒：表示一个未刷新的操作，单击【全部重建】按钮可刷新操作。
- 🔧：表示一个无效的操作，需重新更正该操作的参数或几何图形。
- ⑧：表示一个实体操作的结束标志。
- 📁：表示包含有该操作的可编辑参数，双击该图标可进行参数的编辑。
- 📋：表示包含有该操作的可编辑图形，双击该图标可进行图形的编辑。

5.2.5　范例(十八)

例 5.6　根据如图 5.81 所示的零件图绘制线型构架，并通过旋转实体、布尔操作及倒圆角生成零件实体。

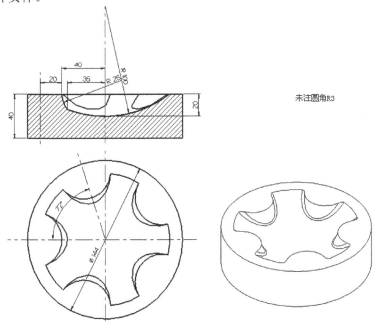

图 5.81　零件图

操作步骤如下。

1) 在俯视图上绘制直径为 $\phi 144$ 的圆

(1) 单击工具栏中的【俯视图】按钮🎲，设置屏幕视角为俯视；单击工具栏中的【俯视图】按钮🎲，设置构图面为俯视，设定深度 Z 为 0。

(2) 单击工具栏中的【圆心+点】按钮 ⊕·，输入直径为144；单击【原点】按钮 人·，输入圆心点的位置为(0,0)，单击【确定】按钮 ✓。

2) 在前视图上绘制旋转实体所需的线架

(1) 单击工具栏中的【前视图】按钮 ⬡，设置屏幕视角为前视图；单击工具栏中的【前视图】按钮 ⬡·，设置构图面为前视，设定深度 Z 为0。

(2) 单击工具栏中的【绘制任意线】按钮 ╲，输入 Y 坐标为0 并单击【Y 坐标】按钮 Ⓨ锁定该坐标，在绘图屏幕上合适的位置选择两点绘制直线 L1，采用同样的步骤绘制直线 L2、L3 和 L4。

(3) 单击工具栏中的【矩形形状设置】按钮 ▣·，系统弹出【矩形选项】对话框，在该对话框中设置矩形的宽度为 25，高度为 25，基准点的位置为左上角点，单击【快速绘点】按钮 ▣并输入坐标(-60, 0)，单击【确定】按钮 ✓。单击工具栏中的【等角视图】按钮 ⬡，设置屏幕视角为等角视图，结果如图 5.82 所示。

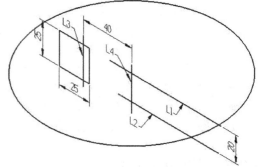

图 5.82　线架绘制(1)

(4) 执行【绘图】|【圆弧】|【切弧】命令或单击工具栏中的【切弧】按钮 ◯，输入半径值为100，单击【切中心线】按钮 ⊟，依次选择直线 L2、L4，然后选择需要保留的圆弧，单击【确定】按钮 ✓，结果如图 5.83 所示。

(5) 单击工具栏中的【修剪/打断/延伸】按钮 ✄，通过一系列修剪并删除多余图素后得到如图 5.84 所示的效果。

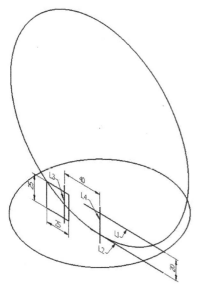

图 5.83　线架绘制(2)

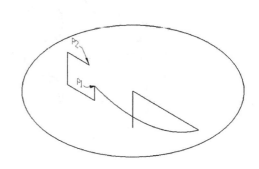

图 5.84　线架绘制(3)

(6) 单击工具栏中的【两点画弧】按钮 ⊹·，输入半径为 26，依次选择点 P1、P2(见图 5.84)，选择需要保留的圆弧，单击【确定】按钮 ✓。

(7)　单击工具栏中的【修剪/打断/延伸】按钮 ✄ ，修剪后的结果如图 5.85 所示。

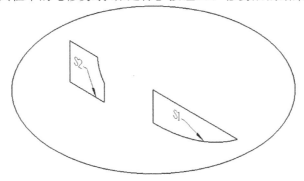

图 5.85　修剪后的结果

3)　用挤出实体和旋转实体操作产生目标主体

(1)　在底部状态栏选择【层别】，在层别编号输入 2 并确定。单击工具栏中的【挤出实体】按钮 ⬚ ，当系统弹出转换参数对话框时选取 ϕ144 的圆，在【挤出串连】对话框中选中【按指定的距离延伸】单选按钮，并输入距离值为 40，调整挤出方向为向下挤出后单击【确定】按钮 ✔ 。结果如图 5.86 所示。

(2)　单击工具栏中的【旋转实体】按钮 ⬚ 进入创建旋转实体的操作。选择图 5.85 中的串连图素 S1，单击【确定】按钮 ✔ ；选择旋转轴线并确定方向，然后在弹出的【旋转实体的设置】对话框中设置旋转操作为【切割实体】，旋转的起始角为 0°，旋转的终止角为 360°，单击【确定】按钮 ✔ ，结果如图 5.87 所示。

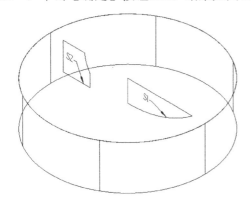

图 5.86　挤出实体

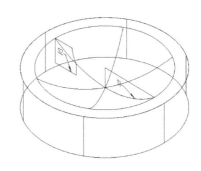

图 5.87　旋转(切除)实体

4)　用旋转实体和旋转(复制)操作产生工件主体

(1)　在底部状态栏选择【层别】，在层别编号输入 3 并确定。单击工具栏中的【旋转实体】按钮 ⬚ 进入创建旋转实体的操作。选择图 5.85 中的串连图素 S2，单击【确定】按钮 ✔ ；选择旋转轴线并确定方向，然后在弹出的【旋转实体的设置】对话框中设置旋转操作为【创建主体】，旋转的起始角为-90°，旋转的终止角为 90°，单击【确定】按钮 ✔ 。在底部状态栏选择【层别】，取消 1 层的可见性，结果如图 5.88 所示。

(2)　单击工具栏中的【俯视图】按钮 ⬚ ，设置构图面为俯视。执行【转换】|【旋转】命令或单击工具栏中的【转换-旋转】按钮 ⬚ 进入旋转操作，在弹出的【旋转选项】对话框

中设置为【复制】操作,次数为 4 次,旋转角度为 72°,其他设置为默认,单击【确定】按钮 ✅ ,结果如图 5.89 所示。

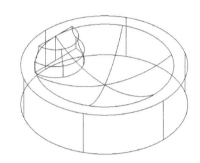

图 5.88　旋转实体操作生成工件主体

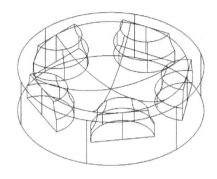

图 5.89　旋转(复制)操作生成其他 4 个工件主体

5)　采用布尔运算结合目标主体和工件主体

在底部状态栏选择【层别】,在层别编号输入 4 并确定。单击工具栏中的【布尔运算-结合】按钮 ■ ,选择步骤 3)生成的"目标主体"(见图 5.87),然后依次选取步骤 4)生成的 5 个"工件主体"(见图 5.89),按 Enter 键确定,结果如图 5.90 所示。

6)　对实体进行倒圆角处理

(1)　在底部状态栏选择【层别】,在层别编号输入 5 并确定。单击工具栏中的【实体倒圆角】按钮 ■ 进入实体倒圆角的操作。此时系统提示选择要倒圆角的图素,移动光标依次选择 S1、S2、S3、S4、S5 共 5 条边(见图 5.91)并按 Enter 键确定。

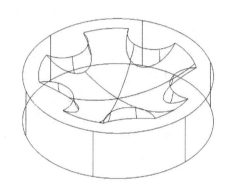

图 5.90　通过布尔运算操作后结合的实体

(2)　系统弹出【倒圆角参数】对话框,设置圆角半径为 3,其他参数不改变,单击【确定】按钮 ✅ 。单击工具栏中的【非隐藏的线架实体】按钮 ◉ ,最终结果如图 5.92 所示。

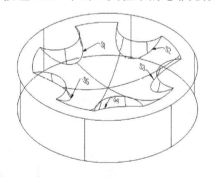

图 5.91　选择要倒圆角的实体边

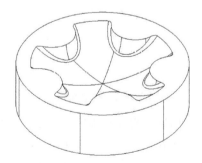

图 5.92　完成倒圆角后的实体

例 5.7　根据如图 5.93 所示的箱盖零件图形绘制线型构架并生成实体。

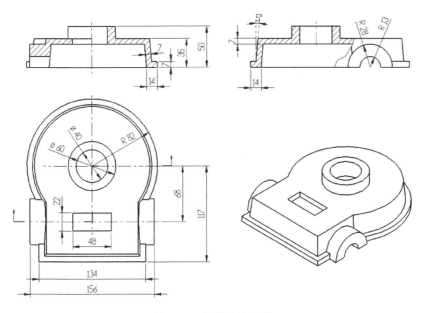

图 5.93　箱盖零件图形

操作步骤如下。

1)　在俯视图上绘制底部凸缘

(1)　单击工具栏中的【俯视图】按钮⌗，设置屏幕视角为俯视，单击工具栏中的【俯视图】按钮⌗▾，设置构图面为俯视，设定深度 Z 为 0。

(2)　单击工具栏中的【圆心+点】按钮⊙▾，输入半径为 82，单击【原点】按钮⊥▾输入圆心点的位置为(0,0)，再单击【确定】按钮✔。

(3)　单击工具栏中的【矩形形状设置】按钮▭▾，系统弹出【矩形选项】对话框，在该对话框中设置矩形的宽度为 134，高度为 117，基准点的位置为上边中点；单击【原点】按钮⊥▾，输入基准点的位置为(0,0)，单击【确定】按钮✔，结果如图 5.94 所示。

2)　对图形进行修整

(1)　单击工具栏中的【修剪/打断/延伸】按钮✄，再单击【两物体修剪】按钮▦，选取圆弧于点 P1(见图 5.94)，选取直线于点 P2 进行修整，选取圆弧于点 P3，选取直线于点 P4 进行修整。

(2)　选择直线 L1 并删除。结果如图 5.95 所示。

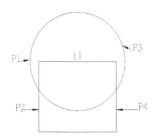

图 5.94　绘制圆弧和矩形

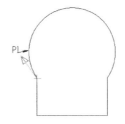

图 5.95　修整后的图形

3) 采用串连补正生成相似的外形

(1) 执行【转换】|【串连补正】命令或单击工具栏中的【串连补正】按钮 ，选取要串连的图素于点 P1(见图 5.95)，系统显示的串连方向为"顺时针"。

(2) 在弹出的【串连补正选项】对话框中设置处理方式为【复制】，补正的距离为 7，调整补正方向为右并单击【确定】按钮。结果如图 5.96 所示。

4) 在深度为 35 的俯视图上绘制两个圆和一个矩形

(1) 设定深度 Z 为 35。

(2) 单击工具栏中的【圆心+点】按钮 ，输入直径为 60；单击【快速绘点】按钮 并输入坐标为(0,0)；单击【应用】按钮 ，再输入直径为 40；单击【快速绘点】按钮 并输入坐标为(0,0)；单击【确定】按钮 。

(3) 单击工具栏中的【矩形】按钮 ，在系统弹出的工具条中输入矩形的宽度为 48，高度为 22，单击【基准点为中心点】按钮 ，设置基准点为中心点；单击【快速绘点】按钮 并输入坐标为(0, -68)，再单击【确定】按钮 。结果如图 5.97 所示。

图 5.96　串连补正后的图形

图 5.97　绘制圆弧和矩形

5) 在侧视图上左右两边各绘制两个圆弧

(1) 单击工具栏中的【等角视图】按钮 ，设置屏幕视角为等角视图，单击工具栏中的【右视图】按钮 ，设置构图面为右视，设定深度 Z 为 78。

(2) 执行【绘图】|【圆弧】|【极坐标圆弧】命令或单击工具栏中的【极坐标圆弧】按钮 ，输入半径为 28，起始角为 0°，终止角为 180°；单击【快速绘点】按钮 并输入坐标为(-68,0)；单击【应用】按钮 ，修改半径为 13；再单击【快速绘点】按钮 并输入坐标为(-68,0)，单击【确定】按钮 。

(3) 设置深度 Z 为-78，用上述方法绘制左边的两个圆弧。结果如图 5.98 所示。

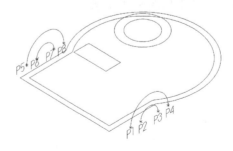
图 5.98　采用极坐标圆绘制侧边圆弧

6) 用直线将 4 个圆弧连接组成 4 个封闭区域

(1) 单击底部状态栏上的【平面】|【等角视图】按钮，设置构图面为等角视图构图面。

(2) 单击工具栏中的【绘制任意线】按钮，选择端点 P1、P4(见图 5.98)连接成直线，选择端点 P2、P3 连接成直线，选择端点 P5、P8 连接成直线，选择端点 P6、P7 连接成直线，结果如图 5.99 所示。

7) 用挤出实体操作生成底部凸缘和箱体

(1) 在底部状态栏选择【层别】，在层别编号输入 2 并确定。

(2) 单击工具栏中的【挤出实体】按钮，系统弹出【串连选项】对话框，选取"曲线 1"(见图 5.99)，在【挤出串连】对话框中选中【按指定距离延伸】单选按钮并输入距离值为 7，调整挤出方向为向上挤出后单击【确定】按钮。结果如图 5.100 所示。

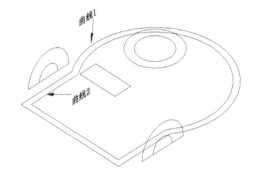

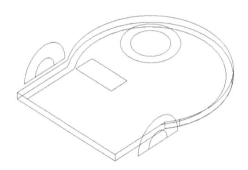

图 5.99　连接点成封闭图形　　　　　　图 5.100　挤出凸缘

(3) 单击工具栏中的【挤出实体】按钮，系统弹出【转换参数】对话框，选取"曲线 2"(见图 5.99)，在【挤出串连】对话框中设置各参数如图 5.101 所示(必须确定挤出方向为向上)，单击【确定】按钮。结果如图 5.102 所示。

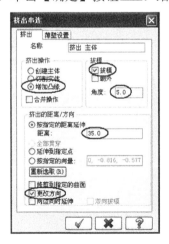

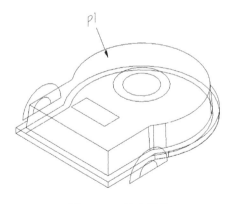

图 5.101　【挤出串连】对话框　　　　　图 5.102　挤出箱体

8) 用实体抽壳功能使箱体成为中空的实体

(1) 单击工具栏中的【实体抽壳】按钮进入实体抽壳的操作。此时系统提示选择要抽壳的图素，选择箱体底面并按 Enter 键确定(选择方法可通过动态旋转将箱体底面朝上或单击【验证选择】按钮进行选择)。

(2) 系统弹出【实体抽壳】对话框，在该对话框中选择抽壳的方向为【朝内】，抽壳的厚度为7，单击【确定】按钮 ✅。结果如图 5.103 所示。

9) 用挤出实体操作生成轴承支撑部分

单击工具栏中的【挤出实体】按钮 📦，系统弹出【串连选项】对话框，选取"曲线 1"(见图 5.103)，在【挤出串连】对话框中设置操作方式为"增加凸缘"，选中【按指定距离延伸】单选按钮，并输入距离值为 20，调整挤出方向为向左挤出后单击【确定】按钮 ✅。用同样方法选取"曲线 2"向右边挤出，结果如图 5.104 所示。

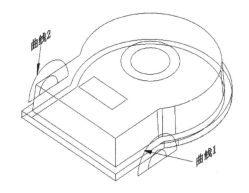

图 5.103　实体抽壳

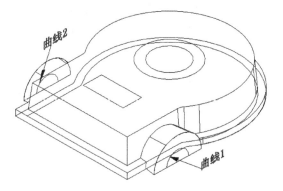

图 5.104　挤出轴承支撑部分

10) 用举升实体操作挖去轴承支撑部分的多余部分

单击工具栏中的【举升实体】按钮 ⬇，系统弹出【串连选项】对话框，依次选择图 5.104 中的曲线 1 和曲线 2，注意要保证两个串连起点和方向一致，单击【确定】按钮 ✅。系统弹出【举升实体】对话框，在该对话框中设置操作方式为"切割实体"，单击【确定】按钮 ✅，结果如图 5.105 所示。

11) 用挤出实体操作在箱体上挖一个矩形孔

单击工具栏中的【挤出实体】按钮 📦，系统弹出【串连选项】对话框，选取矩形串连于点 P1(见图 5.105)，在【挤出串连】对话框中设置操作方式为"切割实体"，选中【全部贯穿】单选按钮，调整挤出方向为向下后单击【确定】按钮 ✅。结果如图 5.106 所示。

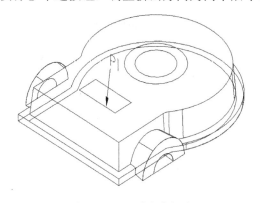

图 5.105　切除多余部分

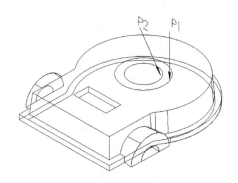

图 5.106　挖矩形孔

12) 采用挤出实体操作产生圆柱体并挖圆柱孔

(1) 单击工具栏中的【挤出实体】按钮 📦，系统弹出【串连选项】对话框，选择选取大圆于点 P1(见图 5.106)，在【挤出串连】对话框中设置操作方式为"增加凸缘"，选中【按指定距离延伸】单选按钮并输入距离值为 15，调整挤出方向为向上挤出后单击【确定】按钮 ✓。

(2)　单击工具栏中的【挤出实体】按钮 🔘，当系统弹出【串连选项】对话框时选取小圆于点 P2 (见图 5.106)，在【挤出串连】对话框中设置操作方式为"切割实体"，选中【全部贯穿】单选按钮，选中【两边同时延伸】复选框并单击【确定】按钮 ✓。

(3)　在底部状态栏选择【层别】，在弹出的对话框中取消 1 层的可见性，结果如图 5.107 所示。

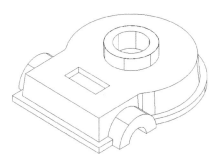

图 5.107　产生圆柱体并挖圆柱孔

例 5.8　根据如图 5.108 所示的弯管零件图绘制线型构架并生成实体。

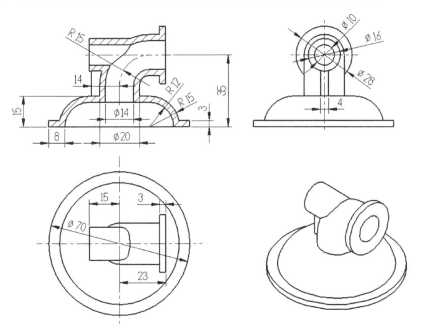

图 5.108　弯管零件图

操作步骤如下。

1)　在俯视图上绘制出两个直径不同的圆

(1)　单击工具栏中的【俯视图】按钮 ⊕，设置屏幕视角为俯视图；单击工具栏中的【俯视图】按钮 ，设置构图面为"俯视"，设定深度 Z 为 0。

（2）单击工具栏中的【圆心+点】按钮 ⊙·，输入直径为 14；单击【原点】按钮 人·，输入圆心点的位置为(0,0)；单击【应用】按钮 ⊕，再输入直径为 20；单击【原点】按钮 人·，输入圆心点的位置为(0,0)，单击【确定】按钮 ✓。

（3）单击工具栏中的【等角视图】按钮 ⊕，设置屏幕视角为等角视图。结果如图 5.109 所示。

2）在前视图上绘制弯管的轨迹线和回转形底座的截面

（1）单击工具栏中的【前视图】按钮 ⊕·，设置构图面为前视，设定深度 Z 为 0。

（2）单击工具栏中的【矩形】按钮 □·，设置矩形的宽度为 23，高度为 23，基准点的位置为左下角点，直接捕捉圆心点 P1(0,0)(见图 5.109)，单击【确定】按钮 ✓。

（3）单击工具栏中的【矩形形状设置】按钮 ⊕·，系统弹出【矩形选项】对话框，在该对话框中设置矩形的宽度为 20，高度为 12，基准点的位置为右上角点；然后捕捉直径为 14 的圆的中点 P2(-7,0)定位，单击【应用】按钮 ⊕，修改矩形的宽度为 23，高度为 15，基准点的位置为右下角点；然后捕捉前一个 20×12 矩形的右下角点(-7, -12)定位，单击【应用】按钮 ⊕，修改矩形的宽度为 8，高度为 3，基准点的位置为右下角点；然后捕捉 20×12 矩形的左下角点(-27,-12)定位，单击【确定】按钮 ✓。结果如图 5.110 所示。

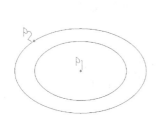

图 5.109 绘制两圆弧

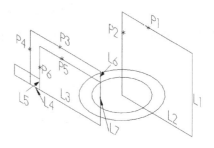

图 5.110 绘制回转形底座与轨迹线

（4）执行【绘图】|【倒圆角】命令或单击工具栏中的【倒圆角】按钮 ⌐·，输入半径为 15，选取直线于点 P1 (见图 5.110)，选取另一直线于点 P2 进行倒圆角，选取直线于点 P3，选取另一直线于点 P4 进行倒圆角，单击【应用】按钮 ⊕，修改半径为 12，选取直线于点 P5，选取另一直线于点 P6 进行倒圆角，单击【确定】按钮 ✓。

（5）选取直线 L1、L2、L3、L4、L5、L6、L7 进行删除，结果如图 5.111 所示。

（6）单击工具栏中的【修剪/打断/延伸】按钮 ✂，再单击【两物体修剪】按钮 ⊞，选取直线 L1、L2(见图 5.111)进行修整延伸，单击【确定】按钮 ✓。

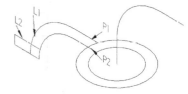

图 5.111 对图形进行修整

（7）单击工具栏中的【绘制任意线】按钮 ＼，选择端点 P1、P2(见图 5.111)连接成直线，单击【确定】按钮 ✓。结果如图 5.112 所示。

3）在侧视图上绘制管口、肋板的线型框架

（1）单击工具栏中的【右视图】按钮 ⊕·，设置构图面为右视，设定深度 Z 为-14。

(2) 单击工具栏中的【矩形形状设置】按钮 ⊡ ˙，系统弹出【矩形选项】对话框，设置矩形的宽度为 4，高度为 14，基准点的位置为下边中点；单击工具条上【Z 坐标】按钮 ⊡ 锁定 Z 值为-14，然后捕捉端点 P1(见图 5.112)定位，单击【确定】按钮 ✅ 。

(3) 设定深度 Z 为-15。

(4) 单击工具栏中的【圆心+点】按钮 ⊕ ˙，单击工具条上【Z 坐标】按钮 ⊡ 锁定 Z 值在-15，输入直径为 10，捕捉端点 P2(见图 5.112)定位圆心点的位置，单击【应用】按钮 ⊕ ；再输入直径为 16，捕捉端点 P2 定位圆心点的位置，单击【应用】按钮 ⊕ ；单击工具条上的【Z 坐标】按钮 ⊡ ，解除锁定 Z 值，输入直径为 28，捕捉端点 P2 定位圆心点的位置，单击【确定】按钮 ✅ 。结果如图 5.113 所示。

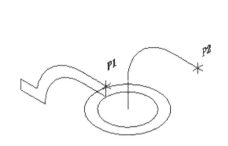

图 5.112　对图形进行编辑

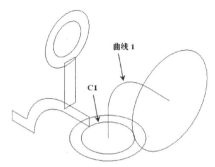

图 5.113　绘制管口、肋板线架

4) 用扫描实体绘制零件的内形实体

(1) 在底部状态栏选择【层别】，在层别编号输入 2 并确定。

(2) 单击工具栏中的【扫描实体】按钮 🖝 进入创建扫描实体的操作。首先，选取要扫描的图素，在弹出的【串连选项】对话框中单击【单体】按钮 ⟋ 后选取圆 C1(见图 5.113)，单击【确定】按钮 ✅ ；然后选择扫描路径的串连曲线 1，在弹出的对话框中单击【确定】按钮 ✅ ，结果如图 5.114 所示。

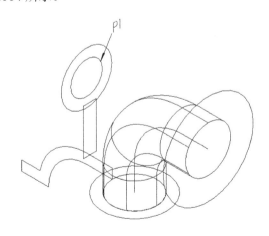

图 5.114　扫描内形实体

5) 用挤出实体绘制零件的内形实体

单击工具栏中的【挤出实体】按钮🔘，系统弹出【串连选项】对话框，选取小圆于点P1(见图5.114)，在【挤出串连】对话框中设置操作方式为"增加凸缘"，选中【按指定距离延伸】单选按钮并输入距离值为25，调整挤出方向为向右挤出后单击【确定】按钮✅，结果如图5.115所示。

6) 用旋转实体绘制回转底座

(1) 在底部状态栏选择【层别】，在层别编号输入3并取消2层的可见性，结果如图5.116所示。

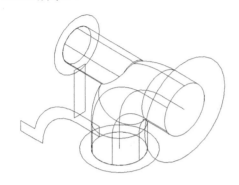
图5.115 挤出内形实体

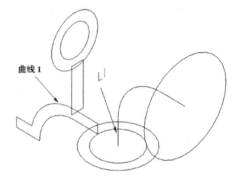
图5.116 不显示内形实体

(2) 单击工具栏中的【旋转实体】按钮🔘进入创建旋转实体的操作。选择需要旋转的串连图素，选取曲线1，单击【确定】按钮✅，选择直线L1(见图5.116)作为旋转轴线并确定方向，然后在弹出的【旋转实体的设置】对话框中，设置旋转的起始角度为0°，旋转的终止角度为360°，单击【确定】按钮✅，结果如图5.117所示。

7) 采用扫描实体生成弯管

单击工具栏中的【扫描实体】按钮🔘进入创建扫描实体的操作。首先，选取要扫描的图素，在弹出的【串连选项】对话框中单击【单体】按钮✏后选取圆C1(见图5.117)，单击【确定】按钮✅；然后选择扫描路径的串连图素曲线1，在弹出的【扫描实体】对话框中设置扫描的操作为"增加凸缘"，再单击【确定】按钮✅，结果如图5.118所示。

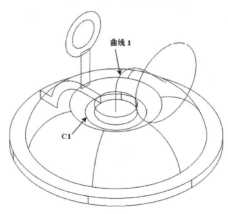
图5.117 旋转回转底座

8)   采用挤出实体生成法兰盘

单击工具栏中的【挤出实体】按钮 🔼，系统弹出【串连选项】对话框，选取圆 C1(见图 5.118)，在【挤出串连】对话框中设置操作方式为"增加凸缘"，选中【按指定距离延伸】单选按钮，并输入距离值为 3，调整挤出方向为向左挤出后单击【确定】按钮 ✅，结果如图 5.119 所示。

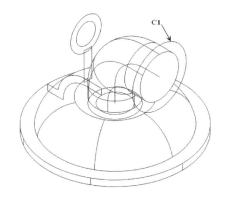

图 5.118   扫描弯管

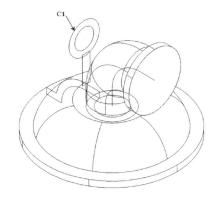

图 5.119   挤出法兰盘

9)   采用挤出实体生成直管

单击工具栏中的【挤出实体】按钮 🔼，系统弹出【串联选项】对话框时选取圆 C1(见图 5.119)，在【挤出串连】对话框中设置操作方式为"增加凸缘"，选中【按指定距离延伸】单选按钮并输入距离值为 25，调整挤出方向为向右挤出后单击【确定】按钮 ✅，结果如图 5.120 所示。

10)   采用挤出实体产生加强筋

单击工具栏中的【挤出实体】按钮 🔼，系统弹出【串联选项】对话框，选取矩形 1(见图 5.120)，在【挤出串连】对话框中设置操作方式为"增加凸缘"，选中【按指定距离延伸】对话框并输入距离值为 14，调整挤出方向为向右挤出后单击【确定】按钮 ✅，结果如图 5.121 所示。

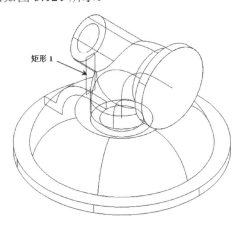

图 5.120   挤出直管

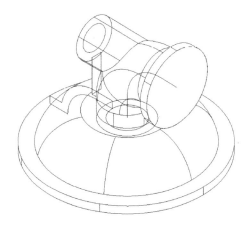

图 5.121   挤出加强筋

11) 采用布尔运算从外形实体挖掉内形实体

(1) 在底部状态栏选择【层别】，取消 1 层的可见性并打开 2 层的可见性，结果如图 5.122 所示。

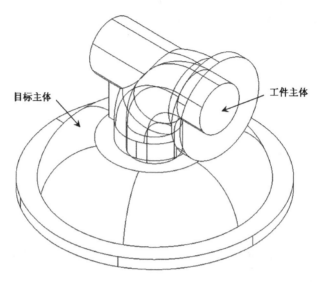

图 5.122　显示内形实体

(2) 单击工具栏中的【布尔运算-切割】按钮 🔲，选取外形实体为"目标主体"(见图 5.122)，选取内形实体为"工件主体"(如果无法选中可通过单击【验证选择】按钮进行选择)，按 Enter 键确定，结果如图 5.108 所示。

5.2.6　习题

1. 根据如图 5.123 所示的零件图绘制零件线型构架，并通过挤出实体、倒角等操作生成零件实体。

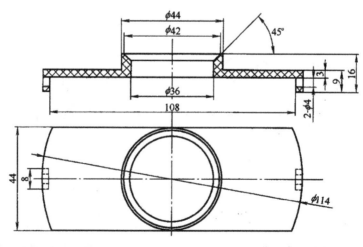

图 5.123　零件图(习题 1)

2. 根据如图 5.124 所示的零件图绘制零件线型构架，并通过挤出实体、倒圆角等操作生成零件实体。

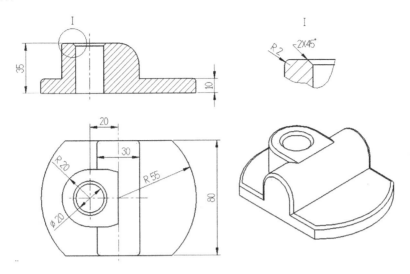

图 5.124　零件图(习题 2)

3. 根据如图 5.125 所示的花盆绘制线型构架，并用旋转实体及实体抽壳操作生成实体。

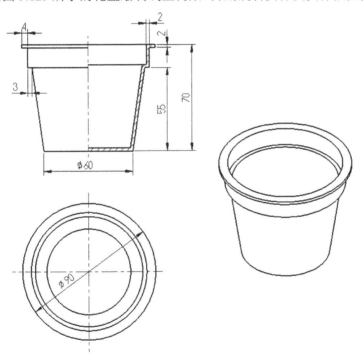

图 5.125　花盆(习题 3)

4. 根据如图 5.126 所示的零件图绘制零件线型构架，并通过挤出实体、倒角、实体抽壳等操作生成零件实体。

5. 根据如图 5.127 所示的万向头模型零件图绘制线型构架，并通过旋转实体、挤出实体、布尔运算和实体倒圆角等操作生成万向头模型实体。

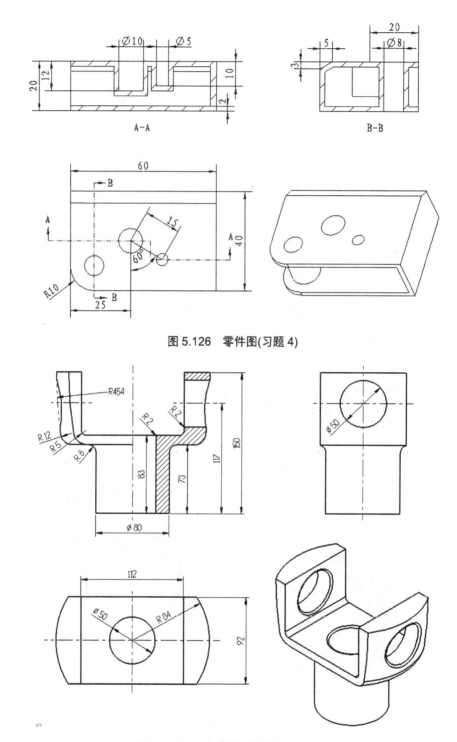

图 5.126　零件图(习题 4)

图 5.127　万向头模型零件图(习题 5)

提示：可参考如图 5.128 所示的线架进行三维实体造型。

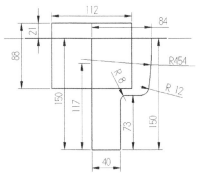

(a)　前视图

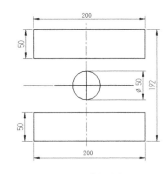

(b)　俯视图

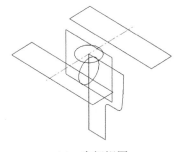

(c)　空间视图

图 5-128　线架

第6章 曲面刀具路径

曲面加工刀具路径的概念与二维加工刀具路径的基本相同，都是用于产生刀具相对于工件的运动轨迹及生成数控加工代码，但是曲面刀具路径的生成要复杂得多。产生曲面刀具路径的方法很多，本章着重介绍最为常用的两类曲面刀具路径：曲面粗加工刀具路径和曲面精加工刀具路径，粗加工提供了 8 种产生曲面刀具路径的方法，精加工提供了 11 种产生曲面刀具路径的方法，下面将分别介绍这些方法。

6.1 曲面粗加工刀具路径

6.1.1 曲面粗加工刀具路径基本参数的设定

加工中的参数设定分为两大类：一类是刀具参数，另一类是加工参数。曲面粗加工中部分加工参数的概念与二维加工中加工参数的概念相同，曲面粗加工刀具参数的设定方法与二维加工刀具参数的设定方法相同，此处仅介绍曲面粗加工中特有的加工参数概念及其设定方法。

下面就以曲面粗加工平行铣削为例对曲面粗加工中各参数的含义进行介绍。

1. Z 深度参数

【曲面粗加工平行铣削】对话框如图 6.1 所示，其中【安全高度】、【参考高度】、【进给下刀位置】、【工件表面】等这些参数设置与二维刀具路径的相同，但没有最后切深，这是因为最后切削深度是由系统根据曲面的外形自动设置的。

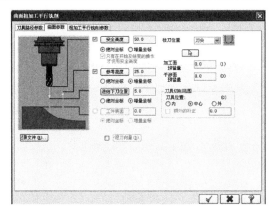

图 6.1 【曲面粗加工平行铣削】对话框

2. 进/退刀向量

选中【进/退刀向量】复选框，弹出如图 6.2 所示的对话框，该对话框用来设置曲面刀具路径的进出。当设置好参数后，系统在刀具路径中按设置的参数分别添加进刀和退刀刀具路径。设置进刀和退刀刀具路径的参数形式相同，各选项的含义如下。

图 6.2 【方向】对话框

- 【垂直进刀角度】文本框/【提刀角度】文本框：分别设置进刀/退刀刀具路径在 Z 方向的角度。

- 【XY 角度(垂直角≠0)】文本框：分别设置进/退刀刀具路径在水平方向的角度。

- 【进刀引线长度】文本框/【退刀引线长度】文本框：设置进刀/退刀刀具路径引线的长度。

- 【相对于刀具】下拉列表框：设置定义水平方向角度的方法，当选择【刀具平面 X 轴】选项时，设置的 XY 角度为与刀具平面+X 轴的夹角；当选择【切削方向】选项时，设置的 XY 角度为与切削方向的夹角。

- 【向量】按钮：单击该按钮，系统弹出如图 6.3 所示的对话框，该对话框通过设置刀具路径在 X、Y、Z 方向的 3 个分量来定义刀具路径的角度和长度。

图 6.3 【向量】对话框

- 【参考线】按钮：单击该按钮，系统返回绘图区，通过选取一条直线来定义刀具路径的角度和长度。

3. ⬚按钮

单击⬚按钮可以重新选取加工面、干涉面、加工范围、指定下刀点等。

4. 加工面预留量

【加工面预留量】文本框用于设置加工面的表面预留量。

5. 干涉面预留量

【干涉面预留量】文本框用于设置干涉面的表面预留量，系统按设置的预留量使用选取的干涉曲面对刀具路径进行干涉检查。

6. 刀具位置

【刀具位置】选项用于设置在加工时刀具的切削范围。系统采用一封闭串连图素来定义切削范围，刀具切削范围可以设置为选取封闭串连的内侧、外侧或中心。当刀具切削范围设置为选取串连的内侧或外侧时，还可以通过【额外的补正】设置切削范围与串连的偏移值。

6.1.2 平行铣削粗加工

平行铣削是指沿着给定的方向产生刀具路径并且路径之间平行。

要生成粗加工平行铣削刀具路径，除了要设置共有的刀具参数和曲面参数外，还要设置一组粗加工平行铣刀具路径特有的参数。【曲面粗加工平行铣削】对话框如图6.4所示，各参数的含义如下。

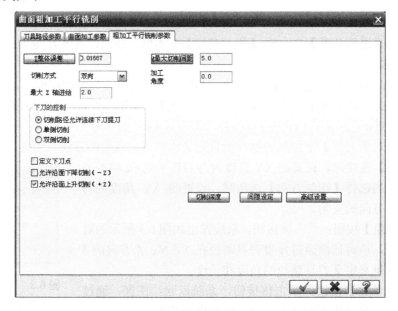

图 6.4 【曲面粗加工平行铣削】对话框

1. 整体误差

【整体误差】按钮后面的文本框用于输入刀具路径的切削误差与过滤误差的总误差。切削误差是指实际刀具路径偏离被加工曲面上样条曲线的程度，其决定了加工中插补的精度，切削误差越小，实际刀具路径越接近理论上需加工的样条曲线，加工精度越高，但是相应程序量大，加工时间越长，实际加工时一般取切削误差为 0.05 mm。

2. 最大切削间距

【最大切削间距】按钮后面的文本框用来设置两相近切削路径的最大进刀量。该设置必须小于刀具的直径。切削误差设置越小，生成的刀具路径数目越多，表面粗糙度越小，相应加工时间越长。曲面最终的表面几何粗糙度是由最大切削厚度、切削误差和最大切削间距的取值共同决定的。

3. 切削方式

通过【切削方式】下拉列表框来选择切削方式，系统提供了两种切削方式：单向切削和双向切削。单向切削是指刀具沿一个方向切削，切削方向的反向是不产生切削返回的，当选择工件的形状为凸形时常采用这种加工方式；双向切削是指刀具在来回运动的两个方向都切削，当选择工件的形状为凹形时常采用这种加工方式。

4. 加工角度

加工角度决定了刀具路径在 XY 平面内相对于 X 轴正方向的角度，逆时针方向为度量的正方向。

5. 最大 Z 轴进给

【最大 Z 轴进给】文本框用来设置两相近切削路径的最大 Z 方向距离。最大 Z 方向距离越大，则会生成较少数目的粗加工层次，但加工结果比较粗糙；最大 Z 方向距离越小，则粗加工层次增加，粗加工表面比较平滑。

6. 下刀的控制

【下刀的控制】选项组用来设置下刀和退刀时刀具在 Z 轴方向的移动方式。系统提供了 3 种方式。

- 【切削路径允许连续下刀提刀】单选按钮：控制刀具在 Z 向沿曲面多次下刀切入和提刀切出，用于表面具有多个凹凸的曲面。当选择工件的形状为凹形时也采用这种加工方式。
- 【单侧切削】单选按钮：控制刀具在 Z 向沿曲面一边下刀切入和退刀切出。
- 【双侧切削】单选按钮：控制刀具在 Z 向沿曲面两边下刀切入和退刀切出。当选择工件的形状为凸形时采用这种加工方式。

7. 定义下刀点

当选中【定义下刀点】复选框时，设置完各参数后，系统将提示用户指定起始点，系统以距选取点最近的角点为刀具路径的起始点。

8. 允许沿面下降切削(-Z)和允许沿面上升切削(+Z)

这两个复选框用来设置刀具沿曲面的 Z 向运动方式。两个复选框均可以取消选中，也可以两个同时选中。当选择工件的形状为凸形时，采用允许沿面下降切削(-Z)加工方式；当选择工件的形状为凹形件时，采用既允许沿面下降也可沿面上升切削加工方式。

9. 切削深度

单击【切削深度】按钮，弹出如图 6.5 所示的对话框，该对话框用来设置粗加工的切削深度，有绝对坐标和增量坐标两种方式。

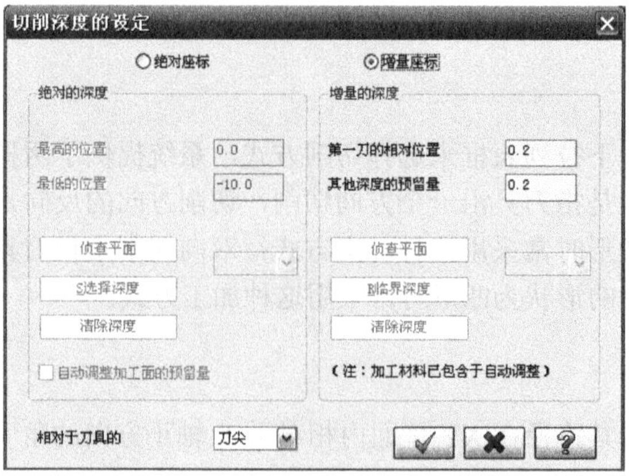

图 6.5　【切削深度的设定】对话框

在绝对坐标方式下，用以下两个选项来设置切削深度。

- 【最高的位置】文本框：设置刀具在切削工件时，刀具上升的最高点。
- 【最低的位置】文本框：设置刀具在切削工件时，刀具下降的最低点。
  用户可以在相应的文本框中直接输入最高点和最低点的数值，也可单击【选择深度】按钮后在屏幕中选择最高点和最低点。
  在增量坐标方式下，系统根据曲面切削深度和设置的参数，自动计算出刀具路径最高点和最低点。
- 【第一刀的相对位置】文本框：设置系统在自动计算刀具最高点时，粗加工第一层距离顶部切削边界的距离。
- 【其他深度的预留量】文本框：设置系统在自动计算刀具最低点时，粗加工最后一层距离底部切削边界的距离。
- 【临界深度】按钮：单击该按钮后，系统返回至绘图区所选择的刀具路径的深度。

10. 间隙设定

单击【间隙设定】按钮，弹出如图 6.6 所示的对话框，该对话框用来设置刀具在不同间隙时的运动方式。

- 【容许的间隙】选项组：它用两个参数来设置，距离是指直接输入间隙距离，步进量的百分比是指设置允许间隙与进刀量的百分率。
- 【位移小于容许间隙时，不提刀】选项组：它可以通过 4 个选项来选择其中一种刀具路径的连接方式，以及用复选框的形式确定是否检查过切间隙运动。4 项刀具切削路径连接方式分别如下。
    - 【直接】：刀具从一个曲面刀具路径的终点直接移到另一个曲面刀具路径的起点。
    - 【打断】：当刀具从一个曲面刀具路径终点沿 Z 方向向上移动(或沿 X/Y 方向移动)，再接着沿 X/Y 方向移动(或沿 Z 方向向下移动)到另一个曲面刀具路径的起点。

◆　【平滑】：用于高速加工曲面，即刀具从一个位置平滑越过间隙移动到另一个位置。

◆　【沿着曲面】：刀具从一个曲面刀具路径的终点沿曲面外形移到另一个曲面刀具路径的起点处。

● 【检查间隙位移的过切情形】复选框：选中该复选框时，在移动量小于允许间隙，当即将出现过切时，系统自动校准刀具路径。

● 【位移大于容许间隙时，提刀至安全高度】选项组：系统采用提刀方式以避免过切。

● 【切削顺序最佳化】复选框：选中该复选框后，刀具停留在某一区域中切削直至完成。

● 【由加工过的区域下刀(用于单向平行铣)】复选框：选中该复选框后，允许从加工过的区域下刀。

● 【刀具沿着切削范围的边界移动】复选框：选中该复选框后，允许刀具以一定间隙沿边界切削，刀具在 XY 方向移动，以确保刀具的中心在边界上。

11. 高级设置

单击【高级设置】按钮，弹出如图 6.7 所示的对话框，该对话框用来设置刀具在曲面或实体边缘处的运动方式。

图 6.6　【刀具路径的间隙设置】对话框

图 6.7　【高级设置】对话框

【刀具在曲面(实体面)的边缘走圆角】选项组中提供了 3 种方式，分别如下。

● 【自动(以图形为基础)】单选按钮：系统自动决定是否在曲面边缘走圆角。

● 【只在两曲面(实体面)之间】单选按钮：只在相交曲面边界和实体表面边缘走圆角。

● 【在所有的边缘】单选按钮：在所有曲面边界和实体表面边缘走圆角。

【尖角部分的误差(在曲面/实体面的边缘)】选项组：该选项组用于设置刀具圆角移动

量的误差，该值设置的越大，则生成越平缓的锐角。可以选中【距离】单选按钮直接输入误差值，也可以选中【切削方向误差的百分比】单选按钮输入与切削量的百分比来设置误差值。

下面以一个实例来介绍生成平行铣削粗加工刀具路径的方法。

例 6.1   曲面加工图形如图 6.8 所示，其中，图 6.8(a)所示为 50 mm×75 mm×37 mm 的矩形毛坯材料，要求采用平行铣削粗加工刀具路径加工出如图 6.8(b)所示的零件，生成的加工刀具路径如图 6.8 (c)所示。图 6.8(d)所示曲面具体尺寸如图 4.126(a)所示。

(a) 矩形毛坯材料

(b) 加工的零件

(c) 平行铣削粗加工刀具路径

(d) 曲面图形

图 6.8   曲面加工图形

操作步骤如下。

1)   设置构图面为俯视

单击顶部工具栏中的【俯视图】按钮 。

2)   启动曲面粗加工平行铣削功能

(1)   执行【机床类型】|【铣削】|【默认】命令。

(2)   再执行【刀具路径】|【曲面粗加工】|【粗加工平行铣削加工】命令，系统弹出【全新的 3D 高级刀具路径优化功能】对话框，单击【确定】按钮 激活优化功能。

(3)   系统弹出如图 6.9 所示的【选取工件的形状】对话框，选中【未定义】单选按钮，再单击【确定】按钮 。在弹出的【输入新 NC 名称】对话框，输入名称"曲面平行铣削粗加工"，再单击【确定】按钮 。选择如图 6.10 所示的要加工曲面，按 Enter 键确认选取。

(4)   系统弹出如图 6.11 所示的【刀具路径的曲面选取】对话框，单击【确定】按钮 。

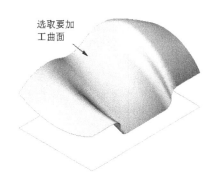

选取要加
工曲面

图 6.9　【选取工件的形状】对话框　　　　图 6.10　选取曲面加工

3)　从刀具库中选取刀具

系统弹出【曲面粗加工平行铣削】对话框，单击【选择刀库】按钮，系统弹出【选择刀具】对话框，通过对话框中右边的滑块来查找所需要刀具，选择 ϕ20 圆鼻刀，刀角半径为 4，单击【确定】按钮 ✓。

4)　定义刀具参数

在【曲面粗加工平行铣削】对话框中的【刀具路径参数】选项卡中设置如图 6.12 所示的参数值。

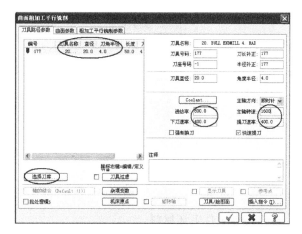

图 6.11　【刀具路径的曲面选取】对话框　　图 6.12　设置刀具路径参数

5)　定义曲面加工参数

切换到【曲面加工参数】选项卡，按如图 6.13 所示设置粗加工参数。

注意：在【控制刀具】选项组中选择刀具位置为"外"时一定要注意刀具是否与其他曲面和夹具发生干涉，如果会就不能选取。此处选择"外"可以使加工余量均匀，起到保护精加工刀具的作用。

6)　设置粗加工平行铣削参数

切换到【粗加工平行铣削参数】选项卡，按图 6.14 所示设置粗加工平行铣削参数。单击【确定】按钮 ✓，结束曲面粗加工平行铣削设置。

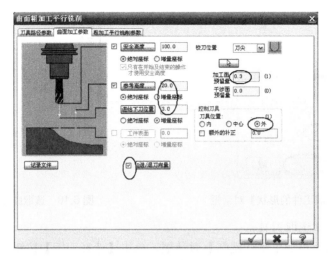

图 6.13　设置曲面加工参数

图 6.14　设置粗加工平行铣削参数

7)　设置工件毛坯材料

(1)　执行绘图区左边操作管理中的【属性】|【材料设置】命令。

(2)　系统弹出【机器群组属性】对话框，切换到【材料设置】选项卡，设置材料参数如图 6.15 所示。单击【确定】按钮 ✓

💡 **注意：** 数控铣床上通常将工件坐标原点设置在要加工材料的上表面，材料上表面的 Z 坐标值为 0，所以在进行刀路加工模拟时，为了使绘图原点与工件坐标原点重合，常常会将绘制的图形进行平移，将图形的最高点位置移至零平面位置处。

8)　进行实体验证

在操作管理器中单击【选择所有的操作】按钮 ✓，单击【验证已选择的操作】按钮 ●，弹出【验证】管理器。单击【播放】按钮 ▶，系统自动模拟加工过程，加工结果如图 6.16 所示。单击【确定】按钮 ✓，结束模拟加工。

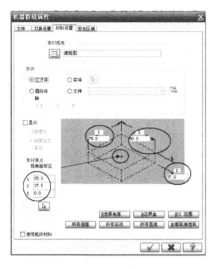

图 6.15 设置材料参数   图 6.16 平行铣削粗加工结果

6.1.3 曲面流线粗加工

曲面流线粗加工可以沿曲面流线方向生成粗加工刀具路径。曲面流线加工能控制曲面的残留高度。

1. 曲面流线粗加工参数设置

【曲面粗加工流线】对话框如图 6.17 所示，其中特有的选项含义如下。

图 6.17 【曲面粗加工流线】对话框

- 【切削控制】选项组用于控制刀具纵深移动的有关参数，各选项的含义如下。
  【距离】复选框：选中该复选框后，系统将两相邻刀具路径纵深方向的进刀量设置为文本框输入值。
- 【整体误差】按钮后面的文本框：该文本框用来输入实际刀具路径与真实曲面在切削方向的误差及过滤误差的总和。

【执行过切检查】复选框：选中该复选框时，当临近过切时，系统自动调整曲面流线粗加工刀具路径。

- 【截断方向的控制】选项组中各参数的含义如下。
    - ◆ 【距离】单选按钮：选中该单选按钮后，系统将两个相邻刀具路径截面方向的进刀量设置为文本框中的输入值。
    - ◆ 【环绕高度】单选按钮：当使用非平底铣刀进行切削加工时，在两条相近的切削路径之间，会因为刀形的关系而留下凸起未切削掉的区域，这种因为刀形的关系而未切削掉的凸起高度称为残脊高度。选中该单选按钮后，系统使用文本框中的残脊高度输入值来计算截面方向的切削增量。通常情况下，当曲面的曲率半径较大且没有尖锐的形状，或是不需要非常精密的加工时，可使用"距离"的方式来设定进刀量；当曲面的曲率半径较小且有尖锐的形状，或是需要非常精密的加工的，应采用"残脊高度"的方式来设定进刀量。

2. 曲面流线加工路径方式设置

曲面流线加工路径方式设置用于确定最终的刀具路径，当曲面流线加工参数设置完毕后系统自动弹出如图 6.18 所示的【曲面流线设置】对话框，对话框中各项参数含义如下。

图 6.18　【曲面流线设置】对话框

- 【补正方向】按钮：用来改变刀具半径的补偿方向。刀具补偿方向如图 6.19 所示，其中图 6.19(a)所示为刀具路径在曲面上方补偿了一个刀具半径值，图 6.19(b)所示为刀具路径在曲面下方补偿了一个刀具半径值。

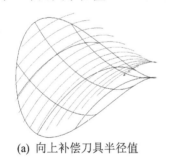

(a) 向上补偿刀具半径值　　　　　　(b) 向下补偿刀具半径值

图 6.19　刀具补偿方向

- 【切削方向】按钮：用来改变曲面流线刀具路径是随曲面的截断方向还是随切削方向进行加工。

  刀具路径方向如图 6.20 所示，其中，图 6.20(a)所示为刀具路径沿曲面的截断方向，而图 6.20(b)所示为刀具路径沿曲面的切削方向。

- 【步进方向】按钮：用来改变曲面流线刀具路径的起始步进方向。
- 【起始点】按钮：用来改变曲面流线刀具路径的起始位置。
- 【显示边界】按钮：用不同的颜色显示不同的边界类型(自由边界、部分共同边界和共同边界)。当加工由两个以上曲面组成的工件时，可以清晰地显示各曲面的边界。

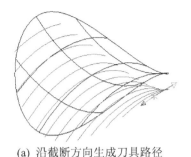

(a) 沿截断方向生成刀具路径   (b) 沿切削方向生成刀具路径

图 6.20　刀具路径方向

例 6.2　如图 6.21 所示为曲面加工图形，其中，图 6.21 (a)所示为 ϕ40、高为 48 mm 的圆柱形毛坯材料，要求采用曲面流线粗加工刀具路径加工出如图 6.21(b)所示的零件，生成的加工刀具路径如图 6.21(c)所示。图 6.21(d)所示曲面具体尺寸如图 4.174(a)所示。

(a) 圆柱形毛坯材料   (b) 加工的零件

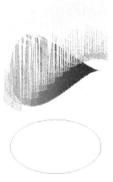   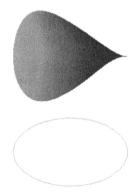
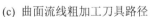

(c) 曲面流线粗加工刀具路径   (d) 曲面图形

图 6.21　曲面加工图形

操作步骤如下。

1)　设定构图面为俯视

单击顶部工具栏中的【俯视构图】按钮　。

2) 启动曲面粗加工流线加工功能

(1) 执行【机床类型】|【铣床】|【默认】命令。

(2) 执行【刀具路径】|【曲面粗加工】|【粗加工流线加工】命令，系统弹出如图 6.22 所示【选取工件的形状】对话框，选中【凹】单选按钮，再单击【确定】按钮 ✓。

(3) 系统弹出【输入新 NC 名称】对话框，输入名称"曲面流线粗加工"，再单击【确定】按钮 ✓。选择如图 6.23 所示的要加工曲面，按 Enter 键确认选取。

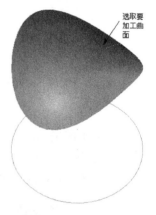

选取要加工曲面

图 6.22　【选取工件的形状】对话框　　　　图 6.23　选取曲面加工

(4) 系统弹出【刀具路径的曲面选取】对话框，单击【确定】按钮 ✓ 即可。

3) 从刀具库中选取刀具

系统弹出【曲面粗加工流线】对话框，单击【选择刀库】按钮，系统弹出【选择刀具】对话框，通过对话框中右边的滑块来查找所需要刀具，选择 ϕ16 平铣刀，单击【确定】按钮 ✓。

4) 定义刀具参数

在【曲面粗加工流线】对话框中的【刀具路径参数】选项卡中设置如图 6.24 所示的参数值。

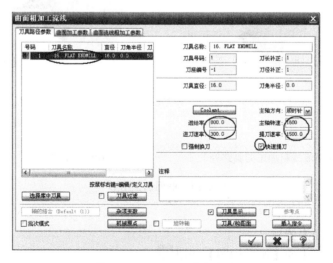

图 6.24　设置刀具路径参数

5)　定义曲面加工参数

切换到【曲面加工参数】选项卡，按图 6.25 所示设置曲面加工参数。

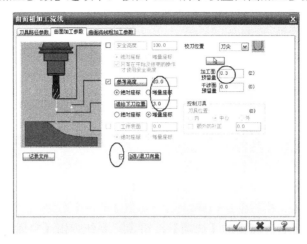

图 6.25　设置曲面加工参数

6)　设置曲面流线粗加工参数

切换到【曲面流线粗加工参数】选项卡，按图 6.26 所示设置曲面流线粗加工参数。单击【确定】按钮 ✓ 。

图 6.26　设置曲面粗加工流线参数

7)　设置曲面流线加工路径方式

系统弹出如图 6.27 所示的【曲面流线设置】对话框，单击【切削方向】按钮进行加工流线切换，使流线方向如图 6.28 所示，单击【确定】按钮 ✓ 。系统在绘图区按设置的参数生成如图 6.21 (c)所示的加工刀具路径。

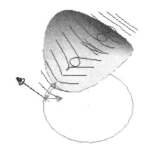

图 6.27　【曲面流线设置】对话框　　　　　图 6.28　曲面流线加工路径方式

8)　设置工件毛坯材料进行实体验证

(1)　在操作管理器中单击【选择所有的操作】按钮 🗸

(2)　单击【实体加工模拟】按钮 🥔，系统弹出【验证】管理器。

(3)　单击实体验证管理器中的【选项】按钮 🔳，系统弹出【验证选项】对话框，在对话框中设置工件毛坯材料的大小。具体的参数设置如图 6.29 所示。参数设置完后单击【确定】按钮 🗸。

图 6.29　设置工件毛坯材料的大小

(4)　单击【播放】按钮 ▶，系统自动模拟加工过程，加工结果如图 6.21(b)所示。单击【确定】按钮 🗸，结束模拟加工。

6.1.4　曲面挖槽粗加工

曲面挖槽加工选项是以事先有的挖槽边界，生成加工介于曲面及工件边界间多余的材料刀具路径。【曲面粗加工挖槽】对话框如图 6.30 所示，可以通过【粗加工参数】、【挖槽参数】选项卡设置其特有参数。

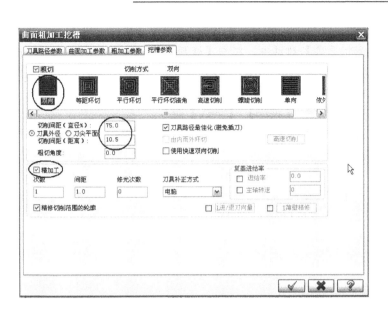

图 6.30 设置挖槽粗加工参数

【挖槽参数】选项卡与二维刀具路径二维挖槽对话框中【粗加工】选项卡参数基本相同，所增加的几个参数在前面也已经进行了介绍。下面以一个实例来介绍生成曲面挖槽粗加工刀具路径的方法。

例 6.3　如图 6.31 所示为曲面加工图形，其中，图 6.31(a)所示为 160 mm×80 mm×30 mm 的矩形毛坯材料，要求采用挖槽粗加工刀具路径加工出如图 6.31(b)所示的零件，生成的加工刀具路径如图 6.31(c)所示。图 6.31(d)所示曲面具体尺寸如图 4.70 所示。

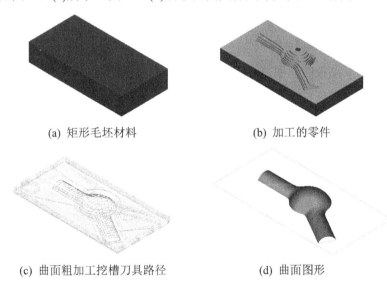

(a) 矩形毛坯材料　　　　　　　　　(b) 加工的零件

(c) 曲面粗加工挖槽刀具路径　　　　　(d) 曲面图形

图 6.31 曲面加工图形

操作步骤如下。

1) 在前视构图上绘制 160mm×80mm 的矩形

(1) 单击工具栏中的【前视构图面】按钮，设置构图面为前视，设定深度 Z 为 0。

(2) 执行【绘图】|【矩形形状设置】命令或单击工具栏中的【矩形形状设置】按钮 ⚙▾，系统弹出【矩形形状选项】对话框，单击【展开】按钮 ⬇ 展开所有选项，输入矩形的宽为160、高为80，设置放置点为(0, −10)为矩形的中心，单击【确定】按钮 ✅。

2) 启动曲面粗加工挖槽加工功能

(1) 执行【机床类型】|【铣床】|【默认】命令。

(2) 执行【刀具路径】|【曲面粗加工】|【粗加工挖槽加工】命令，系统弹出【输入新NC 名称】对话框，输入名称"曲面粗加工挖槽"，单击【确定】按钮 ✅。

(3) 用窗选的方式选择如图 6.31(d)所示的要加工曲面，按 Enter 键确认选取。

(4) 系统弹出【刀具路径的曲面选取】对话框，单击【边界范围】选项组中的【选取】按钮 🔍(见图 6.32)，选取挖槽加工范围。

(5) 选择如图 6.33 所示的矩形边界，单击【串边选项】对话框中的【确定】按钮 ✅，结束边界范围的选取。

图 6.32　【刀具路径的曲面选取】对话框

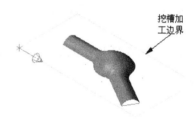

图 6.33　选取挖槽加工范围

(6) 单击【刀具路径的曲面选取】对话框中的【确定】按钮 ✅。

3) 从刀具库中选取刀具

系统弹出【曲面粗加工挖槽】对话框，单击【选择刀库】按钮，系统弹出【选择刀具】对话框，通过对话框中右边的滑块来查找所需要刀具，选择 ϕ16 的平刀，单击【确定】按钮 ✅。

4) 定义刀具参数

在【曲面粗加工挖槽】对话框中的【刀具路径参数】选项卡中设置【进给率】为800，【主轴转速】为1500，【下刀速度】为400，【提刀速率】为1500，同时选中【快速提刀】复选框。

5) 定义曲面加工参数

在【曲面加工参数】选项卡中设置【参考高度】为 20，【进给下刀位置】为 3，【加工面预留量】为 0.3。

6) 定义粗加工参数

切换到【粗加工参数】选项卡，按图 6.34 所示设置粗加工参数。

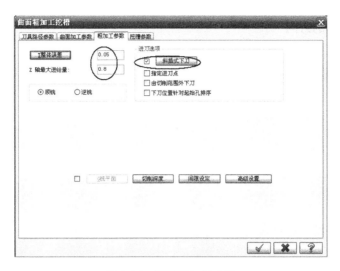

图 6.34　设置粗加工参数

💡 **注意：** 在进行曲面挖槽粗加工时，一般都需要设置进刀方式，可以避免踩刀现象。

7)　设置曲面粗加工挖槽参数

切换到【挖槽参数】选项卡，按图 6.30 所示设置曲面粗加工挖槽参数。单击【确定】按钮 ✔️ 结束曲面加工参数的设置。

8)　设置工件毛坯材料并进行实体验证

实体验证加工完成的结果如图 6.31(b)所示。

6.1.5　曲面等高外形粗加工

等高外形粗加工是依据曲面的轮廓一层一层地切削而产生的粗加工路径，当毛坯件与成型件在外形上比较接近时常采用它。如铸造件通常采用这种方式粗加工。【曲面粗加工等高外形】对话框如图 6.35 所示，其中曲面等高外形粗加工特有的参数含义如下。

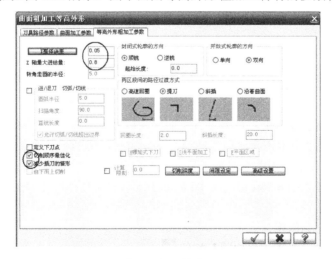

图 6.35　【曲面粗加工等高外形】对话框

1. 封闭式轮廓的方向

【封闭式轮廓的方向】选项组中有【顺铣】和【逆铣】两个单选按钮。选择【逆铣】时，刀具切削曲面外形时刀具旋转的方向与刀具移动的方向相反；选择【顺铣】时，刀具切削曲面外形时刀具旋转方向与刀具移动的方向相同。【起始长度】文本框用来输入刀具路径的起始位置在等高线以上的距离。

2. 开放式轮廓的方向

【开放式轮廓的方向】选项组中用来设置开放曲面外形的铣削方向，有【单向】和【双向】两个单选按钮。

3. 两区段间的路径过渡方式

【两区段间的路径过渡方式】选项组用来设置当移动量小于允许间隙时刀具移动的形式，与前面介绍的【刀具的路径间隙设置】对话框中相应参数的含义基本相同。其中，【高速回圈】单选按钮相当于【平滑】选项，【斜插】单选按钮相当于【直接】选项，【提刀】单选按钮相当于【打断】选项。

4. 进/退刀 切弧/切线

选中【进/退刀 切弧/切线】复选框后，添加圆弧形式的进/退刀刀具路径，【圆弧半径】文本框用于输入圆弧刀具路径的半径，【扫描角度】文本框用于输入圆弧刀具路径的扫掠角度。其设置方式与外形铣削相同。

5. 转角走圆的半径

【转角走圆的半径】文本框用于输入替代锐角(角度小于135°)的圆弧半径值。

6. 螺旋式下刀

选中【螺旋式下刀】复选框，将设置螺旋式下刀方式的刀具路径。

7. 浅平面加工

选中【浅平面加工】复选框，可设置浅平面位置处的加工刀具路径。

8. 平面区域

选中【平面区域】复选框，可高设置平面区域位置处的加工刀具路径。

例6.4　如图6.36所示为曲面加工图形,其中,如图6.36(a)所示为ϕ55 mm,高为23 mm的圆柱形毛坯材料,要求采用曲面粗加工等高外形刀具路径加工出如图6.36(b)所示的零件,生成的加工刀具路径如图6.36(c)所示。图6.36(d)所示曲面具体尺寸如图4.30所示。

操作步骤如下。

1)　设定构图面为俯视

单击顶部工具栏中的【俯视构图】按钮 👹。

(a) 圆柱形毛坯材料

(b) 加工的零件

(c) 曲面等高外形粗加工刀具路径

(d) 曲面图形

图 6.36　曲面加工图形

2)　启动曲面粗加工等高外形加工功能

(1)　执行【机床类型】|【铣床】|【默认】命令。

(2)　执行【刀具路径】|【曲面粗加工】|【粗加工等高外形加工】命令，系统弹出【输入新 NC 名称】对话框，输入名称"曲面等高外形粗加工"，单击【确定】按钮 ✓。

(3)　选择如图 6.36(d)所示的要加工曲面(可用窗选的方式)，按 Enter 键确认选取。

(4)　系统弹出【刀具路径的曲面选取】对话框，直接单击【确定】按钮 ✓ 即可。

3)　从刀具库中选取刀具

系统弹出【曲面粗加工等高外形】对话框，单击【选择刀库】按钮，系统弹出【选择刀具】对话框，通过对话框中右边的滑块来查找所需要刀具，选择 ϕ16 的平刀，单击【确定】按钮 ✓。

4)　定义刀具参数

在【曲面粗加工等高外形】对话框中的【刀具路径参数】选项卡中设置【进给率】为800，【主轴转率】为 1500，【下刀速度】为 400，【提刀速度】为 1500，同时选中【快速提刀】复选框。

5)　定义曲面加工参数

在【曲面加工参数】选项卡中设置【参考高度】为 20，【进给下刀位置】为 3，【加工面预留量】为 0.3。

6)　设置曲面粗加工等高外形参数

切换到【等高外形粗加工参数】选项卡，按图 6.35 所示设置曲面粗加工等高外形参数，单击【确定】按钮 ✓。

7)　设置工件毛坯材料并进行实体验证

实体验证加工完成的结果如图 6.36(b)所示。

6.1.6　曲面放射状粗加工

放射状曲面加工用于生成放射状的粗加工刀具路径，常用于加工类似圆柱形的工件。【曲面粗加工放射状】对话框如图 6.37 所示，其中放射状曲面粗加工特有的参数含义如下。

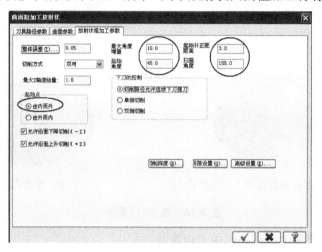

图 6.37　【曲面粗加工放射状】对话框

1. 最大角度增量

【最大角度增量】文本框用来输入放射状曲面粗加工刀具路径中每条路径的最大角度增量，如图 6.38 所示。

2. 起始角度

【起始角度】文本框用来输入放射状曲面粗加工刀具路径的起始角度，如图 6.38 所示。

3. 扫描角度

【扫描角度】文本框用来输入放射状曲面粗加工刀具路径的扫描角度，如图 6.38 所示。

图 6.38　放射状加工参数示意

4. 起始补正距距离

【起始补正距距离】文本框用来输入放射状曲面粗加工刀具路径的中心点与选取点的偏移距离，如图 6.38 所示。

5. 起始点

【起始点】选项组用来设置刀具路径的起始点以及路径方向，有以下两种选择。

● 【由内而外】单选按钮：选中该单选按钮时，加工刀具路径从下刀点向外切削。

● 【由外而内】单选按钮：选中该单选按钮时，加工刀具路径开始于下刀点的外围边界并往内切削。

例 6.5 如图 6.39 所示为曲面加工图形，其中，图 6.39(a)所示为 ϕ150、高为 70 mm 的圆柱形毛坯料，要求采用放射状粗加工刀具路径加工出如图 6.39(b)所示的零件，生成的加工刀具路径如图 6.39(c)所示。图 6.39(d)所示曲面具体尺寸如图 4.106 所示。

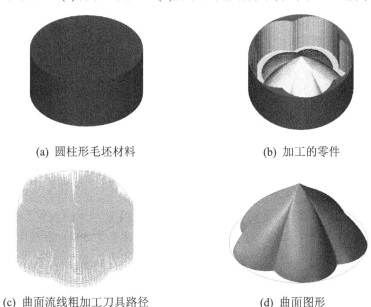

(a) 圆柱形毛坯材料   (b) 加工的零件

(c) 曲面流线粗加工刀具路径   (d) 曲面图形

图 6.39 曲面加工图形

操作步骤如下。

1) 设定构图面为俯视

单击顶部工具栏中的【俯视构图】按钮。

2) 启动曲面粗加工放射状加工功能

(1) 执行【机床类型】|【铣床】|【默认】命令。

(2) 执行【刀具路径】|【曲面粗加工】|【粗加工放射状加工】命令，系统弹出【选取工件的形状】对话框，选中【凸】单选按钮，单击【确定】按钮。

(3)系统弹出【输入新 NC 名称】对话框，输入名称"曲面放射状粗加工"，单击【确定】按钮。选择如图 6.39 (d)所示的要加工曲面，按 Enter 键确认选取。

(4) 系统弹出【刀具路径的曲面选取】对话框，单击【选取放射中心点】选项组中的【选取】按钮（见图 6.40)，选取如图 6.41 所示的顶点作为放射中心点。单击【串边选项】对话框中的【确定】按钮结束选取。

3) 从刀具库中选取刀具

系统弹出【曲面粗加工放射状】对话框，单击【选择刀库】按钮，系统弹出【选择刀具】对话框，通过对话框中右边的滑块来查找所需要刀具，选择 ϕ10 牛鼻刀，刀角半径为 2，单击【确定】按钮。

图 6.40 【刀具路径的曲面选取】对话框

选取放射中心点

图 6.41 选取放射中心点

4) 定义刀具参数

在【曲面粗加工放射状】对话框中的【刀具路径参数】选项卡中设置【进给率】为 800，【主轴转速】为 1700，【下刀速率】为 300，【提刀速率】为 800，同时选中【快速提刀】复选框。

5) 定义曲面加工参数

在【曲面加工参数】选项卡中设置【参考高度】为 20，【进给下刀位置】为 3，【加工面预留量】为 0.3。

6) 设置曲面粗加工放射状参数

切换到【放射状粗加工参数】选项卡，设置曲面粗加工放射状参数，【最大角度增量】为 3，【起始补正距离】为 0，【起始角度】为 0，【扫描角度】为 360，【Z 轴最大进给量】为 1，【起始点】选项组中单击【由内而外】按钮。单击【确定】按钮 ✓。

7) 设置工件毛坯材料并进行实体验证

加工后的结果如图 6.39(b)所示。

6.1.7 曲面投影粗加工

曲面投影加工是将已有的刀具路径或几何图形投影到选择的曲面上生成新的粗加工刀具路径。

要生成曲面投影粗加工刀具路径，除了要设置共有的刀具参数和曲面参数外，还要通过设置一组曲面投影粗加工刀具路径特有的参数。如图 6.42 所示为【投影粗加工参数】选项卡，下面仅对前面未介绍的参数进行简要说明。

1. 投影方式

系统提供了 3 种投影方式。

● NCI 单选按钮：用已存在的 NCI 文件来进行投影。用 NCI 文件投影的方式如图 6.43 所示。图 6.43(a)所示为已存在的加工刀具路径对圆球面进行投影，图 6.43(b)

为用曲面投影方式对圆球面加工生成的刀具路径。

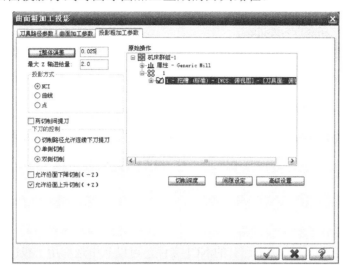

图 6.42　【投影粗加工参数】选项卡

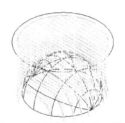

(a) 已存在的 NCI 文件　　　　(b) 用 NCI 投影方式生成刀具路径

图 6.43　用 NCI 文件投影

- 【曲线】单选按钮：用一条曲线或一组曲线来进行投影。用存在曲线投影的方式如图 6.44 所示。图 6.44(a)所示为用已存在的曲线对圆球面进行投影，图 6.44(b)所示为用曲面投影方式对圆球面加工生成的刀具路径。

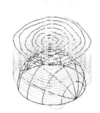

(a) 已存在的曲线　　　　(b) 采用曲线投影方式生成刀具路径

图 6.44　用存在曲线投影

- 【点】单选按钮：用一个点或一组点来投影。用一组点投影的方式如图 6.45 所示。图 6.45(a)所示为用已存在的一组点对圆球面进行投影，图 6.45(b)所示为用点投影方式对圆球面加工生成的刀具路径。

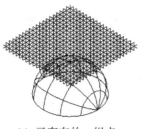

(a) 已存在的一组点

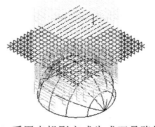

(b) 采用点投影方式生成刀具路径

图 6.45　用一组点投影

以上 3 种投影方法所用的对象应在投影前制作完成。

2. 原始操作

该窗口显示出了当前文件中已有的 NCI 文件，可以从中选取用于投影的 NCI 文件。

6.1.8　曲面残料粗加工

残料粗加工用于清除其他加工模组未切削或因直径较大刀具未能切削所残留的材料，需要与其他加工模组配合使用。【曲面残料粗加工】对话框如图 6.46 所示，可以通过【残料加工参数】选项卡设置其特有参数。

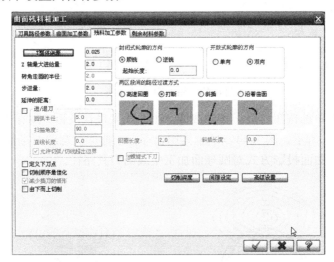

图 6.46　【曲面残料粗加工】对话框

该组参数与等高外形粗加工参数基本相同，所增加的几个参数在前面也已经进行了介绍，在此不再重复。

除了定义残料粗加工模组特有参数外，还需通过如图 6.47 所示的【剩余材料参数】选项卡来定义残余材料参数。

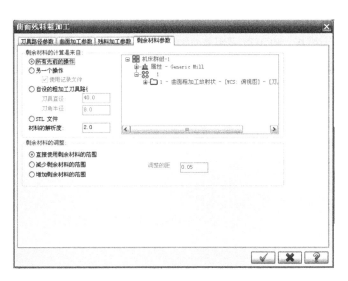

图 6.47 【剩余材料参数】对话框

1. 【剩余材料的计算是来自】选项组

【剩余材料的计算是来自】选项组用于设置计算残料粗加工中需清除的材料的方式。

- 【所有先前的操作】单选按钮：将前面各加工模组不能切削的区域作为残料粗加工切削的区域。
- 【另一个操作】单选按钮：将某一个加工模组不能切削的区域作为残料粗加工切削的区域。
- 【自设的粗加工刀具路径】单选按钮：根据刀具直径和刀角半径来计算出残料粗加工需切削的区域。
- 【STL 文件】单选按钮：将对 STL 文件进行残料计算。
- 【材料的解析度】文本框：设置残料粗加工的误差值。

2. 【剩余材料的调整】选项组

【剩余材料的调整】选项组用于放大或缩小定义的残料粗加工区域。

- 【直接使用剩余材料的范围】单选按钮：不改变定义的残料粗加工范围。
- 【减少剩余材料的范围】单选按钮：允许残余小的尖角材料通过后面的精加工来清除，相应减少剩余材料的范围，这种方式可以提高加工速度。
- 【增加剩余材料的范围】单选按钮：在残料粗加工中清除小的尖角材料，相应也就增加了剩余材料的范围。

6.1.9 曲面钻削式粗加工

曲面粗加工钻削式是一种类似于钻孔的一种加工方法，可以切削所有位于曲面与凹槽边界的材料，从而迅速去掉粗加工余量。

【曲面粗加工钻削式】对话框如图 6.48 所示，可以通过【钻削式粗加工参数】选项卡设置它的特有参数。在选项卡中【下刀路径】选项组用于定义钻削路径的模板,可以选用已有的刀具路径作为模板,也可以采用双向切削方式,其他的参数含义与前面介绍的相同。

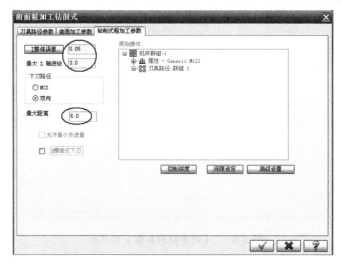

图 6.48　【曲面粗加工钻削式】对话框

例 6.6　如图 6.49 所示为曲面加工图形,其中,图 6.49(a)所示为 60 mm×50 mm×35 mm 的矩形毛坯材料,要求采用钻削式粗加工刀具路径加工出如图 6.49(b)所示的零件,生成的加工刀具路径如图 6.49 (c)所示。图 6.49(d)所示曲面具体尺寸如图 4.96 所示。

   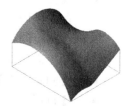

(a) 矩形毛坯材料　　　(b) 加工的零件　　(c) 曲面粗加工钻削式刀具路径　　(d) 曲面图形

图 6.49　曲面加工图形

操作步骤如下。

1)　设定构图面为俯视

单击顶部工具栏中的【俯视构图】按钮 🔯 。

2)　启动曲面粗加工钻削式加工功能

(1)　执行【机床类型】|【铣床】|【默认】命令。

(2)　执行【刀具路径】|【曲面粗加工】|【粗加工钻削式加工】命令,系统弹出【输入新 NC 名称】对话框,输入名称"曲面粗加工钻削式",单击【确定】按钮 ✔ 。

(3)　选择如图 6.49(d)所示的要加工曲面,按 Enter 键确认选取。

(4)　系统弹出【刀具路径的曲面选取】对话框,直接单击【确定】按钮 ✔ 即可。

3)　从刀具库中选取刀具

系统弹出【曲面粗加工钻削式】对话框,单击【选择刀库】按钮,系统弹出【选择刀具】对话框，通过对话框中右边的滑块来查找所需要刀具，选择 $\phi 12$ 的平刀(实际加工时应选键槽铣刀，不能用立铣刀，避免打刀)，单击【确定】按钮。

4) 定义刀具参数

在【曲面粗加工钻削式】对话框中的【刀具路径参数】选项卡中设置如图 6.50 所示的参数值。

图 6.50 设置刀具路径参数

5) 定义曲面加工参数

在【曲面加工参数】选项卡中设置【参考高度】为 20，【进给下刀位置】为 3，【加工面预留量】为 0.3。

6) 设置曲面粗加工钻削式参数

切换到【钻削式粗加工参数】选项卡，按图 6.48 所示设置曲面粗加工钻削式参数，单击【确定】按钮。

7) 系统提示选择钻削范围的两个对角点

选择如图 6.51 所示的点 P1 作为左下角点，选择点 P2 作为右上角点。

8) 设置工件毛坯材料并进行实体验证

实体验证加工完成结果如图 6.49(b)所示。

图 6.51 选择钻削范围的两个对角点

6.1.10 习题

1. 如图 6.52 所示为曲面粗加工，其中，图 6.52(a)所示为 70 mm×90 mm×30 mm 的矩形毛坯材料，要求采用合适的粗加工刀具路径加工如图 6.52(b)所示的曲面图形(具体尺寸见图 4.125(a))。

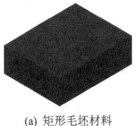

(a) 矩形毛坯材料　　　　　　　　　　　　(b) 曲面图形

图 6.52　曲面粗加工(习题 1)

2. 如图 6.53 所示为曲面粗加工，其中，图 6.53(a)所示为 100 mm×100 mm×15 mm 的矩形毛坯材料，要求采用合适的粗加工刀具路径加工如图 6.53(b)所示的曲面图形(具体尺寸见图 4.79)。

(a) 矩形毛坯材料　　　　　　　　　　　　(b) 曲面图形

图 6.53　曲面粗加工(习题 2)

3. 如图 6.54 所示为曲面粗加工，其中，图 6.54(a)所示为 80 mm×60 mm×30 mm 的矩形毛坯材料，要求采用合适的粗加工刀具路径加工如图 6.54(b)所示的曲面图形(具体尺寸见图 4.129(a))。

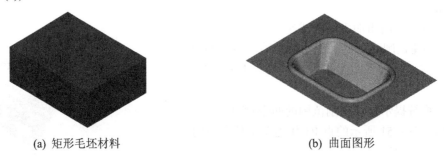

(a) 矩形毛坯材料　　　　　　　　　　　　(b) 曲面图形

图 6.54　曲面粗加工(习题 3)

4. 如图 6.55 所示为实体曲面粗加工，其中，图 6.55(a)所示为 ϕ144mm、高为 40 mm 的圆柱形毛坯材料，要求采用合适的粗加工刀具路径加工如图 6.55 (b)所示的实体曲面图形(具体尺寸见图 5.81)。

5. 如图 6.56 所示为曲面粗加工，其中，图 6.56(a)所示为 80 mm×80 mm×30 mm 的矩形毛坯材料，要求采用合适的粗加工刀具路径加工如图 6.56(b)所示的曲面图形(具体尺寸见图 4.123(a))。

(a) 圆柱形毛坯材料

(b) 实体曲面图形

图 6.55　实体曲面粗加工(习题 4)

(a) 矩形毛坯材料

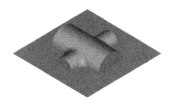

(b) 曲面图形

图 6.56　曲面粗加工(习题 5)

6.2　曲面刀具路径精加工

曲面精加工一般用于曲面粗加工后的工件或铸件的精加工以得到光滑的曲面。与粗加工相比，精加工采用的加工方法不同，或者加工方法相同，但是切削用量不同，精加工一般采用高速、小进给量和小切削深度。在曲面精加工系统中共有 11 个加工模组，分别如下。

6.2.1　曲面平行铣削精加工

平行铣削精加工可以生成某一特定角度的平行切削精加工刀具路径。【曲面精加工平行铣削】对话框如图 6.57 所示，可以通过【精加工平行铣削参数】选项卡设置其特有参数。

图 6.57　【曲面精加工平行铣削】对话框

【精加工平行铣削参数】选项卡中各参数的含义与【粗加工平行铣削参数】选项卡中对应参数含义相同，在这里将不作介绍。

例 6.7 以 6.1 节中例 1 的图形为例，接着对它进行平行铣削曲面精加工。粗、精加工工件对照图，如图 6.58 所示，其中，图 6.58(a)所示为曲面图形，图 6.58(b)所示为在经过曲面流线粗加工后的工件图形，图 6.58(c)所示为经过平行铣削精加工后的工件图形。

(a) 曲面图形　　　　　　　(b) 平行铣削粗加工　　　　　(c) 平行铣削精加工

图 6.58　粗、精加工工件对照图

操作步骤如下。

1)　设置构图面为俯视

单击顶部工具栏中的【俯视构图】按钮 。

2)　启动曲面精加工平行铣削功能

(1)　执行【刀具路径】|【曲面精加工】|【精加工平行铣削】命令。

(2)　选择如图 6.59 所示的要加工曲面，按 Enter 键确认选取。

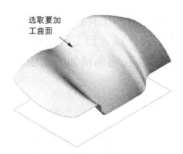

选取要加
工曲面

图 6.59　选取曲面加工

💡 **注意：** 如果屏幕上的粗加工的刀具路径影响曲面的选取，可以事先在【刀具路径管理器】选中【曲面粗加工平行铣削】操作，然后按 ALT+T 键取消刀具路径显示。

(3)　系统弹出【刀具路径的曲面选取】对话框，直接单击【确定】按钮 即可。

3)　从刀具库中选取刀具

系统弹出【曲面精加工平行铣削】对话框，单击【选择刀库】按钮，系统弹出【选择刀具】对话框，通过对话框中右边的滑块来查找所需要刀具，选择 ϕ8 球刀，单击【确定】按钮 。

4)　定义刀具参数

在【曲面精加工平行铣削】对话框中的【刀具路径参数】选项卡中设置如图 6.60 所示的参数值。

图 6.60　设置刀具路径参数

5)　定义曲面加工参数

切换到【曲面加工参数】选项卡，按如图 6.61 所示设置精加工参数。

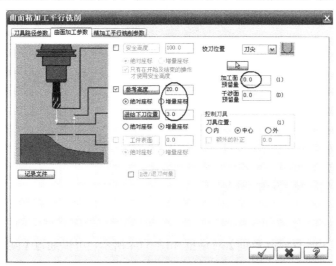

图 6.61　设置曲面加工参数

6)　设置精加工平行铣削参数

切换到【精加工平行铣削参数】选项卡，按如图 6.62 所示设置平行铣削精加工参数。单击【确定】按钮 ，结束曲面精加工平行铣削设置。结果系统在绘图区按设置的参数生成如图 6.63 所示的精加工刀具路径。

7)　设置工件毛坯材料并进行实体验证

实体验证加工完成的结果如图 6.58(c)所示。

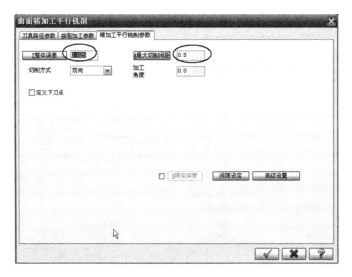

图 6.62　设置精加工平行铣削参数

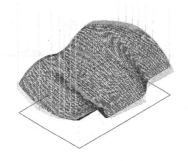

图 6.63　平行铣削精加工刀具路径

6.2.2　曲面平行陡斜面精加工

平行陡斜面精加工主要用于生成清除粗加工时残留在曲面斜坡上的材料的精加工刀具路径。【曲面精加工平行式陡斜面】对话框如图 6.64 所示，可以通过【陡斜面精加工参数】选项卡设置其特有参数。下面就它的特有选项进行说明。

- 【加工角度】文本框：用于输入加工时刀具路径与当前构图平面中 X 轴的夹角。
- 【削切延伸量】文本框：用于输入刀具在加工剩余的工件前能延伸切削方向的位移量。
- 【从倾斜角度】文本框：用来输入需要进行陡斜面精加工的曲面的最小斜坡度。
- 【到倾斜角度】文本框：用于输入需要进行陡斜面精加工的曲面的最大斜坡度。

平行陡斜面精加工仅加工位于斜度在最小斜度和最大斜度的曲面之间进行。工件加工对照图如图 6.65 所示。图 6.65(a)所示为经过平行铣削曲面精加工后的工件(工件具体尺寸见图 4.123(a))，接着对它进行陡斜面精加工。陡斜面精加工设置如图 6.64 所示，当【加工角度】设置为 0 时，残留在小圆柱 50°～90°范围内的陡斜面上大部分残料可去除；当【加工角度】设置为 90 时，残留在大圆柱 50°～90°范围内的陡斜面上的大部分残料可去除。图 6.65(b)为两次陡斜面精加工刀具路径，图 6.65(c)为经过两次陡斜面精加工后的工件。

图 6.64 设置陡斜面精加工参数

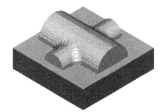 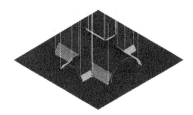 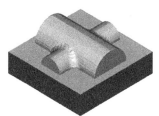

(a) 平行铣削精加工后的工件　　(b) 陡斜面精加工刀具路径　　(c) 陡斜面精加工后的工件

图 6.65 工件加工对照图

6.2.3 曲面放射状精加工

放射状精加工用于生成放射状的精加工刀具路径，所有的刀具路径都是从指定点开始切削曲面的。【曲面精加工放射状】对话框如图 6.66 所示，可以通过【放射状精加工参数】选项卡设置它的特有参数。

【放射状精加工参数】选项卡各参数的含义与【放射状粗加工参数】选项卡中各选项含义对应相同，在此不再进行介绍。

如图 6.67 所示为工件加工对照图，其中，图 6.67(a)所示为 6.1 节中例 6.5 曲面放射状粗加工刀具路径，图 6.67(b)所示为经过放射状粗加工后的工件，接着对它进行放射状精加工。放射状精加工设置如图 6.66 所示，当选择刀具【最大角度增量】设置为 1、【起始补正距】设置为 0.1 时，图 6.67(c)所示为曲面放射状精加工刀具路径，图 6.67(d)所示为经过放射状精加工的工件。

图 6.66 【曲面精加工放射状】对话框

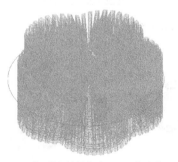

(a) 曲面放射状粗加工刀具路径

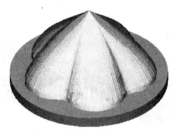

(b) 曲面放射状粗加工后的工件

(c) 曲面放射状精加工刀具路径

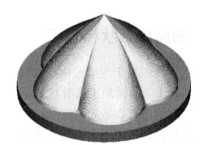

(d) 曲面放射状精加工后的工件

图 6.67 曲面放射状粗、精工件加工对照图

6.2.4 曲面投影精加工

投影精加工可以将已有的刀具路径或几何图形投影到选取的曲面上生成精加工刀具路径。【曲面精加工投影】对话框如图 6.68 所示，可以通过【投影精加工参数】选项卡设置它

的特有参数。

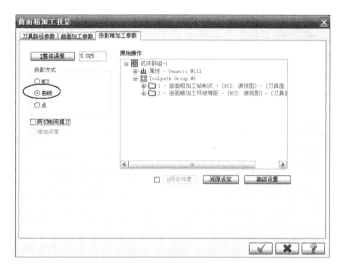

图 6.68　投影精加工参数设置

【投影精加工参数】选项卡各参数的含义与【投影粗加工参数】选项卡对应参数含义
基本相同，所不同的是：在【投影精加工参数】选项卡中增加了【增加深度】复选框，当
选中该复选框时，系统将用作投影选的 NCI 文件的 Z 轴深度作为投影后刀具路径的深度；
当取消选中该复选框时，由【曲面加工参数】选项卡中的【加工面预留量】文本框来决定
投影后刀具路径的深度。

如图 6.69 所示为投影精加工，其中，图 6.69(a) 所示的曲面及曲线图形，将狼形曲线
投影到球形曲面上进行投影精加工，加工深度为 1.5，在【曲面精加工投影】对话框中的【曲
面加工参数】选项卡设置如图 6.70 所示，【投影精加工参数】选项卡设置如图 6.68 所示。
其中，图 6.69(b)所示为投影精加工刀具路径，图 6.69(c)所示为经过投影精加工后的工件。

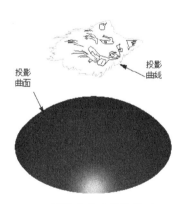

(a) 投影曲线及投影曲面

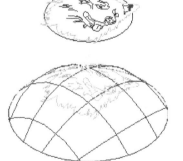

(b) 曲面投影精加工刀具路径

(c) 曲面投影精加工后的工件

图 6.69　曲面投影精加工

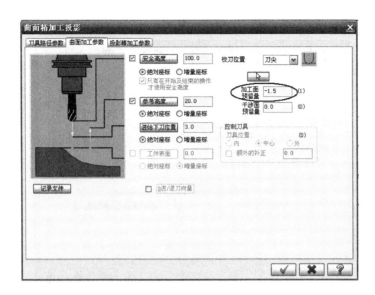

图 6.70 设置曲面加工参数

6.2.5 曲面流线精加工

流线精加工可以沿曲面流线方向生成精加工刀具路径。【曲面精加工流线】对话框如图 6.71 所示，可以通过【曲面流线精加工参数】选项卡设置它的特有参数。

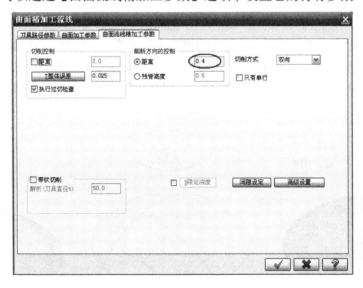

图 6.71 【曲面精加工流线】对话框

【曲面流线精加工参数】选项卡中各参数的含义与【曲面流线粗加工参数】选项卡中各参数含义相同，在此不再进行介绍。

如图 6.72 所示为工作粗、精加工对照图，其中，图 6.72(a)所示为 6.1 节例 2 经过曲面流线粗加工后的工件，接着对它进行曲面流线精加工。【曲面流线精加工参数】选项卡设置如图 6.71 所示。图 6.72(b)所示为曲面流线精加工刀具路径，图 6.72(c)所示为经过曲面流线精加工后的工件。

(a) 曲面流线粗加工后的工件　　(b) 曲面流线精加工刀具路径　　(c) 曲面流线精加工后的工件

图 6.72　曲面流线工件粗、精加工对照图

6.2.6　曲面等高外形精加工

等高外形精加工是依据曲面的轮廓一层一层地切削而产生的精加工路径。【曲面精加工等高外形】对话框如图 6.73 所示，可以通过【等高外形精加工参数】选项卡设置它的特有参数。

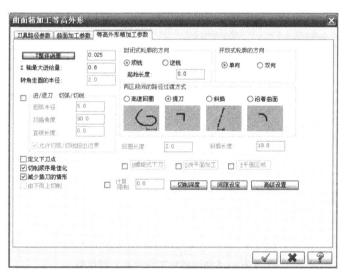

图 6.73　【曲面精加工等高外形】对话框

【等高外形精加工参数】选项卡中各参数的含义与【等高外形粗加工参数】选项卡中参数含义相同，在此不再进行介绍。

如图 6.74 所示为曲面粗、精加工对照图，其中，图 6.74(a)所示为 6.1 节例 3 经过曲面挖槽粗加工后的工件，接着对它进行曲面等高外形精加工。【等高外形精加工参数】选项卡设置如图 6.73 所示。图 6.74(b)所示为曲面等高外形精加工刀具路径，图 6.74(c)所示为经过曲面等高外形精加工的工件。

(a) 曲面挖槽粗加工后的工件　　(b) 等高外形精加工刀具路径　　(c) 等高外形精加工后的工件

图 6.74　曲面粗、精加工对照图

从图 6.74(b)可以看出，即使将"Z 轴最大进给量"设得很小，也未能将斜度很小的平面上的残余材料清除，为此可以选中【等高外形精加工参数】选项卡中的【浅平面加工】复选框，通过设置浅平面参数来对残余材料进行加工，也可以通过添加浅平面加工刀具路径来对它进行加工。

6.2.7　曲面浅平面精加工

浅平面精加工主要用于生成清除曲面残留材料的精加工刀具路径。【曲面精加工浅平面】对话框如图 6.75 所示，可以通过【浅平面精加工参数】选项卡设置它的特有参数。

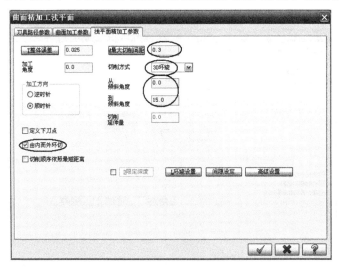

图 6.75　【曲面精加工浅平面】对话框

【浅平面精加工参数】选项卡中有两个特有的选项，即【从倾斜角度】和【到倾斜角度】。

- 【从倾斜角度】文本框：该文本框用于设置曲面浅平面内最小的斜角。
- 【到倾斜角度】文本框：该文本框用于设置曲面浅平面内最大的斜角。

系统将斜角在两个输入值之间的区域定义为浅平面。

如图 6.76 所示为工件加工对照图，其中，图 6.76(a)所示为上例中经过等高外形精加工后的工件，接着对它进行浅平面精加工。【浅平面精加工参数】选项卡设置如图 6.75 所示。图 6.76(b)所示为浅平面精加工刀具路径，图 6.76(c)所示为经过浅平面精加工后的工件。

(a) 等高外形精加工后的工件

(b) 浅平面精加工刀具路径

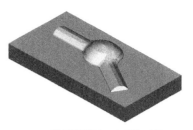

(c) 浅平面精加工后的工件

图 6.76 工件加工对照图

6.2.8 曲面交线清角精加工

交线清角精加工用于生成清除曲面间的交角部分残留材料的精加工刀具路径，通常所使用的刀具要小于前一次加工的刀具。【曲面精加工交线清角】对话框如图 6.77 所示，可以通过【交线清角精加工参数】选项卡设置它的特有参数。

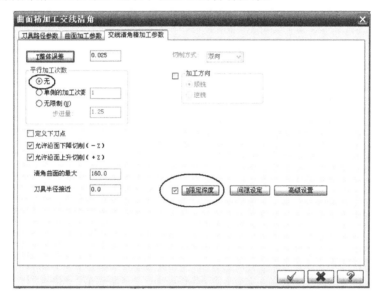

图 6.77 【曲面精加工交线清角】对话框

【交线清角精加工参数】选项卡中有一个【平行加工次数】选项组，其中各选项含义如下。

- 【无】单选按钮：只走一次交线清角刀具路径。
- 【单侧的加工次数】单选按钮：可以输入交线清角刀具路径的平行切削次数，以增加交线清角的切削范围，还需要在【步进量】文本框中输入每一次的步进量。
- 【无限制】单选按钮：对整个曲面模型走交线清角刀具路径，并需要在【步进量】文本框中输入每一次的步进量。

如图 6.78 所示为曲面加工对照图，其中，图 6.78(a)所示为经过放射状曲面精加工后的工件，接着对它进行交线清角精加工。【交线清角精加工参数】选项卡设置如图 6.77 所示。

图 6.78(b)所示为交线清角精加工刀具路径，图 6.78(c)为经过交线清角精加工后的工件。

(a) 放射状曲面精加工后的工件　　(b) 交线清角精加工刀具路径　　(c) 交线清角精加工后的工件

图 6.78　曲面加工对照图

6.2.9　曲面残料清角精加工

残料清角精加工用于生成清除直径较大刀具加工后残留材料的精加工刀具路径。【曲面精加工残料清角】对话框如图 6.79 所示，可以通过【残料清角精加工参数】选项卡设置它的特有参数。

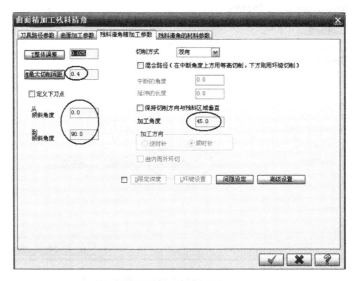

图 6.79　残料清角精加工参数

【残料清角精加工参数】选项卡中各参数的含义与前面介绍的【平行陡斜面精加工参数】选项卡中对应参数的含义基本相同，在此不再进行介绍。

与残料粗加工模组一样，残料清角精加工通过如图 6.80 所示的【残料清角的材料参数】选项卡来定义残料清角精加工的切削区域。其中，【由粗铣的刀具计算剩余的材料】选项组中各选项含义如下。

- 【粗铣刀具的刀具直径】文本框：输入最后一次曲面加工采用的刀具直径，以便于系统计算剩余的残料。
- 【粗铣刀具的刀角半径】文本框：输入最后一次曲面加工刀具的圆角半径。
- 【重叠距离】文本框：输入残料精加工的延伸量，以增大残料加工的范围。

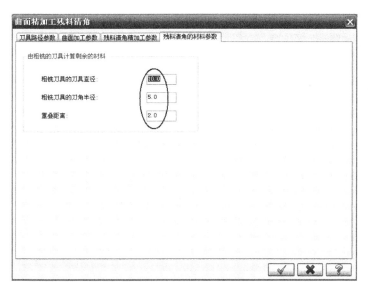

图 6.80 残料清角的材料参数

如图 6.81 所示为曲面加工对照图，其中，图 6.81(a)所示为经过平行铣削及陡斜面精加工后的工件，接着对它进行残料清角精加工。【曲面精加工残料清角】对话框中的【残料清角精加工参数】选项卡设置如图 6.79 所示，【残料清角的材料参数】选项卡设置如图 6.80所示。图 6.81(b)所示为残料清角精加工刀具路径，图 6.81(c)所示为经过残料清角精加工后的工件。

 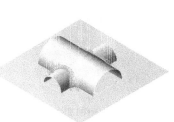 

(a) 平行铣削及陡斜面　　　(b) 残料清角精加工刀具路径　　　(c) 残料清角精加工后的工件
　　　精加工后的工件

图 6.81 曲面加工对照图

6.2.10 曲面环绕等距精加工

环绕等距精加工用于生成等距环绕工件曲面的精加工刀具路径。【曲面精加工环绕等距】对话框如图 6.82 所示，可以通过【环绕等距精加工参数】选项卡设置它的特有参数。

【环绕等距精加工参数】选项卡中各参数的含义与前面介绍的对应参数的含义相同，在此不再进行介绍。

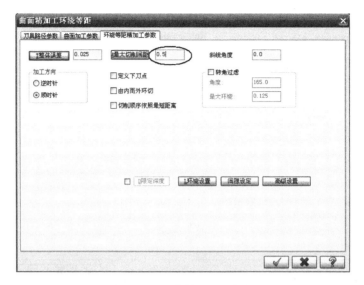

图 6.82　环绕等距加工参数

如图 6.83 所示为曲面粗、精加工对照图，其中，图 6.83(a)为例 6.6 曲面钻削粗加工后的工件，接着对它进行环绕等距精加工。【环绕等距精加工参数】选项卡设置如图 6.82 所示。图 6.83(b)所示为环绕等距精加工刀具路径，图 6.83(c)所示为经过环绕等距精加工后的工件。

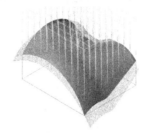
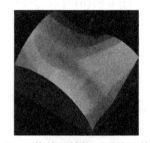

(a) 曲面钻削粗加工后的工件　　(b) 环绕等距精加工刀具路径　　(c) 环绕等距精加工后的工件

图 6.83　曲面粗、精加工对照图

6.2.11　曲面熔接精加工

曲面熔接精加工能在两个熔接边界区域间产生精加工刀具路径。【曲面熔接精加工】对话框如图 6.84 所示，可以通过【熔接精加工参数】选项卡设置它的特有选项。各选项含义如下。

- 【切削方式】下拉列表框：设置切削方式，提供了【双向】、【单向】及【螺旋形】三种方式。
- 【截断方向】单选按钮：产生截断方向熔接精加工刀具路径。
- 【引导方向】单选按钮：产生引导方向熔接精加工刀具路径。
- 2D 单选按钮：产生二维熔接精加工刀具路径。
- 3D 单选按钮：产生三维熔接精加工刀具路径。

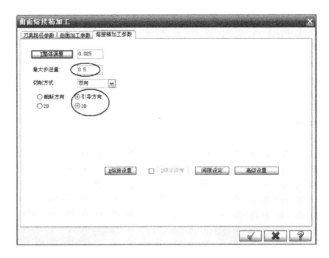

图 6.84　【曲面熔接精加工】对话框

单击【熔接设置】按钮，弹出如图 6.85 所示的对话框。该对话框用来设置两熔接边界间的横向和纵向距离。

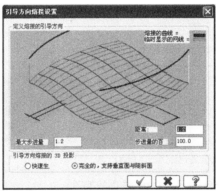

图 6.85　【引导方向熔接设置】对话框

如图 6.86 所示为曲面粗、精加工对照图，其中，图 6.86(a)为例 6.4 等高外形粗加工后的工件，接着对它进行熔接精加工。【熔接精加工参数】选项卡设置如图 6.84 所示。图 6.86(b) 所示为熔接精加工刀具路径，图 6.86(c)所示为经过熔接精加工后的工件。

(a)　曲面等高外形粗加工后的工件　　　(b)　熔接精加工刀具路径　　　(c)　熔接精加工后的工件

图 6.86　曲面粗、精加工对照图

6.2.12　曲面加工综合实例

例 6.8　如图 6.87 所示为零件加工图形,其中,图 6.87(a)所示为 128 mm×80 mm×30 mm 的矩形毛坯材料,材质为 45#钢,需要采用曲面挖槽粗加工与曲面平行铣削精加工刀具路径,加工出如图 6.87(b)所示的零件,加工的零件图如图 6.87(c)所示。

💡 **注意：**　在图 6.87(c)中,线型构架位于第 1 层中,曲面位于第 2 层中。

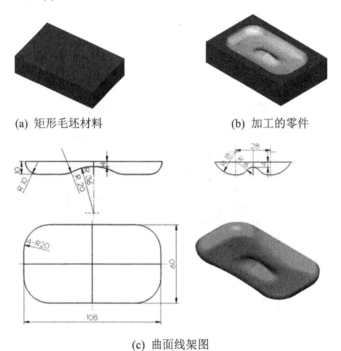

(a)　矩形毛坯材料　　　　　　(b)　加工的零件

(c)　曲面线架图

图 6.87　零件加工图形

操作步骤如下。

1)　设定视角和构图面都为俯视图

单击顶部工具栏中的【俯视图】按钮 🔷,再单击【俯视构图】按钮 🔷 。

2)　关闭第 1、2 层

单击底部状态栏中【层别】,在弹出的【层别管理】对话框【主层别】选项栏中输入 3,并按 Enter 键;在 1、2 层的【突显】处单击,使之 X 不可见,此时绘图区没有任何图形。

3)　绘制矩形

在俯视构图上绘制如图 6.88 所示的 128mm×80mm 矩形和 108mm×60mm 圆角半径为 R20 的矩形。

4)　绘制平面修整曲面

执行【绘图】|【曲面】|【平面修剪】命令,系统弹出【串连选项】对话框时顺时针串连选取曲线 1、顺时针串连选取曲线 2(见图 6.88),单击【确定】按钮 ✅ 。结果绘制的曲面图形如图 6.89 所示。

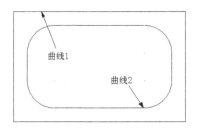

图 6.88 绘制矩形

图 6.89 绘制平面修整曲面

5) 打开第 2 层，使加工曲面可见

单击底部状态栏中【层别】按钮，在弹出的对话框第 2 层的【突显】处单击，使 X 可见，在绘图区出现如图 6.90 所示的图形。

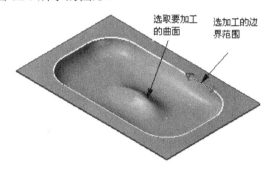

图 6.90 选取挖槽加工曲面及加工范围

6) 启动曲面挖槽粗加工功能

(1) 执行【机床类型】|【铣床】|【默认】命令。

(2) 执行【刀具路径】|【曲面粗加工】|【粗加工挖槽加工】命令，系统弹出【输入新 NC 名称】对话框，输入名称"综合实例一"，单击【确定】按钮 。

(3) 选择如图 6.90 所示的要加工曲面，按 Enter 键确认选取。

(4) 系统弹出【刀具路径的曲面选取】对话框，单击【边界范围】选项组中的选取按钮 ，选取挖槽加工范围。

(5) 选择如图 6.90 所示的矩形边界，单击【串边选项】对话框中的【确定】按钮 ，结束边界范围的选取。

(6) 单击【刀具路径的曲面选取】对话框中的【确定】按钮 。

7) 从刀具库中选取刀具

系统弹出【曲面粗加工挖槽】对话框，单击【选择刀库】按钮，系统弹出【选择刀具】对话框，通过对话框中右边的滑块来查找所需要刀具，选择 $\phi 12$ 的平刀，单击【确定】按钮 。

8) 定义刀具参数

在【曲面粗加工挖槽】对话框中的【刀具路径参数】选项卡中设置【进给率】为 800，【主轴转速】为 1800，【下刀速度】为 400，【提刀速度】为 800，同时选中【快速提刀】复选框。

9) 定义曲面加工参数

在【曲面加工参数】选项卡中设置【参考高度】为20，【进给下刀位置】为3，【加工面预留量】为0.3。

10) 定义粗加工参数

在【粗加工参数】选项卡设置【整体误差】为0.05，【Z 轴最大进给量】为0.8，同时选中【斜插式下刀】复选框。

11) 设置曲面粗加工挖槽参数

切换到【挖槽参数】选项卡，按图 6.91 所示设置曲面粗加工挖槽参数。单击【确定】按钮 ✔ 结束曲面加工参数的设置。

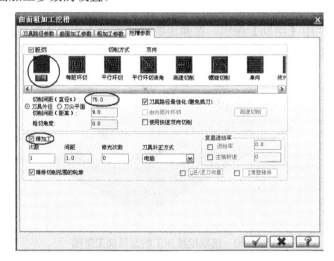

图 6.91　【挖槽参数】选项卡

12) 启动曲面精加工平行铣削功能

(1) 执行【刀具路径】|【曲面精加工】|【精加工平行铣削】命令。

(2) 选择如图 6.90 所示的要加工曲面，按 Enter 键确认选取。

(3) 单击【干涉面】选项组中的【选取】按钮 (见图 6.92)，选取如图 6.93 所示的曲面干涉面。按 Enter 键确认选取。

(4) 系统弹出【刀具路径的曲面选取】对话框，单击【边界范围】选项组中的选取按钮 (见图 6.92)，选取如图 6.93 所示的范围为精加工边界。单击【串边选项】对话框中的【确定】按钮 ✔，结束边界范围的选取。

(5) 系统弹出【刀具路径的曲面选取】对话框，直接单击【确定】按钮 ✔ 即可。

13) 从刀具库中选取刀具

系统弹出【曲面精加工平行铣削】对话框，单击【选择刀库】按钮，系统弹出【选择刀具】对话框，通过对话框中右边的滑块来查找所需要刀具，选择 ϕ10 球刀，单击【确定】按钮 ✔。

14) 定义刀具参数

在【曲面精加工平行铣削】对话框中的【刀具路径参数】选项卡中设置【进给率】为600，【主轴转速】为1800，【下刀速度】为400，【提刀速度】为1500，同时选中【快速提刀】复选框。

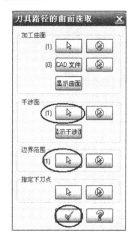

图 6.92　【刀具路径的曲面选取】对话框

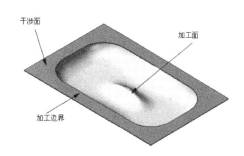

图 6.93　选取曲面平行铣削精加工要素

15) 定义曲面加工参数

在【曲面加工参数】选项卡中设置【参考高度】为 20，【进给下刀位置】为 3，【加工面预留量】为 0.0。

16) 定义精加工平行铣削参数

在【精加工平行铣削参数】选项卡设置【整体误差】为 0.025，【最大切削间距】为 0.5，【切削方式】为双向，【加工角度】为 0。单击【确定】按钮 ✓，结束曲面精加工平行铣削设置。结果系统在绘图区按设置的参数生成如图 6.94 所示的粗、精加工刀具路径。

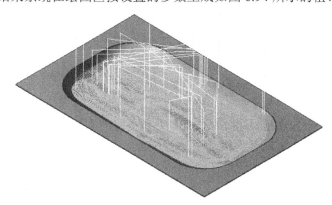

图 6.94　粗、精加工刀具路径

17) 设置工件毛坯材料并进行实体验证

实体验证加工完成的结果如图 6.87(b)所示。

例 6.9　如图 6.95 所示为零件加工图形，其中，图 6.95(a)所示为 $\phi 30$、高为 20 mm 的圆柱形紫铜棒毛坯材料，需要采用外形铣削、曲面等高外形粗加工与曲面放射状精加工刀具路径，加工出如图 6.95(b)所示零件，加工的零件图如图 6.95(c)所示。

💡 注意：　在图 6.95(c)中，线型构架位于第 1 层中，曲面位于第 2 层中。

(a) 圆柱形紫铜棒毛坯材料

(b) 加工的零件

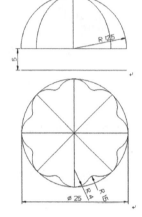

(c) 曲面线架图

图 6.95　零件加工图形

操作步骤如下。

1)　设定视角和构图面都为俯视图

单击顶部工具栏中的【俯视图】按钮 ，再单击【俯视构图】
按钮 。

2)　关闭第 2 层

单击底部状态栏中【层别】按钮，在弹出的【层别管理】对
话框【主层别】选项栏中输入 1，并按 Enter 键，在 2 层的【突显】
处单击，使之 X 不可见，此时绘图区剩下如图 6.96 所示的线架。

3)　进入工件外下刀方式的外形铣削

(1)　执行【机床类型】|【铣床】|【默认】命令。

(2)　执行【刀具路径】|【外形铣削】命令，在【输入新 NC
名称】对话框中输入名称"综合实例二"，单击【确定】按钮 。

选取曲线

图 6.96　选取串连图素

(3)　系统弹出【串连选项】对话框，提示选取外形串连，串连选择如图 6.96 所示的图
素，箭头朝上，串连方向为顺时针，单击【串连选项】对话框中的【确定】按钮 ，结
束串连外形选择。

4)　定义刀具参数

系统弹出【2D 刀具路径-外形铣削】对话框，单击【从选择刀库中选择】按钮，在弹
出的【选择刀具】对话框中选择 φ12 平铣刀，单击【确定】按钮 。在【2D 刀具路径-
外形铣削】对话框中设置【进给率】为 600，【主轴转速】为 1400，【下刀速率】为 300，

【提刀速率】为 1500，同时选中【快速提刀】复选框。

5)　定义切削参数

在选项框选中【切削参数】选项，在对话框右侧设置【补正方向】为左补偿，【边壁预留量】为 0.3。

6)　定义 Z 轴分层铣

在选项框选中【Z 轴分层铣削】选项，选中【深度切削】，设置【最大粗切步进量】为 5，【精修次数】为 1，【精修量】为 0.5。

7)　设置进/退刀参数

在选项框选中【进/退刀参数】选项，使用系统默认参数。

8)　定义共同参数

在选项框选中【共同参数】选项，在对话框右侧设置参数如图 6.97 所示。单击对话框中的【确定】按钮 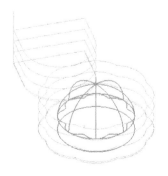，结束外形铣削参数设置，系统即可按设置的参数生成如图 6.98 所示的外形铣削刀具路径。

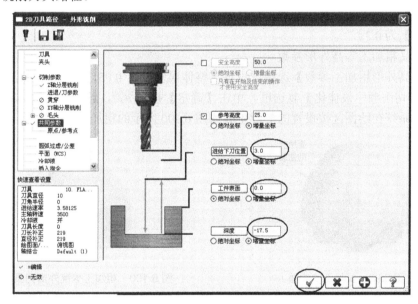

图 6.97　设置共同参数

图 6.98　外形铣削刀具路径

9) 启动曲面粗加工等高外形加工功能

(1) 执行【刀具路径】|【曲面粗加工】|【粗加工等高外形加工】命令，选择如图 6.99 所示的要加工曲面，按 Enter 键确认选取。

(2) 系统弹出【刀具路径的曲面选取】对话框，直接单击【确定】按钮 ✓ 即可。

10) 从刀具库中选取刀具

系统弹出【曲面粗加工等高外形】对话框，单击【选择刀库】按钮，系统弹出【选择刀具】对话框，通过对话框中右边的滑块来查找所需要刀具，选择 $\phi 8$ 的平刀，单击【确定】按钮 ✓。

11) 定义刀具参数

在【曲面粗加工等高外形】对话框中的【刀具路径参数】选项卡中设置【进给率】为 500，【主轴转速】为 1600，【下刀速度】为 250，【提刀速率】为 1500，同时选中【快速提刀】复选框。

12) 定义曲面加工参数

在【曲面加工参数】选项卡中设置【参考高度】为 20，【进给下刀位置】为 3，【加工面预留量】为 0.3。

13) 定义粗加工等高外形参数

在【等高外形粗加工参数】选项卡设置【整体误差】为 0.05，【Z 轴最大进给量】为 0.6，选中【切削顺序最佳化】复选框，单击【确定】按钮 ✓，结束粗加工等高外形参数设置。结果系统在绘图区按设置的参数生成如图 6.100 所示的粗加工刀具路径。

图 6.99　要加工的曲面　　　　　图 6.100　粗加工等高外形刀具路径

14) 启动曲面精加工放射状加工功能

(1) 执行【刀具路径】|【曲面精加工】|【精加工放射状】命令。

(2) 选择如图 6.99 所示的要加工曲面，按 Enter 键确认选取。

(3) 系统弹出【刀具路径的曲面选取】对话框，单击【选取放射中心点】选项组中的【选取】按钮 ▶ (见图 6.101)，选取如图 6.102 所示顶点作为放射中心点。单击【串边选项】对话框中的【确定】按钮 ✓，结束选取。

15) 从刀具库中选取刀具

系统弹出【曲面精加工放射状】对话框，单击【选择刀库】按钮，系统弹出【选择刀具】对话框，通过对话框中右边的滑块来查找所需要刀具，选择 $\phi 3$ 球刀，单击【确定】按钮 ✓。

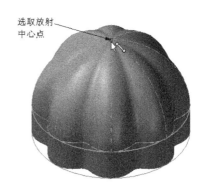

图 6.101　【刀具路径的曲面选取】对话框　　　　图 6.102　选取放射中心点

16)　定义刀具参数

在【曲面精加工放射状】对话框中的【刀具路径参数】选项卡中设置【进给率】为 500，【主轴转速】为 2500，【下刀速度】为 200，【提刀速率】为 1500，同时选中【快速提刀】复选框。

17)　定义曲面加工参数

切换到【曲面加工参数】选项卡，设置【参考高度】为 20，【进给下刀位置】为 3，【加工面预留量】为 0。

18)　设置曲面精加工放射状参数

切换到【放射状精加工参数】选项卡，按图 6.103 所示设置曲面精加工放射状参数，单击【确定】按钮 ✓。结果系统在绘图区按设置的参数生成如图 6.104 所示的粗、精加工刀具路径。

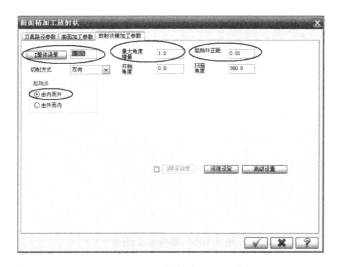

图 6.103　设置放射状精加工参数

19)　设置工件毛坯材料并进行实体验证

实体验证加工完成的结果如图 6.95(b)所示。

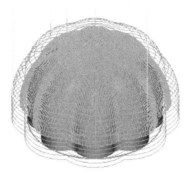

图 6.104　粗、精加工刀具路径

例 6.10　如图 6.105 所示为零件加工图形，其中，图 6.105(a)所示为 70 mm×120 mm× 40 mm 的矩形毛坯材料，材质为 45#钢，需要采用曲面流线粗加工与曲面流线精加工刀具路径，加工出如图 6.105(b)所示的零件，加工的零件图如图 6.105(c)所示。

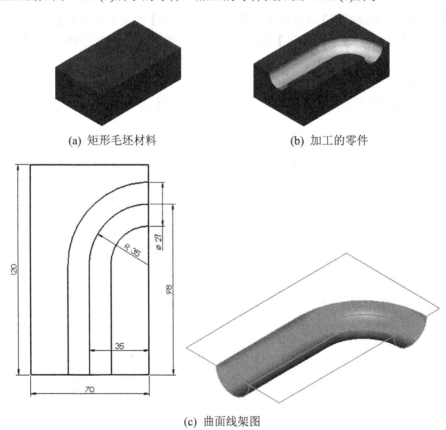

(a) 矩形毛坯材料　　　　　　　　(b) 加工的零件

(c) 曲面线架图

图 6.105　零件加工图形

操作步骤如下。

1)　设定构图面为俯视

单击顶部工具栏中的【俯视构图】按钮 。

2) 启动曲面粗加工流线加工功能

(1) 执行【机床类型】|【铣床】|【默认】命令。

(2) 执行【刀具路径】|【曲面粗加工】|【粗加工流线加工】命令，系统弹出【选取工件的形状】对话框，选中【凹】单选按钮，单击【确定】按钮 。

(3) 系统弹出【输入新 NC 名称】对话框，输入名称"综合实例三"，单击【确定】按钮 。选择如图 6.106 所示的要加工曲面，按 Enter 键确认选取。

(4) 系统弹出【刀具路径的曲面选取】对话框，单击【曲面流线】选项组中的【曲面流线】按钮 (见图 6.107)，系统继续弹出如图 6.108 所示的【曲面流线设置】对话框，单击【切削方向】按钮进行加工流线切换，使流线方向如图 6.109 所示，单击【曲面流线设置】对话框中的【确定】按钮 ，然后再单击【刀具路径的曲面选取】对话框中的【确定】按钮 。

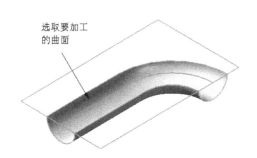

图 6.106　选取曲面加工

图 6.107　【刀具路径曲面选择】对话框

图 6.108　【曲面流线设置】对话框

图 6.109　曲面流线加工路径方式

3) 从刀具库中选取刀具

系统弹出【曲面粗加工流线】对话框，单击【选择刀库】按钮，系统弹出【选择刀具】对话框，通过对话框中右边的滑块来查找所需要刀具，选择 $\phi 16$ 球刀，单击【确定】按钮 。

4) 定义刀具参数

在【曲面粗加工流线】对话框中的【刀具路径参数】选项卡中设置【进给率】为 800，【主轴转速】为 1600，【下刀速度】为 300，【提刀速率】为 1500，同时选中【快速提刀】

复选框。

5) 定义曲面加工参数

在【曲面加工参数】选项卡中设置【参考高度】为 20，【进给下刀位置】为 3，【加工面预留量】为 0.3。

6) 设置曲面流线粗加工参数

切换到【曲面流线粗加工参数】选项卡，按如图 6.110 所示设置曲面流线粗加工参数，单击【确定】按钮 ✓。结束曲面流线粗加工参数设置。结果系统在绘图区按设置的参数生成如图 6.111 所示的粗加工刀具路径。

图 6.110 设置曲面粗加工流线参数

图 6.111 曲面粗加工流线刀具路径

7) 启动曲面精加工流线加工功能

(1) 执行【刀具路径】|【曲面精加工】|【精加工流线加工】命令。

(2) 选择如图 6.112 所示的要加工曲面，按 Enter 键确认选取。

(3) 系统弹出【刀具路径的曲面选取】对话框，单击【曲面流线】选项组中的【曲面流线】按钮 ，系统继续弹出【曲面流线设置】对话框，单击【切削方向】按钮进行加工流线切换，使流线方向如图 6.113 所示，单击【曲面流线设置】对话框中的【确定】按钮 ✓，然后再单击【刀具路径的曲面选取】对话框中的【确定】按钮 ✓。

8) 从刀具库中选取刀具

系统弹出【曲面精加工流线】对话框，单击【选择刀库】按钮，系统弹出【选择刀具】

对话框，通过对话框中右边的滑块来查找所需要刀具，选择 ϕ16 球刀，单击【确定】按钮 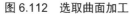。

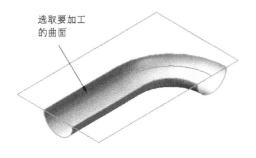

图 6.112　选取曲面加工

图 6.113　曲面精加工流线加工路径方式

9)　定义刀具参数

在【曲面精加工流线】对话框中的【刀具路径参数】选项卡中设置【进给率】为 600，【主轴转速】为 1800，【下刀速度】为 400，【提刀速率】为 1500，同时选中【快速提刀】复选框。

10)　定义曲面加工参数

在【曲面加工参数】选项卡中设置【参考高度】为 20，【进给下刀位置】为 3，【加工面预留量】为 0。

11)　设置曲面流线精加工参数

切换到【曲面流线精加工参数】选项卡，按如图 6.114 所示设置流线精加工参数，单击【确定】按钮 ，结束曲面流线精加工参数设置。结果系统在绘图区按设置的参数生成如图 6.115 所示的粗、精加工刀具路径。

图 6.114　设置曲面流线精加工参数

12)　设置工件毛坯材料并进行实体验证

实体验证加工完成的结果如图 6.105(b)所示。

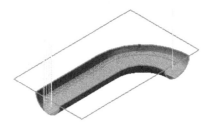

图 6.115　粗、精加工刀具路径

6.2.13　习题

1. 如图 6.116 所示为曲面粗、精加工，其中，图 6.116(a)所示为 70 mm×90 mm×30 mm 的矩形毛坯材料，要求采用合适的加工刀具路径加工出如图 6.116(b)所示的零件，加工的零件图如图 6.116(c)所示(具体尺寸见图 4.125(a))。

(a) 矩形毛坯材料　　　　　(b) 加工的零件　　　　　(c) 曲面图形

图 6.116　曲面粗、精加工(习题 1)

2. 如图 6.117 所示为曲面粗、精加工，其中，图 6.117(a)所示为 100 mm×100 mm×15 mm 的矩形毛坯材料，要求采用合适的加工刀具路径加工出如图 6.117(b)所示的零件，加工的零件图如图 6.117(c)所示(具体尺寸见图 4.79)。

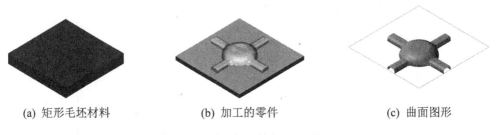

(a) 矩形毛坯材料　　　　　(b) 加工的零件　　　　　(c) 曲面图形

图 6.117　曲面粗、精加工(习题 2)

3. 如图 6.118 所示为曲面粗、精加工，其中，图 6.118(a)所示为 80 mm×60 mm×30 mm 的矩形毛坯材料，要求采用合适的加工刀具路径加工出如图 6.118(b)所示的零件，加工的零件图如图 6.118(c)所示(具体尺寸见图 4.129(a))。

(a) 矩形毛坯材料

(b) 加工的零件

(c) 曲面图形

图 6.118 曲面粗、精加工(习题 3)

4. 如图 6.119 所示为实体曲面粗、精加工,其中,图 6.119(a)所示为 ϕ144 mm、高为 40 mm 的圆柱棒毛坯材料,要求采用合适的加工刀具路径加工出如图 6.119(b)所示的零件,加工的零件曲面图形如图 6.119(c)所示(具体尺寸见图 5.81)。

(a) 圆柱棒毛坯材料

(b) 加工的零件

(c) 曲面图形

图 6.119 实体曲面粗、精加工(习题 4)

5. 如图 6.120 所示为曲面粗、精加工,其中,图 6.120(a)所示为 120 mm×90 mm×30 mm 的矩形毛坯材料,要求采用合适的加工刀具路径加工出如图 6.120(b)所示的零件,加工的零件图如图 6.120(c)所示。

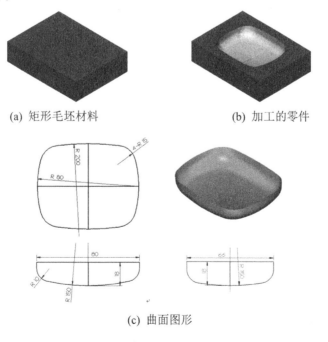

(a) 矩形毛坯材料

(b) 加工的零件

(c) 曲面图形

图 6.120 曲面粗、精加工(习题 5)

参 考 文 献

1. 黄爱华. Mastercam 基础教程(第 2 版). 北京：清华大学出版社，2009
2. 钟日铭，Mastercam X6 从入门到精通. 北京：人民邮电出版社，2013
3. 詹友刚，MasterCAM X6 数控加工教程. 北京：机械工业出版社，2012
4. 贾雪艳，许玢. MASTERCAM X6 中文版标准教程. 北京：清华大学出版社，2013